水泵技术培训系列教材

FUNDAMENTAL OF WATER PUMPS

泵基础知识

黄 萍 主编

江苏大学出版社
JIANGSU UNIVERSITY PRESS
镇 江

图书在版编目(CIP)数据

泵基础知识 / 黄萍主编. -- 镇江 : 江苏大学出版社, 2024. 6. -- ISBN 978-7-5684-2236-9

Ⅰ. TH3

中国国家版本馆 CIP 数据核字第 202470YC62 号

泵基础知识

Beng Jichu Zhishi

主　　编/黄　萍

责任编辑/孙文婷

出版发行/江苏大学出版社

地　　址/江苏省镇江市京口区学府路 301 号(邮编：212013)

电　　话/0511-84446464（传真）

网　　址/http://press.ujs.edu.cn

排　　版/镇江市江东印刷有限责任公司

印　　刷/苏州市古得堡数码印刷有限公司

开　　本/787 mm×1 092 mm　1/16

印　　张/14.25

字　　数/323 千字

版　　次/2024 年 6 月第 1 版

印　　次/2024 年 6 月第 1 次印刷

书　　号/ISBN 978-7-5684-2236-9

定　　价/58.00 元

前　言

泵，作为工业心脏，其在现代工业体系中的重要性不言而喻。无论是在化工、石油、矿业、农业领域还是在城市供水等领域，泵都是不可或缺的关键设备。随着技术的不断进步和应用领域的不断拓展，人们对泵的性能要求越来越高。因此，深入理解泵的工作原理、结构特点、性能调节及其应用技术，对于确保系统的高效、稳定运行至关重要。

鉴于此，我们精心编写了这本《泵基础知识》，旨在为工程技术人员、研究人员以及相关专业的学生提供全面、系统的学习资源。本书不仅涵盖泵的基本理论知识，还包含丰富的实际应用案例，可帮助读者将理论知识与实践相结合，提升解决实际问题的能力。

本书共分为七章，每章都围绕泵的不同方面进行了深入探讨：

- 第1章　机械基础：介绍了机械及常用零部件，包括轴、轴承、键、联轴器等，并探讨了机械传动，为读者理解泵的机械结构打下了基础。
- 第2章　电工基础：从直流电路出发，深入到复杂直流电路的分析，再到交流电的基本原理和计算方法，为泵的电气控制系统提供了理论支持。
- 第3章　机械和电气识图：介绍了公差配合、标注方法，以及如何识读机械和电气图，使读者能够准确理解泵的技术图纸。
- 第4章　计算机及自动化基础：涵盖了计算机系统基础知识和PLC的基础知识，为泵的自动化控制提供了技术背景。
- 第5章　水泵基础：详细介绍了泵的定义、分类、性能参数和比转速，以及泵汽蚀和性能调节的原理，为泵的设计和选型提供了理论依据。
- 第6章　电机基础：介绍了电机的用途、类型，以及异步电动机和同步电动机的基本原理，为泵的驱动系统提供了基础知识。
- 第7章　叶片泵的运行维护：介绍了叶片泵的基本运行特点，以及泵运行中的故障类型和处理方法。

在编写本书的过程中,我们力求做到以下几点:

1.系统性:从泵的机械基础到自动化控制,构建了一个完整的知识体系。

2.实用性:结合实际应用案例,强调理论知识的实际应用。

3.可读性:语言简洁明了,图表丰富,便于读者理解和掌握。

4.先进性:引入了泵技术的最新发展和应用,保持内容的前沿性。

我们希望本书能够成为读者在泵技术领域的良师益友。无论是作为高等院校相关专业的教学参考书,还是作为工程技术人员的学习材料,本书都具有极高的参考价值。

在使用本书时,我们建议读者按照章节顺序进行学习,循序渐进地掌握泵的基础知识。同时,我们鼓励读者在学习过程中积极思考,将所学知识与实际工作相结合,不断提高自己的专业技能。

最后,我们要感谢所有参与本书编写、审校和提供宝贵意见的专家学者。特别感谢来自国家水泵产品质量检验检测中心(浙江)的童林丹、王国军等编写人员,正是他们的智慧和努力,使得本书得以完善并最终呈现在读者面前。我们同样期待来自读者的反馈和建议,以便我们不断改进和更新内容。随着工业技术的不断发展,泵技术也将不断进步。我们相信,通过学习和应用本书的知识,读者将能够更好地适应技术发展的趋势,为工业系统的发展作出自己的贡献。

编　者

2024 年 6 月

目 录

第1章

机械基础

机械都是由各种各样的零件组成的。这些零件的作用各不相同:有的起着连接零件的作用;有的起着传递动力和运动的作用;有的起着支撑回转轴的作用;等等。具有这些功能的零件,称为机械零件。大多数功能类似的零件都已实现了标准化,设计者在设计时应尽可能地采用标准零件。

1.1 机械及常用零部件

1.1.1 基本概念

机器:由多个大小不同、形状各异的零件有序组成的执行机械运动的装置。由于零件种类多、差别大,其组成、分类和名称在机械工程领域目前还没有固定通用的约定术语,如零件、元件和部件等术语没有严格区分,在不同场合下三者常混用,所以为了便于对机器整机组成进行有序叙述,本书在此作如下定义。

零件:机器中基本的组成元素,也是最小单个制造实体。零件可分为标准件、通用件和专用件。通常把在各种机器中经常使用且已经实现标准化、专业化生产的零件称为标准件,如螺栓、螺母、垫圈、密封圈等;把虽然在各种机器中经常使用,但没有实现系列化、专业化生产的零件称为通用件,如轴、齿轮、箱体等;把仅仅在特定的机器上使用的零件称为专用件。

组件:机器中属于一个运动实体并由若干个零件静态固定连接而成的组合体。为了便于制造并考虑经济性,将其设计成多个零件静态固定连接的组合体,对应于机构中的构件。

单元:实现某一相对运动功能的若干个零件配对的组合体,如滚动轴承、滑动轴承、滚珠丝杠、滚动导轨、机床主轴单元等。为了提高机器性能并降低成本,单元往往采用专业化生产,称为标准单元或功能单元,供设计时选用。单元的零件称为元件。

部件：能够独立实现运动、动力变换与功能传递，由若干零件、组件和单元组成并能独立安装的组合体，如电动机、联轴器、离合器、齿轮减速器等，其内部的零件有相对运动。部件主要有三大类：驱动部件、传动部件和执行部件。

机械子系统：能够实现机器中一个独立功能分支的若干个部件的组合体，如机械主运动、辅助运动等。机械子系统的大小和复杂程度取决于机器整机的规模和设计者的划分，简单的子系统可以是电动机驱动一个执行构件，复杂的可以是一条生产线。在本书中机械子系统主要指机器的机械主运动或机械辅助运动部分，一般包括从驱动到执行的内容。

一般而言，机器整机是具有运动和转化功能的多子系统组合体，但机器的含义也很宽泛，大到包含多个复杂子系统，小到仅包含两个简单子系统，如电动机驱动执行构件的机械子系统和驱动控制子系统，某些场合下也可把一个机械子系统称为机器。

1.1.2 机器的组成

一台完整的机器（图 1-1）通常由以下四部分组成：

① 动力部分：是机器能量的来源，它将各种能量转变为机器能（又称机械能）。

② 工作部分：是直接实现机器特定功能、完成生产任务的部分。

③ 传动部分：是按工作要求将动力部分的运动和动力传递、转换或分配给工作部分的中间装置。

④ 控制部分：是控制机器启动、停止和变更运动参数的部分。

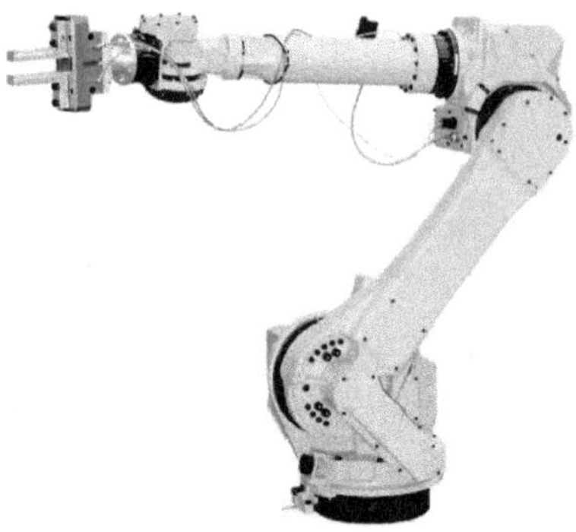

图 1-1 常见机器

1.1.3 常用零部件

1. 轴

轴与安装并固定在其上的零件（如齿轮、带轮等）构成一个构件并传递运动和动力；轴与轴承构成转动副，与机架相连时具有支承作用。因此，轴的主要功用是支承零件并使其保持确定的位置，传递运动和动力。它是组成机器的主要通用零件之一。

轴根据承载情况分为转轴、心轴、传动轴三类。

① 转轴同时承受弯矩和转矩，既支承零件又传递动力，是机器中最常见的轴，如减速器中的轴。

② 心轴只承受弯矩，主要用于支承零件。心轴根据其是否回转分为转动心轴和固定心轴。转动心轴如铁路车辆轴，轴与车轮固定在一起，行车时随车轮一同回转；固定心轴如支承滑轮轴，滑轮活套在轴上。

③ 传动轴只传递转矩而不承受弯矩，即只传递运动，如汽车驱动轴。

轴根据其轴线几何形状分为直轴、曲轴和软轴。

直轴根据其结构形状分为光轴和阶梯轴(图 1-2)，或实心轴和空心轴。光轴主要用于心轴和传动轴，阶梯轴常用于转轴。光轴形状简单，易加工，应力集中源少，但轴上零件不易定位；阶梯轴则反之。曲轴可见于发动机曲柄滑块机构中的曲柄。软轴可传递运动和较小的动力，一般无支承作用。它由多组钢丝分层绕制而成，能在空间受限的场合传递回转运动，如用于两轴不共线或工作时有相对运动的空间传动。

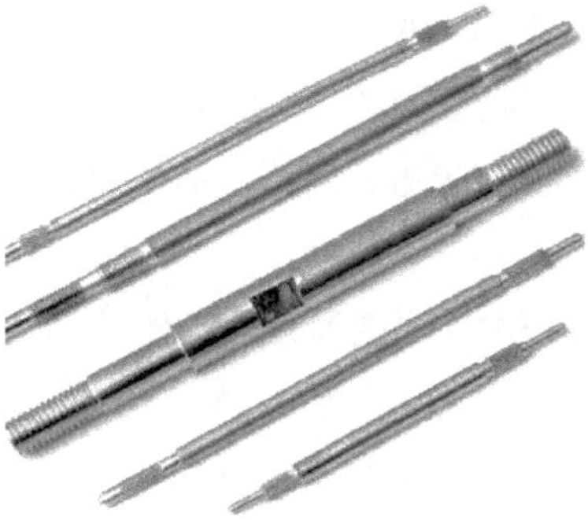

图 1-2　阶梯轴

2. 轴承

轴承是机械设备中的一种重要零部件。它的主要功能是支撑机械旋转体，降低其运动过程中的摩擦系数，并保证回转精度。

根据工作的摩擦性质，轴承可分为滑动轴承和滚动轴承。根据承受载荷的方向，轴承可分为向心滑动轴承、推力滑动轴承和向心推力轴承三大类。

(1) 滑动轴承

1) 特点

工作平稳、噪声较小，工作可靠，但启动摩擦阻力较大。滑动轴承主要应用于以下场合：工作转速特别高；承受的冲击和振动载荷极大；精密度要求极高；装配工艺要求轴承剖分；要求径向尺寸小。

2) 结构

滑动轴承一般由轴承座与轴瓦构成(图 1-3)。滑动轴承根据结构形式的不同，分为整体式和剖分式。

3) 安装维护要点

① 滑动轴承安装要保证轴颈在轴承孔内转动灵活、准确、平稳。

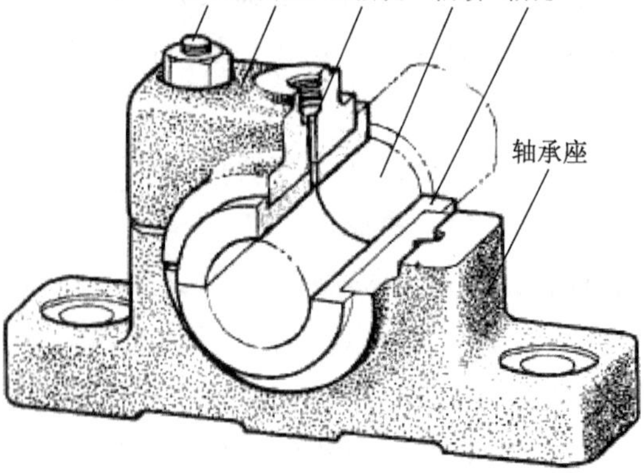

图 1-3　滑动轴承

② 轴瓦与轴承座孔要修刮贴实，轴瓦剖分面要高出轴承座剖分面 0.05～0.10 mm，以便压紧。整体式轴瓦压入时要防止偏斜，并用紧固螺钉固定。

③ 注意油路畅通，油路与油槽接通。刮研时油槽两边点子要软，以形成油膜，且两端点子要均匀，以防止漏油。

④ 注意清洁，修刮调试过程中凡出现油污的机件，修刮后都要清洗涂油。

⑤ 轴承使用过程中要经常检查润滑、发热、振动情况，遇有发热（一般在 60 ℃以下为正常）、冒烟、卡死及异常振动、声响等情况要及时检查、分析，采取措施。

（2）滚动轴承

滚动轴承是将运转的轴与轴座之间的滑动摩擦变为滚动摩擦，从而减少摩擦损失的一种精密的机械元件。

1）特点

摩擦较小，间隙可调，轴向尺寸较小，润滑方便，维修简便，但承载能力差，高速转动时噪声大，径向尺寸大，使用寿命较短。由于滚动轴承为标准化、系列化零件，且成本低，故应用广泛。

2）结构

滚动轴承一般由内圈、外圈、滚动体和保持架四部分组成（图 1-4）。内圈的作用是与轴相配合并与轴一起旋转；外圈的作用是与轴承座相配合，起支撑作用；滚动体借助于保持架均匀地分布在内圈和外圈之间，其形状大小和数量直接影响着滚动轴承的使用性能和寿命；保持架能使滚动体均匀分布，引导滚动体旋转并起润滑作用。

3）安装维护要点

① 将轴承和壳体孔清洗干净，然后在配合表面上涂润滑油。

② 根据尺寸大小和过盈量大小选用压装法、加热法或冷装法，将轴承装入壳体孔内。

③ 轴承装入壳时，如果轴承上有油孔，应与壳体上的油孔对准。

④ 装配时，要特别注意轴承和壳体孔同轴。为此，在装配时尽量采用导向心轴。

⑤ 轴承装入后还要定位，当钻骑缝螺纹底孔时，应用钻模板，否则钻头会向硬度较低的轴承方向偏移。

⑥ 轴承孔校正。由于装入壳体后轴承内孔会收缩，所以通常应加大轴承内孔尺寸，轴承(铜件)内孔加大尺寸量应使轴承装入后内孔与轴颈之间还能保持适当的间隙。也有在制造轴承时，内孔留精铰量，待轴承装配后，再精铰孔，以保证其配合间隙的。

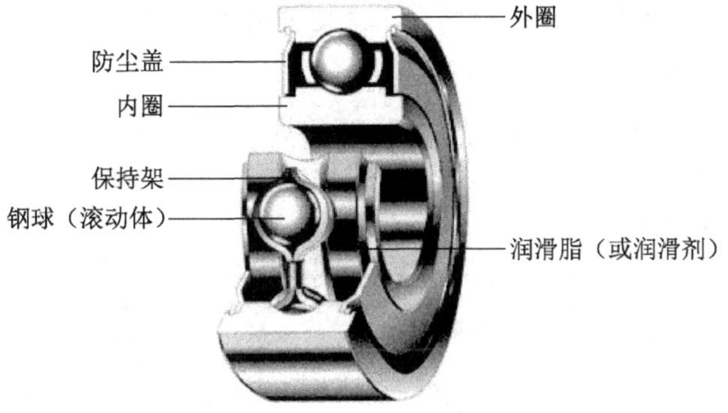

图 1-4　滚动轴承

3. 键及键连接

键是常用的连接件，应用极为广泛。其主要作用如下：实现轴和轴上零件之间的固定；传递运动和转矩。

键连接的主要类型有平键、半圆键、花键(图 1-5)、楔键和切向键连接。

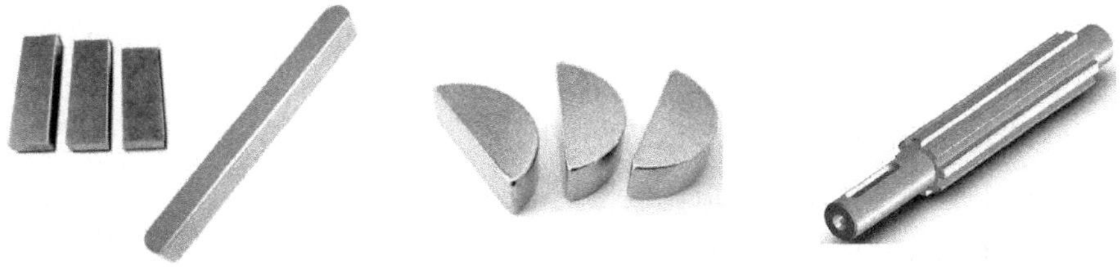

(a) 平键　　(b) 半圆键　　(c) 花键

图 1-5　键的类型

(1) 平键连接

平键连接如图 1-6 所示。

1) 特点

① 靠平键的两侧传递转矩，键的两侧面是工作面，对中性好。

② 键的表面与轮毂上的键槽底面留有间隙，便于装配。

2) 分类

平键根据用途分为普通平键、薄型平键、导向平键和滑键四种，其中普通平键和薄型平键用于静连接，导向平键和滑键用于动连接。普通平键按结构分为圆头(A 型)平键、平头(B 型)平键和单圆头(C 型)平键三种。

① 普通平键：对中性好、易拆装、精度较高，应用最广，适用于高速轴或冲击、正反转

场合。平键是标准件，只需根据用途、轴径、轮毂长度选取键的类型和尺寸。

② 薄型平键：尺寸较小，适用于空间受限或者需要轻量化的场合，用于连接较小的部件或者在需要减轻连接件质量的情况下使用，但是承载能力有限，高负荷下可能发生磨损或断裂。

③ 导向平键：可在轴上沿轴向移动。对中性好、易拆装，常用于轴向移动量不大的场合，如变速箱中的滑移齿轮。零件轴导向平键比普通平键长，紧定螺钉固定在键槽中，键与轮毂槽采用间隙配合，键上设有起键孔。

④ 滑键：工作面为键的两侧面。键固定在轮毂上，具有轴向导向作用。滑键连接对中性好、易拆装，常用于轴上零件轴向移动量较大的场合。

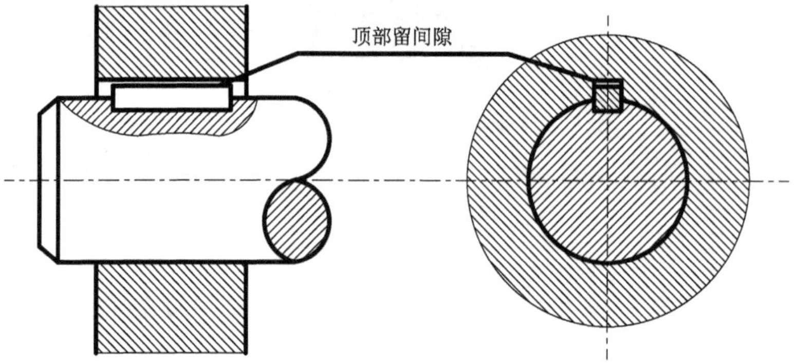

图 1-6　平键连接

(2) 半圆键连接

半圆键连接的特点如下：

① 工作面为键的两侧面，有较好的对中性。

② 可在轴上键槽中摆动以适应轮毂上键槽的斜度。

③ 适用于锥形轴与轮毂的连接。

④ 键槽对轴的强度削弱较大，只适用于轻载连接。

(3) 花键连接

花键连接是由沿轴和轮毂孔周向均布的多个键齿相互啮合而成的连接。其特点如下：

① 多齿承载，承载能力高。

② 齿浅，对轴的强度削弱小。

③ 对中性、导向性好。

④ 加工需要专用设备，成本高。

(4) 楔键和切向键连接

① 楔键：工作面是键的上、下两面。靠楔紧力传递转矩，并对零件有轴向固定作用和传递单向轴向力作用，主要用于定心精度要求不高、载荷平衡和低速的场合。

② 切向键：由一对具有 1∶100 斜度的楔键沿斜面拼合而成，上、下两个工作面互相

平行，轴和轮毂上的键槽底面没有斜度。

4. 联轴器

(1) 作用

联轴器用于轴与轴之间的连接，使它们一起回转并传递转矩。联轴器大多已标准化和系列化，在机械工程中应用广泛。

联轴器用来连接两轴，在两轴间传递运动和动力，但两轴在运行过程中不分开。

联轴器所连接的两轴，在制造、安装中存在误差，承载后会变形，温差也会引起变形，使得两轴不同轴线，从而影响两轴间运动传递的均匀性，甚至使轴端承受附加载荷。为减少误差对运动传递均匀性和附加载荷的影响，选用的联轴器必须具有一定的适应相对误差的能力；同时，为了避免冲击、振动在两轴间传递，也要求联轴器具有一定的缓冲、吸振功能。

(2) 分类

根据对各种误差是否有补偿能力（即能否在发生相对位移的条件下保持正常的连接功能），联轴器可分为无补偿能力的刚性联轴器和有补偿能力的挠性联轴器两大类。刚性联轴器又可分为刚性固定联轴器和刚性可移式联轴器。刚性固定联轴器包括套筒联轴器和凸缘联轴器。刚性可移式联轴器包括齿式联轴器和万向联轴器。挠性联轴器根据是否具有缓冲、吸振功能又可分为无弹性元件的挠性联轴器和有弹性元件的挠性联轴器两类。无弹性元件的挠性联轴器又分为十字滑块联轴器、齿轮联轴器等。有弹性元件的挠性联轴器靠弹性元件的弹性变形来补偿两轴轴线的相对位移，又分为弹性套柱销联轴器、弹性柱销联轴器等。

1) 刚性联轴器

刚性联轴器对被连接两轴间的各种相对位移无补偿能力，故对两轴的对中性要求较高，当两轴有相对位移时，会引起附加载荷。这类联轴器结构简单、紧凑，成本低。

① 套筒联轴器

套筒联轴器（图 1-7）结构简单、径向尺寸小，装拆时轴须做较大的轴向移动，适用于传递转矩小、便于轴向装拆的场合，要求被连接轴径小于 70 mm，故只能用于小型设备。

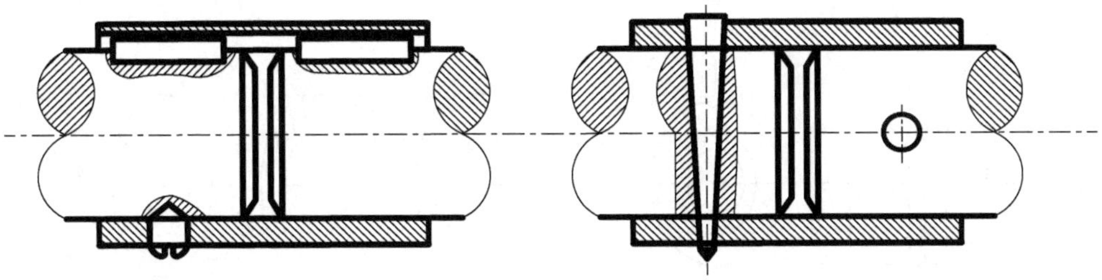

图 1-7　套筒联轴器

② 凸缘联轴器

凸缘联轴器是把两个带有凸缘的半联轴器用键分别与两轴连接，然后用螺栓把两个半联轴器连成一体，以传递运动和转矩。

两个半联轴器有两种连接方式：图 1-8a 所示是靠两个半联轴器上的凸肩和凹槽定位对中，用普通螺栓连接，利用半联轴器结合面间的摩擦力来传递转矩；图 1-8b 所示是靠铰制孔螺栓来实现两轴的半联轴器对中并连接，利用螺栓杆受挤压、剪切来传递转矩。

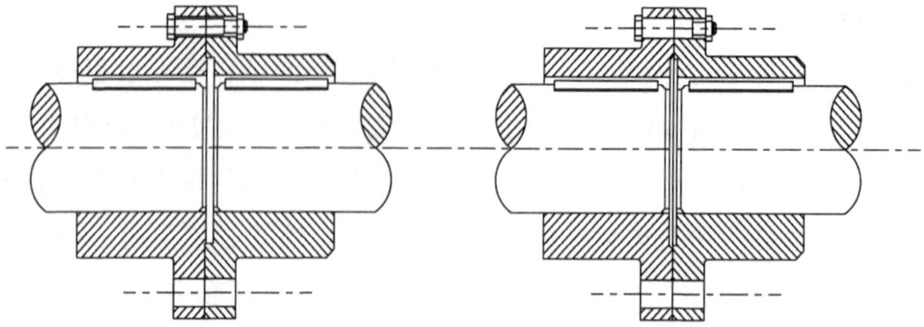

(a) 用凸肩和凹槽对中　　(b) 用铰制孔螺栓对中

图 1-8　凸缘联轴器

2）挠性联轴器

由于具有挠性，挠性联轴器可以在一定程度上补偿轴间的偏移，根据是否具有弹性元件其可分为无弹性元件的挠性联轴器和有弹性元件的挠性联轴器两类。有弹性元件的挠性联轴器可以吸收振动、缓和冲击。

① 无弹性元件的挠性联轴器

a. 十字滑块联轴器

十字滑块联轴器如图 1-9 所示，由两个在端面上开有凹槽的半联轴器 1，3 和一个两面带有相互垂直凸牙的中间盘 2 组成。因凸牙可在凹槽中滑动，故可补偿两轴间的相对径向位移误差。

因为半联轴器与中间盘组成了移动副，所以为了减少摩擦磨损，其元件工作表面要进行热处理，以提高硬度和延长使用寿命。中间盘要加注润滑油进行润滑。当径向位移误差较大时，中间盘会产生较大的离心力，增大动载荷及磨损，因此选用十字滑块联轴器时应注意其工作转速不得大于规定值。

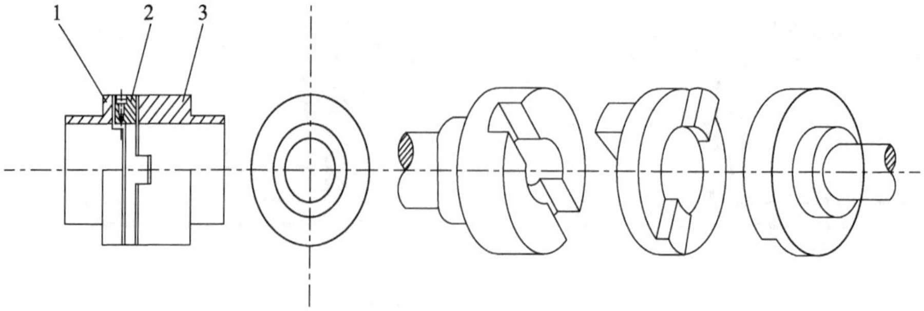

1，3—半联轴器；2—中间盘。

图 1-9　十字滑块联轴器

十字滑块联轴器结构简单，径向尺寸小，传递转矩较大，对安装精度要求不高。速度较高时，中间盘的偏心将产生较大的离心力而加速磨损，故一般控制转速在 300 r/min 内。

b. 齿轮联轴器

齿轮联轴器由两个具有外齿的半联轴器 1 和两个具有内齿的外壳 2 组成，如图 1-10 所示。两外壳用螺栓连为一体。两半联轴器分别用键与轴连接，靠内、外齿啮合来传递转矩，半联轴器之间有较大的轴向间隙，内、外齿啮合时具有较大的顶隙和侧隙，外齿为鼓形，其齿顶为球面，球面中心在轴线上，故齿轮联轴器有较大的补偿综合偏移的能力。

齿轮联轴器承载能力强，适应的速度范围广，工作可靠，对安装精度要求不高，但是结构复杂、制造困难。

1—外齿套；2—内齿圈；3—密封圈；4—铰孔螺栓；5—加油孔。

图 1-10　齿轮联轴器

② 有弹性元件的挠性联轴器

a. 弹性套柱销联轴器

这种联轴器的结构与凸缘联轴器相似，只是用套有弹性套的柱销代替了连接螺栓。因为通过弹性套传递转矩，所以可以缓冲减振。弹性套的材料常用耐油橡胶，以提高其弹性。半联轴器与轴的配合孔可做成圆柱形或圆锥形。

b. 弹性柱销联轴器

这种联轴器如图 1-11 所示，其结构、性能及应用与弹性套柱销联轴器相似，只是靠尼龙柱销传递转矩。与弹性套柱销联轴器相比，它结构简单，加工维修方便，传递转矩大，使用寿命长，但补偿径向和角度偏移的能力弱，吸振缓冲作用差。由于尼龙对温度比较敏感，其工作温度不宜高于 70 ℃。

5. **离合器**

离合器能实现轴与轴之间的连接、分离，从而实现动力的传递和中断。

离合器按其工作原理分为牙嵌式和摩擦式，按其操作方式又分为机械离合器、气动离合器、液压离合器、电磁离合器、超越离合器和离心离合器等。

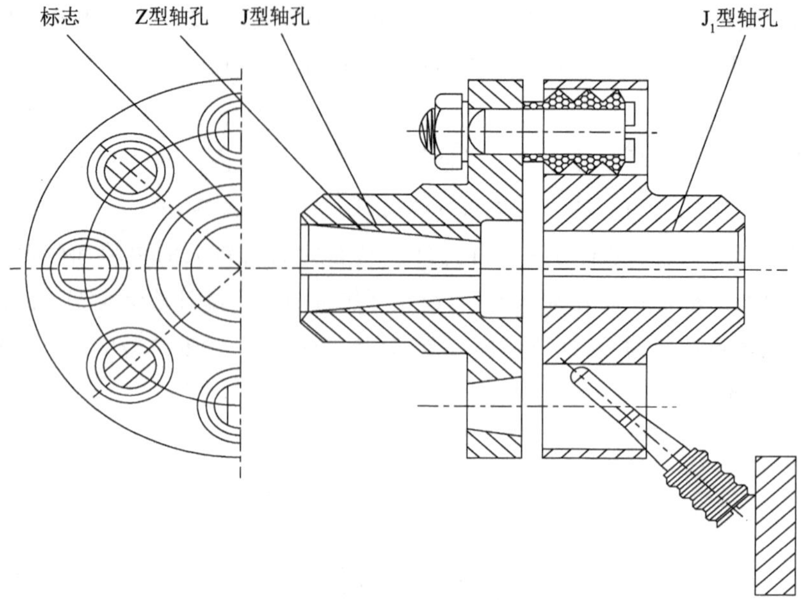

图 1-11 弹性柱销联轴器

常用离合器分类如表 1-1 所示。

表 1-1 常用离合器分类

- 离合器
  - 牙嵌离合器
    - 矩形
    - 三角形
    - 梯形
  - 摩擦离合器
    - 单片
    - 多片
      - 手动
      - 电动
      - 液压
      - 气动
  - 特殊离合器
    - 超越离合器
    - 离心离合器
    - 磁粉离合器
    - 安全离合器

与牙嵌离合器相比，摩擦离合器具有下列优点：① 可在运行中随时分合两轴；② 过载时摩擦面会发生打滑，具有保护作用；③ 结合、分离平稳，冲击振动较小。

6．制动器

（1）作用

制动器是用于使机构、机器减速或停止运行的装置，有时也用于调节和限制设备的运动速度，它是保证设备安全正常工作的重要部件。

为了减小制动转矩，缩小制动器尺寸，一般将制动器安装在机构的高速轴上。某些安全制动器则安装在低速轴上或卷筒上，以防传动系统断轴时物体坠落。特殊情况下也有将制动器装在中速轴上的。

(2) 分类

制动器根据工作原理分为摩擦式制动器和非摩擦式制动器，根据工作状态可以分为常闭式和常开式。常闭式制动器靠弹簧或重力的作用经常处于紧刹状态，机构工作时，可利用人力或松闸器使制动器松闸。与此相反，常开式制动器经常处于松闸状态，只有施加外力时才能使其闸紧。

常用制动器分类如表 1-2 所示。

表 1-2　常用制动器分类

- 制动器
  - 摩擦式制动器（常开、常闭）
    - 外抱块式制动器：长行程块式制动器、短行程块式制动器
    - 内涨蹄式制动器：双蹄制动器、多蹄制动器
    - 带式制动器：简单带式制动器、差动带式制动器、组合带式制动器
    - 盘式制动器
      - 钳盘：固定钳式制动器、浮动钳式制动器
      - 全盘：单盘制动器、多盘制动器、载荷自制盘式制动器
      - 锥盘：锥盘制动器、载荷自制锥盘制动器
  - 非摩擦式制动器
    - 磁粉式制动器（半摩擦式）
    - 磁涡流式制动器
    - 水涡流式制动器

制动器主要由制动架、摩擦元件和松闸器三部分组成。许多制动器还装有间隙自动调整装置。

1.2　机械传动

水泵机组最常用的传动方式有直接传动和间接传动。

1.2.1　直接传动

直接传动是用联轴器把水泵的轴和动力机的轴连接起来，借以传递能量的方式。联轴器除应可靠传递运动和转矩外，还应具有两个功能：一是补偿轴偏移。制造或安装的误差、零件受载后的弹性变形、转动零件的不平衡、基础的下沉、工作温度的变化及轴承的磨损等，都会使两轴线不重合而发生偏移，使工作状态恶化，这就要求联轴器具有补偿两轴线偏移的能力。二是吸振缓冲。轴在转速较高或工作不平稳时容易发生转动冲击，这就要求联轴器具有吸收振动和缓和冲击的能力。

1.2.2　间接传动

当水泵和动力机的额定转速不等或转向不同时，就需要用传动装置将两者联系起来，以传递功率，保持转速一致。随着机电排灌技术的进步，水泵机组向高速化和自动化方向发展，间接传动被广泛应用。

1. 带传动

带传动是间接挠性传动，由主动带轮 1、从动带轮 3 和传动带 2 组成，如图 1-12 所示。当主动带轮转动时，利用带和带轮之间的摩擦（或啮合）作用，驱动从动带轮一起转动，传递运动或动力。带传动结构简单、传动平稳、造价低廉，具有缓冲吸振和过载保护特性，在机械装置中应用广泛。

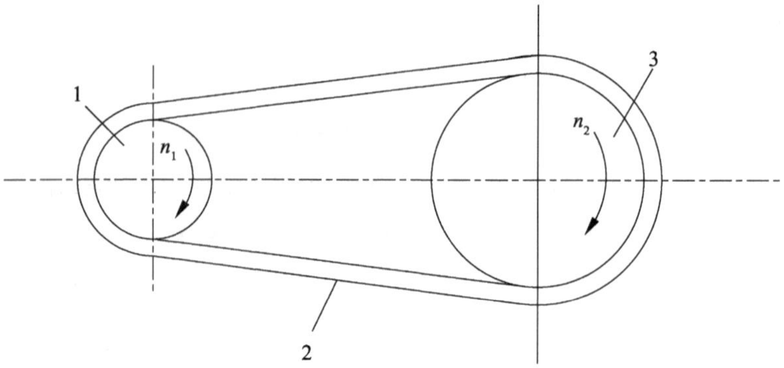

1—主动带轮；2—传动带；3—从动带轮。

图 1-12　带传动示意图

(1) 带传动的特点

① 带是挠性件，具有弹性，能够缓和冲击、吸收振动，因而带传动工作平稳，噪声小。但是，带传动工作时存在弹性滑动，不能保证准确的传动比。

② 传动过载时，带会相对于小带轮打滑，因而可以保护其他零件免受损坏，但带传动不能用于安全性要求高的传动(如起重机械)。

③ 带传动结构简单，对制造、安装要求不高，工作时不需要润滑，因而成本较低，但带的寿命较短，一般只能使用几千小时，且不宜用于高温、易燃场合。

④ 带传动靠摩擦力传递动力，传动效率低，一般平带传动效率约为 95%，V 形带传动效率约为 92%。

⑤ 与齿轮传动相比，带传动适用于中心距较大，尺寸不紧凑，且轴上压力大的场合。

(2) 带传动的分类

按工作原理不同，带传动分为摩擦型带传动和啮合型带传动两大类。与摩擦型带传动相比，啮合型带传动的带轮和带之间没有相对滑动，能够严格保证传动比，但其对中心距和尺寸精度要求较高。

摩擦型带传动按带的横截面形状不同，又可分为平带、V 形带、圆带、多楔带等多种传动形式。

1) 平带传动

平带传动的应用范围很广，传动方式可以有多种变换，而且传动比大。

平带传动又分开口式、交叉式和半交叉式三种，如图 1-13 所示。

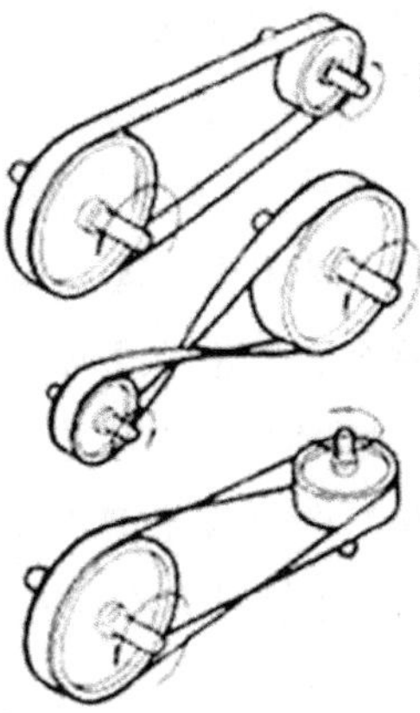

图 1-13　平带传动示意图

开口式平带传动适用于泵轴和动力机轴互相平行且转向相同或转向不同的场合；半交叉式平带传动适用于泵轴和动力机轴互相垂直的场合（如卧式动力机带动立式水泵）；交叉式平带传动适用于泵轴和动力机轴互相平行且转向相反的场合。

2）V 形带传动

V 形带传动（图 1-14）的带紧嵌在带轮缘的梯形槽内，其两侧与轮槽接触紧密，在同样的张紧力下，可产生比平带大约 3 倍的摩擦力，传动比 i 较大，结构较紧凑。它占地面积小，可以节省泵房投资。V 形带的应用比平带广泛得多。

图 1-14　V 形带传动示意图

（3）带传动的张紧装置

在工作前张紧的新带，工作一段时间后，会因磨损和塑性变形而松弛，使初拉力减小，传动能力下降。为了保证带传动的传动能力，必须定期对带进行张紧。

① 定期张紧装置：通过定期改变传动中心距来调节初拉力，包括滑道式与摆架式。前者用于水平或倾斜不大的传动中，后者用于垂直或接近垂直的传动中。

② 自动张紧装置：将装有带轮的电机安装在浮动的摆架上，利用电机的自重，使带轮随同电机绕固定轴摆动，以保持张紧力。

③ 采用张紧轮的装置：当中心距不能调节时，可采用张紧轮将皮带张紧。V 形带张紧装置，张紧轮一般应放在松边的内侧，使皮带只受单向弯曲应力。同时，张紧轮还应尽

量靠近大轮,以免影响小轮的包角。张紧轮的轮槽尺寸与带轮的相同,且直径应小于带轮的直径。

(4) V形带的使用与维护

正确使用和妥善保养是保证V形带正常工作和延长其寿命的有效措施。

① 两个带轮的轴线应与轴中心线重合。带轮轴线必须保持平行,且带轮对应轮槽必须对正,以免引起带侧面过早磨损、带扭曲、轴承工作状态恶化。

② 带顶面应与带轮外缘相平,使带工作面与轮槽工作面保持良好接触。带嵌入太深,会使内表面与轮槽底接触,失去V形带的优势;带位置太高,则接触面减小,将使带的传动能力降低,磨损加剧。

③ 成组使用的带长短相差不宜过大,否则将使各根带受力不均。

④ 带轮安装在轴上不得摇晃,轴和轴端不应弯曲。

⑤ 使用中应保持带清洁,不可与油接触,污垢多时,可用温水或15%的稀碱溶液洗涤,还应避免日光直接曝晒。

2. 齿轮传动

齿轮(图1-15)是成对运转的接触构件,它们通过连续啮合的齿状突出物把运动和力从一根轴传递到另一根轴上,是现代机器中应用最广泛的一种传动机构。齿轮传动的类型很多,按照传动时的相对运动可以分为平面齿轮传动和空间齿轮传动;按照传动时齿轮轴线在空间的相对位置是否固定又可分为定轴轮系和周转轮系。

齿轮传动可以用来传递空间任意两轴间的运动和动力,传动准确可靠;齿轮寿命长,维护好的齿轮能够使用几千小时;齿轮传递功率大,现代齿轮传递功率可达数万千瓦;齿轮传动效率高,一对加工及润滑良好的圆柱齿轮,传动效率可达99%。

图1-15 齿轮

齿轮传动的类型和特点如下:

(1) 圆柱齿轮传动

如图1-16a所示,圆柱齿轮的轴线与轮齿平行,适用于两平行轴之间的传动,有内啮合和外啮合两种。内啮合齿轮传动,两齿轮的传动方向相同;外啮合齿轮传动,两齿轮的传动方向相反。齿轮传动配合精度要求高，不但要求齿轮有良好的加工精度，装配工艺也很重要。安装时要避免出现齿轮偏心、歪斜、轮齿未贴紧等问题；非工作齿面间的间隙，也叫齿侧间隙(简称侧隙)，应分布均匀。检查侧隙可用塞尺测量，也可用压铅法，将铅线放在齿宽中间，待啮合压扁后用千分尺测量扁铅线的厚度，即为侧隙；检查轮齿的接触通常用涂色法，将红丹涂在小齿轮的齿面，观察印痕的分布就可判别齿面的啮合情况。

(2) 圆锥齿轮传动

如图 1-16b 所示，圆锥齿轮又叫伞齿轮，用于传递相交轴之间的运动。圆锥齿轮的轮齿排列在截圆锥体的表面上，有直齿、斜齿之分，分别组成直齿、斜齿齿轮传动。由于直齿圆锥齿轮的设计、制造和安装均比较简便，故其应用最广泛。圆锥齿轮传动按两轮啮合形式，也有外啮合、内啮合之分。

(3) 蜗杆传动

如图 1-16c 所示，蜗杆传动是用来传递空间互相垂直而不相交的两轴间的运动和动力的传动机构。蜗杆是主动件，蜗轮是从动件，蜗杆可以带动蜗轮，蜗轮却不能带动蜗杆，这就是所谓的自锁性。蜗杆传动由于具有传动比大且结构紧凑、有自锁功能、传动平稳、噪声小等优点，在各类机械传动系统中得到了广泛的应用。蜗杆传动的主要缺点是传动效率不如齿轮，工作时发热量大，需要良好的润滑和冷却。装配时，要使蜗杆轴线处于蜗轮轮齿的对称平面内，并与蜗轮的轴线互相垂直；中心距要求准确，齿侧间隙、接触斑点要符合要求。

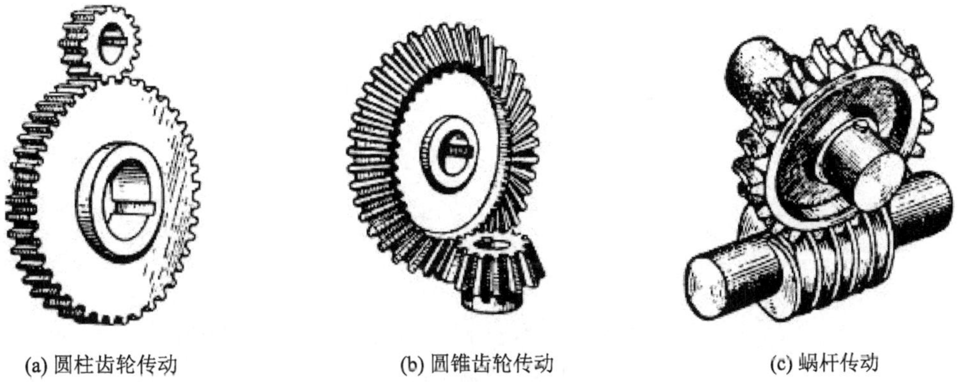

(a) 圆柱齿轮传动　　(b) 圆锥齿轮传动　　(c) 蜗杆传动

图 1-16　齿轮传动

(4) 定轴轮系传动

由一对齿轮所组成的齿轮机构只是齿轮传动中最简单的形式，在实际机械中，为了满足工作需要，一般只用一对齿轮是不够的，而需要采用一系列的齿轮传动。这种由一系列的齿轮所组成的传动系统就称为轮系。在传动中，如果轮系中的各齿轮的几何轴线位置都是固定的，这种轮系就称为定轴轮系。

为了方便起见，定轴轮系中啮合齿轮的转向关系可以通过对齿轮标注箭头来表示，标注的规则如下：一对平行外啮合齿轮，其转向相反，故用方向相反的箭头表示；一对平行内啮合齿轮，其转向相同，故用方向相同的箭头表示；一对圆锥齿轮传动时，表示转向的箭头同时指向啮合点或同时背向啮合点；蜗杆传动时，根据左、右手定则判别蜗轮和蜗杆的转向。平面定轴轮系如图 1-17 所示，空间定轴轮系如图 1-18 所示。

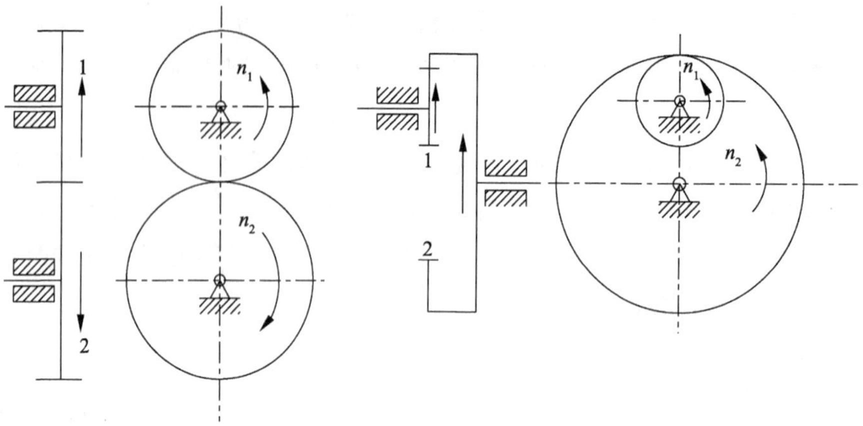

1，2—圆柱齿轮。

图 1-17　平面定轴轮系

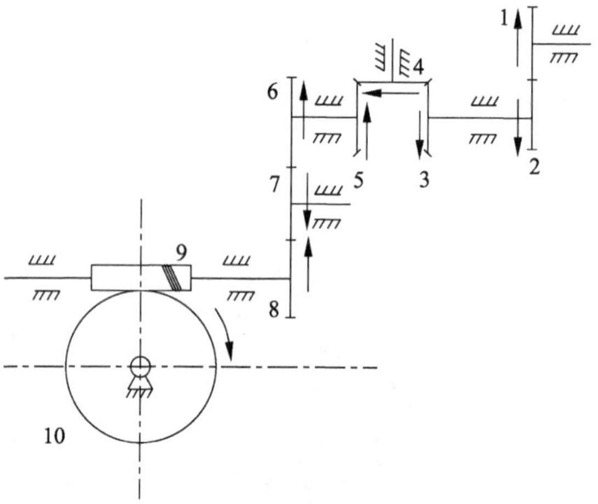

1，2，6，7，8—圆柱齿轮；3，4，5—圆锥齿轮；9—蜗杆；10—蜗轮。

图 1-18　空间定轴轮系

对平面定轴轮系，也可以用“＋”“－”表示啮合齿轮间的转向关系。“＋”表示转向相同，“－”表示转向相反。

定轴轮系的传动比等于该轮系中各对啮合齿轮的传动比的连乘积。传动比的大小等于各对啮合齿轮中的所有从动轮齿数的连乘积与所有主动轮齿数的连乘积之比，而传动比的正负取决于外啮合次数 m，内啮合不影响转向。

(5) 行星齿轮传动

在传动中，如果轮系中有一个或一些齿轮的轴线不是固定的，而是绕着其他定轴齿轮的轴线回转，这种轮系就称为周转轮系。在图 1-19 所示的周转轮系中，外齿轮 1、内齿轮 3

都是绕着固定的轴线回转的，这两个齿轮都称为中心轮（或叫太阳轮）。齿轮 2 的轴承装在构件上，构件也像齿轮 1,3 一样绕着固定的轴线回转，所以当轮系运转时，齿轮 2 一方面绕着自己的轴线回转，另一方面又随构件一起绕着固定的轴线回转，就像天上的行星的运动一样，兼有自转和公转，故齿轮 2 称为行星齿轮（简称行星轮）。在周转轮系中，若有一个中心轮是固定的，则这种轮系又称行星轮系；若两个中心轮都能转动，则这种轮系又称差动轮系。行星轮系只有 1 个自由度，差动轮系则有 2 个自由度。

周转轮系在现代的许多机器和仪器中得到了广泛的应用，行星减速器由于有多个行星轮同时啮合，且采用内啮合，利用了内齿轮中间的空间，与普通定轴轮系减速器相比，在同等体积和质量的条件下，可以传递较大的功率，工作也更为可靠。

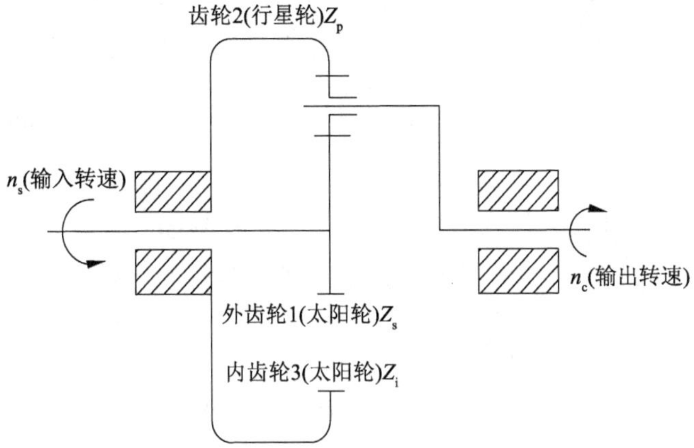

图 1-19 行星齿轮传动示意图

（6）螺旋传动

螺旋传动是运用机械中的斜面原理，利用内、外螺纹组成的螺旋副来传递运动和动力的装置，它可以方便地将主动件的回转运动转变成从动件的直线运动。螺杆式启闭机就是利用螺旋副的传动原理，将螺母的旋转运动转变成螺杆的直线运动，使施加在螺母上的转矩成为启闭闸门的启闭力的。螺旋传动具有结构简单，工作连续、平稳，传动精度高，省力等优点。其缺点是螺纹之间易产生比较大的相对滑动，磨损大，效率低，在使用中必须有良好的润滑。

常见的螺杆启闭机采用的是单头螺杆，其移动速度由螺母的转速和螺距决定，螺母每转动一圈，螺杆就移动一个螺距，即

$$a = nt$$

式中，a 为螺杆每分钟移动的距离；n 为螺母的转速；t 为螺杆的螺距。

1.3 连接件

1.3.1 螺纹连接与螺旋传动

螺纹有外螺纹和内螺纹之分。起连接作用的螺纹称为连接螺纹，起传动作用的螺纹

称为传动螺纹。螺纹又分为米制和英制(螺距以每英寸牙数表示)两类。我国除管螺纹外,多采用米制螺纹。

常用螺纹的类型主要有普通螺纹(三角形螺纹,分粗牙和细牙)、管螺纹、梯形螺纹、矩形螺纹、锯齿形螺纹。前两种主要用于连接,后三种主要用于传动,其中除矩形螺纹外,都已经标准化。标准螺纹的基本尺寸,可以查阅有关标准。此外,除在非常特殊的场合(例如,如果在转轴的轴端上使用右旋螺纹,工作时会自然松动)使用左旋螺纹外,均使用右旋螺纹。常用螺纹的类型及特点如图 1-20 所示。

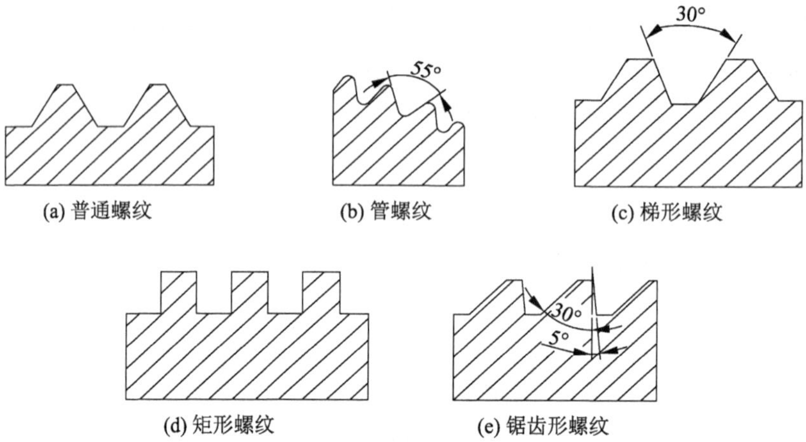

图 1-20　常用螺纹的类型及特点

我国已经制定了相关的公差等级,读者可自行查阅。公差等级和螺纹牙的表面粗糙度、螺距、螺纹牙型角度没有关系,仅仅表示外螺纹大径、小径,内螺纹大径、中径、小径的尺寸公差。

1. 螺纹连接的基本类型

(1) 螺栓连接

常见的普通螺栓连接的特点是被连接件上的通孔和螺栓杆间留有间隙,故通孔加工精度低,结构简单,装拆方便,因此应用极广。另一种连接方式是配合螺栓(铰制孔螺栓)连接。孔和螺栓杆多采用基孔制过渡配合(H7/m6,H7/n6),这种连接能精确固定被连接件的相对位置,并能承受横向载荷,但孔的加工精度要求较高。

(2) 双头螺柱连接

这种连接适用于结构上不能采用螺栓连接的场合,例如被连接件之一太厚,不宜制成通孔,且需要经常拆装时,往往采用双头螺柱连接。

(3) 螺钉连接

螺钉连接是利用拧入零件螺纹孔中的螺钉末端顶住另一零件表面或者将其顶入相应的凹坑中,以固定两个零件的相对位置,如机器、仪器的调节螺钉等。

除上述几种基本螺纹连接外,还有一些特殊结构的螺纹连接。例如,专门用于将机座或机架固定在地基上的脚螺栓连接,装在机器或大型零部件的顶盖或外壳上便于起吊用的吊环螺栓连接，用于工装设备中的 T 形槽螺栓连接，等等。

2. 螺旋传动

螺旋传动是利用螺杆和螺母组成的螺旋副来实现传动要求的。它主要用于将回转运动转变为直线运动，同时传递运动和动力。根据螺杆和螺母的相对运动关系，螺旋传动的常用运动方式主要有以下两种：螺杆转动，螺母移动，多用于机床的进给机构中；螺母固定，螺杆转动并移动，多用于起重器（千斤顶）或螺旋压力机中。螺旋传动按其用途不同，可分为以下三种类型：

① 传力螺旋：它以传递动力为主，要求以较小的转矩产生较大的轴向推力，从而克服工作阻力，如各种起重或加压装置的螺旋。这种传动螺旋需要承受很大的轴向力，一般为间歇性工作，每次工作时间较短，工作速度也不高，而且通常需有自锁能力。

② 传导螺旋：它以传递运动为主，有时也承受较大的轴向载荷，如机床进给机构的螺旋等。传导螺旋需要在较长时间内连续工作，且工作速度较高，因此要求具有较高的传动精度。

③ 调整螺旋：它用以调整、固定零件的相对位置，如机床、仪器及测试装置中微调机构的螺旋。调整螺旋不经常转动，一般在空载下调整。

螺旋传动采用的螺纹类型有矩形、梯形和锯齿形，其中以梯形和锯齿形螺纹应用最广。螺杆常用右旋螺纹，只有在某些特殊的场合，如车床横向进给丝杠，为了符合操作习惯，才采用左旋螺纹。传力螺纹和调整螺纹要求自锁时，应采用单线螺纹。对于传导螺纹，为了提高其传动效率及直线运动速度，可采用多线螺纹。

1.3.2　键

键是一种标准零件，通常用来实现轴与轮毂之间的轴向固定，并将转矩从轴传递到轮毂或从轮毂传递到轴，有的还能实现轴上零件的轴向固定或轴向滑动。键大致分为平键、半圆键、楔键、切向键等几大类。现就键连接的主要形式及应用特性简介如下：

1. 平键连接

普通平键的两侧面是工作面，工作时依靠同键槽侧面的挤压来传递转矩，键的上表面和轮毂上键槽的底面间留有间隙。平键连接具有结构简单、装拆方便、对中性较好等优点，因而得到广泛应用。这种键不能承受轴向力，因而对轴上的零件不能起到轴向固定的作用。

平键按照其构造分为圆头、方头及单圆头三种。圆头平键宜放在轴上用键槽铣刀铣出的键槽中，键在键槽中轴向固定良好。其缺点是键的头部侧面与轮毂上的键槽并不接触，因而键的圆头部分不能充分利用，而且轴上的键槽端部应力较集中。方头平键放在用锯片铣刀铣出的键槽中，因而避免了上述缺点，但尺寸大的键宜用紧定螺钉固定在轴上的键槽中，以防松动。单圆头平键常用于轴端与毂类零件的连接。

2. 半圆键连接

轴上的键槽用尺寸与半圆键相同的半圆键键槽铣刀铣出，因而键在槽中能绕其几何中心摆动以适应轮毂中键槽的斜度。半圆键工作时，靠其侧面来传递转矩。这种键的优点是工艺性好，装配方便，尤其适用于锥形轴与轮毂的连接。其缺点是轴上键槽较深，对轴的强度削弱较大，故一般只用于轻载连接中。

3. 楔键连接

楔键分为普通楔键和钩头楔键，普通楔键也有圆头、方头及单圆头三种类型。楔键的上下两面是工作面，键的上表面和与它配合的轮毂键槽面均有 1∶100 的斜度。装配时，圆头楔键要先放入键槽，然后打紧；方头及钩头楔键要在轮毂转到适应位置后才打紧，使它楔紧在轴和轮毂的键槽里；单圆头楔键则多用于轴端和轮毂的连接。楔键连接工作时，靠键的楔紧作用来传递转矩，同时还可以承受单向的轴向载荷，对轮毂起到单向的轴向定位作用。但由于在楔紧时破坏了轴与轮毂的对中性，故不宜用于对中性要求严格或高速、精密传动的场合。由于楔键连接结构较平键连接简单，被连接件在轴上固定不必采用附加零件，故在一些低速、轻载和对传动精度要求不高的连接中常使用。

4. 切向键连接

切向键连接由一对斜度为 1∶100 的楔键组成。切向键的工作面是两键沿斜面拼合后相互平行的两个窄面，被连接的轴和轮毂上都开有键槽，装配时把一对键分别从轮毂两端打入，拼合而成的切向键就沿轴的切线方向楔紧在轴与轮毂之间。切向键连接工作时，靠工作面上的挤压力和轴与轮毂间的摩擦力来传递转矩。用一个切向键时，只能单向传动。有反转要求时，必须用两个切向键，此时为了不致严重地削弱轴与轮毂的强度，两个键槽最好错开 120°。

5. 花键连接

花键连接由外花键和内花键组成。花键连接是平键连接在数目上的发展，但是，由于结构形式和制造工艺不同，与平键连接相比，花键连接在强度、工艺和使用方面有下述优点：在轴上与毂孔上直接而均匀地制出较多的齿与槽，故连接受力较为均匀；槽浅，齿根处应力集中较小，对轴与轮毂的强度削弱较少；齿数较多，总接触面积较大，因而可承受较大的载荷；轴上零件与轴的对中性好；导向性较好；可用研磨的方法提高加工精度及连接质量。其缺点是齿根仍有应力集中，有时需要用专门设备加工，成本较高。花键已标准化，它在机械制造，特别是在飞机、汽车、拖拉机、机床和农业机械中得到了广泛的应用。

1.3.3 销

销主要用来固定零件之间的相对位置；也用于轴与轮毂的连接或其他零件的连接，并可传递不大的载荷；还可以作为安全位置中的过载剪断元件，称为安全销。销分为圆柱销、圆锥销、槽销、开口销及特殊形状的销等，其中圆柱销、圆锥销及开口销均有国家标准。

圆柱销靠过盈固定在孔中。这种销经多次拆装会破坏连接的可靠性和精确性，而圆锥销就无此缺点。圆柱销的直径偏差有 s7，n6，h8，h11 四种，以满足不同的使用要求。

圆锥销具有 1∶100 的锥度，因此有可靠的自锁性能。开尾圆锥销在装入销孔后，把末端开口部分撑开，能保证销不松脱。

槽销是沿圆柱面的母线方向开有深度不同的凹槽的销。槽常有三条，用滚压或模锻方法制出。槽的主要形状有：沿销全长的平行直槽；沿销全长的楔形槽；一端有短楔形槽、两端有短楔形槽及中部有短凹槽等。槽销压入销孔后，它的凹槽即产生收缩形变，故可借材料的弹性固定在销孔中。安装槽销的孔不需要精确加工，并且在同一孔中可装拆多次。槽销近来应用较为普遍，对受振动载荷的连接也很适用。在很多场合下，槽销可代替键、螺栓、圆柱销来使用。

总之，销的类型可根据工作要求选定。用于连接的销，工作时通常受到挤压和剪切作用。在进行具体选择时，可根据连接的结构特点，按经验确定，必要时再做强度校核。

1.3.4　T 形槽

在加工机床的工作台类部件上，常见到这种 T 形槽。它们被用于安装固定被加工零件、分度盘等附属部件。T 形槽因槽的断面呈 T 字形而得名，加工 T 形槽的刀具称为 T 形槽铣刀。利用 T 形槽固定其他零件时还需要使用 T 形螺栓、T 形螺母。因此，在 T 形槽、T 形槽用螺栓、T 形槽用螺母之间若没有一定的尺寸配合关系就会出现问题。所以，对应于 T 形槽的公称尺寸，其余各部分尺寸与间距都有标准规定。

1.3.5　弹簧

以利用物体的弹性或形变蓄积能量等为目的的机械零件称为弹簧。弹簧常用于吸收振动和冲击、测定载荷和重量、蓄能等。弹簧根据形状大致可分为螺旋弹簧、拉伸弹簧、扭转弹簧、涡卷盘式弹簧、重叠板弹簧等。制造弹簧的材料主要是弹簧钢，根据用途的不同也可采用硬钢线、钢琴弦线、不锈钢线、黄铜线、铅铜线来制造。

1.3.6　密封垫

在一般机械上密封垫都是用来对流体进行密封的。根据密封流体的种类、密封场所压力和温度的不同，密封垫的材质、形状是多种多样的。密封垫一般是由纸、纤维材料、化学材料制成的，形状多为片状。在高压高温等特殊的场合，也有使用金属密封垫的。铜合金等软材料是做金属密封垫的首选，也有用钢板来做的。

1.4　润滑材料

1.4.1　润滑材料的分类

润滑油、润滑脂均为润滑剂。而所谓润滑剂，简单地说，就是介于两个相对运动的物体之间，能减少或避免两个物体因接触而产生摩擦磨损的物质。

润滑油是一种技术密集型产品，是复杂的碳氢化合物的混合物，而其真正的使用性能又是复杂的物理和/或化学变化过程的综合效应。润滑油的基本性能指标包括一般理化性能指标、特殊理化性能指标和模拟台架试验指标。

凡是能减小摩擦阻力的介质均可作为润滑材料，目前常用的润滑剂有四种，分别是：

① 液体润滑剂，包括矿物油、合成油、水基液、动植物油等。

② 润滑油脂，包括皂基脂、无机脂、烃基脂等。

③ 固体润滑剂，包括软金属、金属化合物、无机物、有机物等。

④ 气体润滑剂，包括空气、氦气、氮气、氢气等。

1.4.2 润滑油的种类

润滑油的种类很多，这里只叙述泵机组的常用油，通常可分为润滑油和绝缘油两大类，这两类油中用量较大的是透平油和变压器油。各种油的特性及用途见表 1-3。

1. 润滑油

① 透平油：也称为 TSA 汽轮机油，按照 ISO 黏度等级分为 32，46，68，100 几个等级。泵站大容量机组常用的透平油主要供给油压装置、主机组、油压启闭机等。具体选用哪一种油，应根据设备制造厂的要求确定。

② 机械油：常用的有 32，46，68 几个等级，主要用于辅助设备轴承、起重机械和容量较小的主机组润滑。

③ 压缩机油：供空气压缩机润滑。

④ 润滑油脂（黄油）：供滚动轴承润滑。

2. 绝缘油

① 变压器油：泵站常用的是 10 号和 25 号两种，供变压器和互感器用。

② 开关油：有 10 号和 45 号两种，供开关用。

表 1-3 各种油的特性及用途

名称	代号	运动黏度（40 ℃）/（$mm^2 \cdot s^{-1}$）	闪点（开口）/℃	倾点/℃	主要用途
L－AN 全损耗系统用油	L－AN5	4.14～5.06	≥80	≤－5	适用于对润滑油无特殊要求的全损耗润滑系统，不适用于循环润滑系统。常用于对润滑油无特殊要求的定子、轴承、齿轮和其他低负荷机械等部件的润滑
	L－AN7	6.12～7.48	≥110		
	L－AN10	9.00～11.00	≥130		
	L－AN15	13.5～16.5	≥150		
	L－AN22	19.8～24.2			
	L－AN32	28.8～35.2			
	L－AN46	41.4～50.6	≥160		
	L－AN68	61.2～74.8			
	L－AN100	90.0～110	≥180		
	L－AN150	135～165			

续表

名称	代号	运动黏度(40 ℃)/($mm^2 \cdot s^{-1}$)	闪点(开口)/℃	倾点/℃	主要用途
L－HL 液压油	L－HL15	13.5～16.5	≥155	≤－9	适用于机床和其他设备的低压齿轮泵。也可用于其他使用抗氧防锈型润滑油的机械设备，如轴承和齿轮等
	L－HL22	19.8～24.2	≥165		
	L－HL32	28.8～35.2	≥175	≤－6	
	L－HL46	41.4～50.6	≥185		
	L－HL68	61.2～74.8	≥195		
	L－HL100	90～110	≥205		
L－HM 液压油	L－HM22	19.8～24.2	≥165	≤－15	适用于钢-钢摩擦副的液压油泵，如用于重负荷、中压、高压的叶片泵、柱塞泵和齿轮泵的液压系统
	L－HM32	28.8～35.2	≥175		
	L－HM46	41.4～50.6	≥185	≤－9	
	L－HM68	61.2～74.8	≥195		
工业齿轮油	50	45～55	≥170	≤－5	适用于工业设备齿轮的润滑
	70	65～75			
	90	80～100	≥190		
	120	110～130			
	150	140～160	≥200		
	200	180～220			
	250	230～270	≥220		
	300	280～320			
	350	330～370		≤0	
中负荷工业齿轮油	N68	61.2～74.8	≥180	≤－8	适用于煤炭、水泥和冶金等工业部门的大型封闭齿轮传动装置的润滑
	N100	90～100			
	N150	135～165	≥200		
	N220	198～242			
	N320	288～352			
	N460	414～506			
	N6800	612～748	≥220	≤－5	

续表

名称	代号	运动黏度(40 ℃)/($mm^2 \cdot s^{-1}$)	闪点(开口)/℃	倾点/℃	主要用途
普通开式齿轮油	68	60～75	≥200		适用于开式齿轮、链条和钢丝绳的润滑
	100	90～110			
	150	135～165			
	220	200～245	≥210		
	320	290～350			
主轴油	N2	2.0～2.4	≥60	≤−15	适用于精密机床轴承的润滑及其他以压力油浴、油雾润滑的滑动轴承或滚动轴承的润滑
	N3	2.9～3.5	≥70		
	N5	4.2～5.1	≥80		
	N7	6.2～7.5	≥90		
	N10	9.0～11.0	≥100		
	N15	13.5～16.2	≥110		
	N22	19.8～24.2	≥120		
仪表油		9～11	≥125	≤−60	适用于各种仪表的润滑

1.4.3 泵机组常用油的作用

1. 透平油的作用

① 润滑：油在相互运动的零部件的空间(间隙)形成油膜，以润滑机件的内部摩擦(液体摩擦)来代替固体间的干摩擦，减小机件相对运动的摩擦阻力，减少设备发热和磨损，延长设备的使用寿命，保证设备的功能和安全。

② 散热：设备虽经油润滑，但还有摩擦存在(如分子间的摩擦等)，因摩擦所消耗的功会变为热量，使油温升高。油温过高会加速油的氧化，使油劣化变质，影响设备功能，所以必须散热，也就是通过油将热量带出去，使油和设备的温度不超过规定值，保证设备经济安全运行。

③ 传递能量：水泵叶片液压调节装置、液压启闭机和机组顶机组转子装置等都是由透平油传递能量的，在使用液压联轴器传动的大型机组中，透平油还用来传递主水泵的轴功率，从而实现机组的无级变速调节。

2. 绝缘油的作用

① 绝缘：由于绝缘油的绝缘强度比空气大得多，用油作为绝缘介质可以大大提高电气设备运行的可靠性，缩小设备尺寸。同时，绝缘油还可以对棉纱纤维等绝缘材料起一定的保护作用，使之不因空气和水分的侵蚀而很快变质。

② 散热：变压器线圈通过电流会产生热量，此热量若不能及时排出，温升过高将会损害线圈绝缘，甚至烧毁变压器。绝缘油可以吸收这些热量，再经冷却设备将热量传给水或

空气带走，保持温度在一定的允许值内。

③ 消弧：当油开关接通或切断电力负荷时，在触头之间会产生电弧，电弧的温度很高，若不设法将电弧消除，就可能烧毁设备。此外，电弧的持续存在还可能使电力系统发生振荡，引起过电压击穿设备。

1.5　常用机械测量工具

1.5.1　常用工量具

1. 游标卡尺

游标卡尺（图 1-21）是一种测量长度、内外径、深度的量具。游标卡尺由主尺和附在主尺上能滑动的游标两部分构成。若从背面看，游标是一个整体。主尺一般以毫米为单位，游标上则有 10，20 或 50 个分格，根据分格的不同，游标卡尺可分为十分度游标卡尺、二十分度游标卡尺、五十分度游标卡尺等。游标卡尺的主尺和游标上有两副活动量爪，分别是内测量爪和外测量爪，内测量爪通常用来测量内径，外测量爪通常用来测量长度和外径（图 1-22a，b）。深度尺与游标尺连在一起，可以测槽和筒的深度（图 1-22c）。

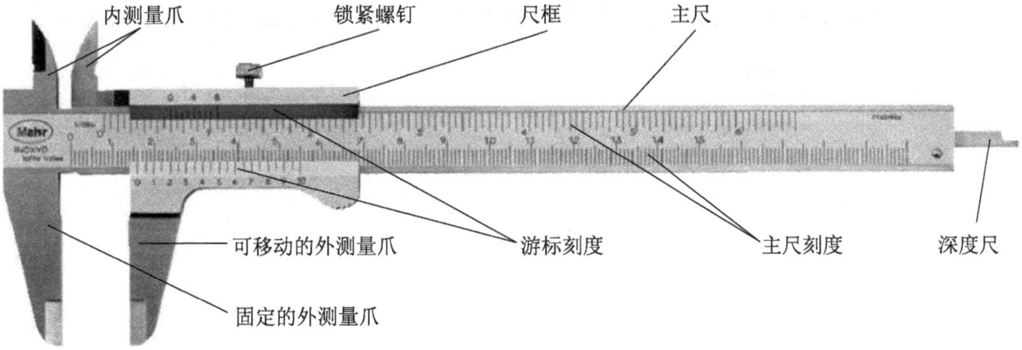

图 1-21　游标卡尺

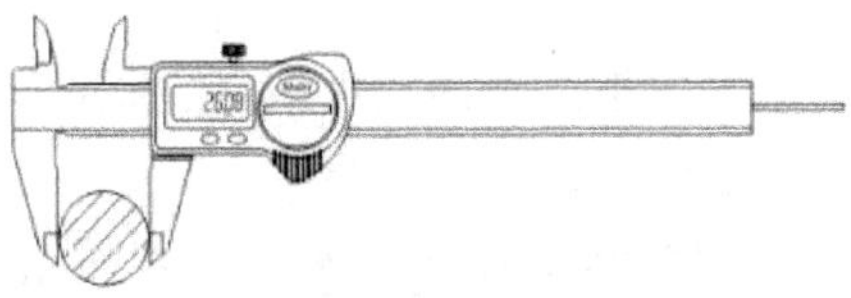

(a) 外尺寸测量

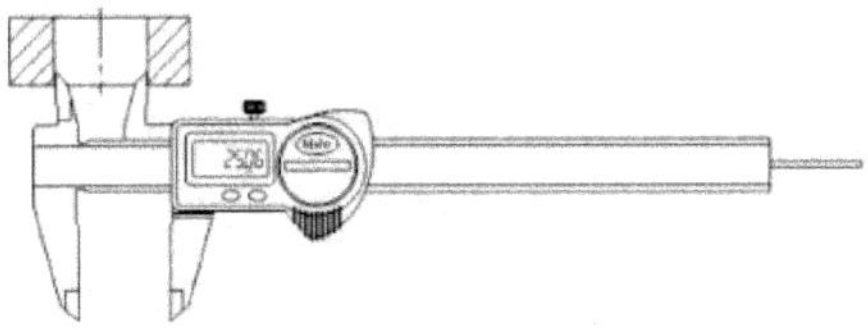

(b) 内尺寸测量

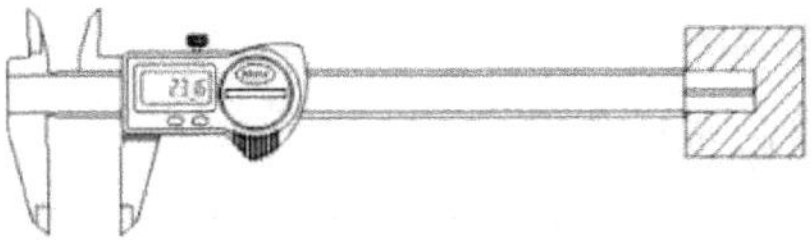

(c) 深度测量

图 1-22　游标卡尺的应用

(1) 游标卡尺的使用

先用软布将量爪擦干净，使其并拢，然后查看游标和主尺身的零刻度线是否对齐。如果对齐就可以进行测量，若没有对齐则要记录对零误差。游标的零刻度线在尺身零刻度线右侧的叫正零误差，在尺身零刻度线左侧的叫负零误差（这种规定方法与数轴的规定一致，原点以右为正，原点以左为负）。

测量时，右手拿住尺身，大拇指移动游标，左手拿待测外径（或内径）的物体，使待测物位于外测量爪之间（或使内测量爪卡进待测物内部），当其与量爪紧紧相贴时，即可读数。

读数时，首先以游标零刻度线为准在尺身上读取 mm 整数，即以 mm 为单位的整数部分。然后看游标上第几条刻度线与尺身的刻度线对齐，如第 6 条刻度线与尺身刻度线对齐，则小数部分即为 0.6 mm（若没有正好对齐的线，则取最接近对齐的线进行读数）。若游标卡尺存在对零误差，则一律用上述结果减去对零误差（对零误差为负，相当于加上相同大小的对零误差），读数结果为

$$L=\text{整数部分}+\text{小数部分}-\text{对零误差}$$

判断游标上哪条刻度线与尺身刻度线对准，可用下述方法：选定相邻的三条线，如左侧的线在尺身对应线之右，右侧的线在尺身对应线之左，中间那条线便可以认为是对准了，如图 1-23 所示。

如果需测量几次取平均值，不需每次都减去对零误差，只要从最后结果中减去对零误差即可。

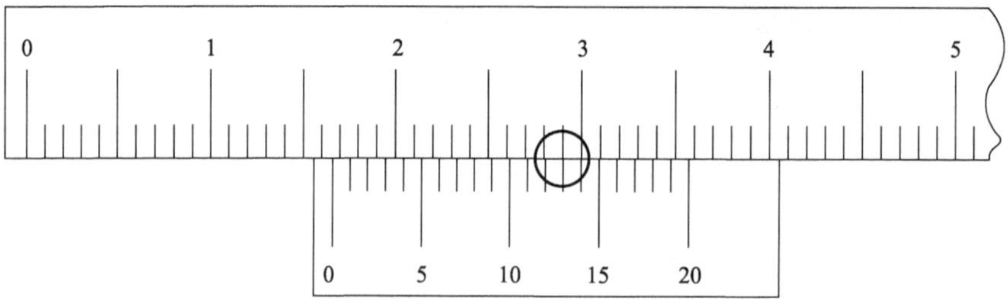

图 1-23　数据读取

（2）游标卡尺的维护

游标卡尺使用完毕，用棉纱擦拭干净。长期不用时应擦上黄油或机油，使两量爪合拢并拧紧紧固螺钉，放入卡尺盒内盖好。使用游标卡尺应注意以下事项：

① 游标卡尺是比较精密的测量工具，要轻拿轻放，不得碰撞或跌落地下。使用时不要用来测量粗糙的物体，以免损坏量爪，不用时应置于干燥处防止锈蚀。

② 测量时，应先拧松紧固螺钉，移动游标不能用力过猛。两量爪与待测物的接触不宜过紧，不能使被夹紧的物体在量爪内挪动。

③ 读数时，视线应与尺面垂直。若需固定读数，可用紧固螺钉将游标固定在尺身上，防止滑动。

④ 实际测量时，对同一长度应多测几次，取其平均值来减小偶然误差。

2. 千分尺（螺旋测微器）

螺旋测微器又称千分尺、螺旋测微仪、分厘卡，是比游标卡尺更精密的测量长度的工具，

用它测长度可以精确到 0.01 mm，测量范围为几厘米。它的一部分加工成螺距为 0.5 mm 的螺纹，当它在固定套管的螺套中转动时，将前进或后退，活动套管和螺杆连成一体，其周边等分成 50 个分格。螺杆转动的整圈数由固定套管上间隔 0.5 mm 的刻线去测量，不足一圈的部分由活动套管周边的刻线去测量。

(1) 千分尺的分类

千分尺分为机械千分尺和电子千分尺两类。

① 机械千分尺，简称千分尺，如图 1-24 所示，是利用精密螺纹副原理测长的手携式通用长度测量工具，主要用于测量金属线外径和板材厚度。千分尺的种类很多。改变千分尺测量面形状和尺架等可以制成不同用途的千分尺，如用于测量内径、螺纹中径、齿轮公法线或深度等的千分尺。

② 电子千分尺，也叫数显千分尺，如图 1-25 所示。测量系统中应用了光栅测长技术和集成电路等。电子千分尺是 20 世纪 70 年代中期出现的，用于外径测量。

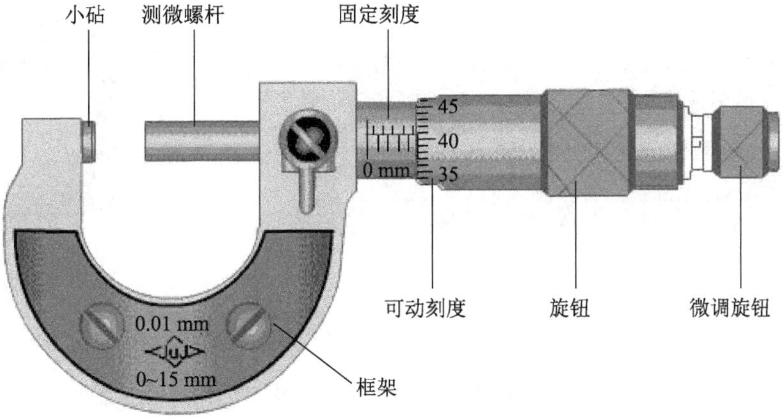

图 1-24　机械千分尺

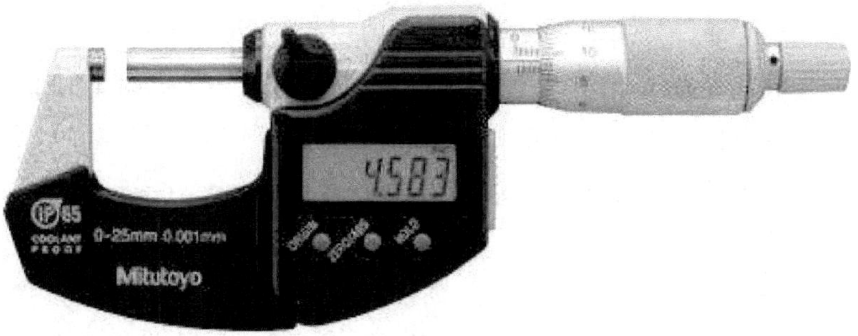

图 1-25　电子千分尺

(2) 千分尺的使用和保养

① 检查零位线是否准确。

② 测量时需把工件被测量面擦干净。

③ 工件较大时应放在 V 形铁或平板上测量。

④ 测量前需将测量杆和砧座擦干净。

⑤ 拧活动套管时需用棘轮装置。

⑥ 不要拧松后盖,以免造成零位线改变。

⑦ 不要在固定套管和活动套管间加入普通机油。

⑧ 用后擦净上油,放入专用盒内,置于干燥处。

3. 水平仪

水平仪是一种测量小角度的常用量具。在机械行业中,用于测量相对于水平位置的倾斜角、机床类设备导轨的平面度和直线度、设备安装的水平位置和垂直位置等。

(1) 水平仪的主要类型

水平仪按外形的不同可分为条式水平仪(图 1-26a)和框式水平仪(图 1-26b);按水准器固定方式的不同可分为可调式水平仪和不可调式水平仪;按测量原理的不同可分为合像水平仪和电子水平仪。

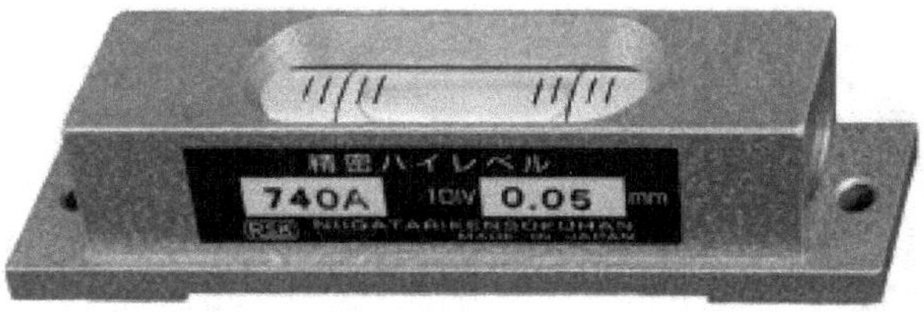

(a) 条式

(b) 框式

图 1-26 水平仪

其中,合像水平仪(图 1-27)使用时应安放在被检验的工作面上,若被检验面倾斜将引起两气泡不重合,转动度盘,直到两气泡重合为止,此时即可得出读数。被检件的实际倾斜度计算公式如下:

$$实际倾斜度=刻度值\times支点距离\times刻度盘读数$$

如刻度盘读数为 5 格,对此种合像水平仪而言,刻度值和支点距离为定值,即刻度值为 0.01 mm/m,支点距离为 165 mm,则

$$实际倾斜度=0.01/1000\times165\times5=0.00825\ (\text{mm})$$

合像水平仪的技术要求如下:

① 水平仪工作面上不得有锈迹、碰伤、划伤等缺陷及其他影响使用的缺陷。

② 喷漆表面应美观,不得有脱漆、划伤等缺陷,其他裸露非工作面不得有锈蚀等明显缺陷。

③ 测微螺杆在转动时应顺畅,不得有卡住或跳动现象。

④ 当测微螺杆均匀转动时,气泡在水准泡内移动应平稳,无停滞和跳动现象。

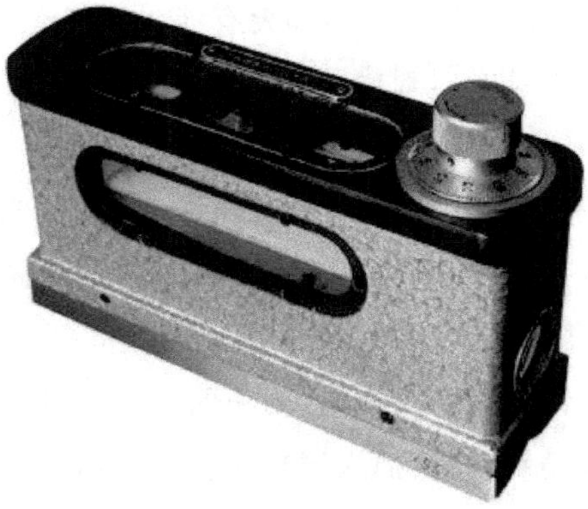

图 1-27　合像水平仪

(2) 水平仪的使用

① 水平仪的两个 V 形测量面是测量精度的基准，在测量中不能与工作的粗糙面接触或摩擦。安放时必须小心轻放，避免因测量面划伤而损坏水平仪或造成不应有的测量误差。

② 用水平仪测量工件的垂直面时，不能握住与副测面相对的部位用力向工件垂直平面推压，这样会因水平仪受力变形而影响测量的准确性。正确的测量方法是手握副测面内侧，使水平仪平稳、垂直地(调整气泡位于中间位置)贴在工件的垂直平面上，然后从纵向水准读出气泡移动的格数。

③ 使用水平仪时，要保证水平仪工作面和工件表面的清洁，以防止脏物影响测量的准确性。测量水平面时，在同一个测量位置上，应将水平仪调过相反的方向再进行测量。

当移动水平仪时，不允许水平仪工作面与工件表面发生摩擦，应该提起来移动。

④ 当测量长度较长的工件时，可将工件平均分成若干尺寸段，用分段测量法测量，然后根据各段的测量读数绘出误差坐标图，确定其误差的最大格数。

⑤ 机床工作台面的平面度检验方法：工作台及床鞍分别置于行程的中间位置，在工作台面上放一桥板，其上放水平仪，分别沿各测量方向移动桥板，每隔桥板跨距记录一次水平仪读数。通过工作台面上三点建立基准平面，根据水平仪读数求得各平面测点的坐标值。

⑥ 测量大型零件的垂直度时，先用水平仪粗调基准表面至水平，然后分别在基准表面和被测表面上用水平仪分段逐步测量并用图解法确定基准方位，最后求出被测表面相对于基准表面的垂直度误差。

测量小型零件的垂直度时，先将水平仪放在基准表面上，读气泡一端的数值，然后将水平仪的一侧紧贴垂直被测表面，气泡偏离第一次(基准表面)的读数值即为被测表面的垂直度误差。

(3) 水平仪使用注意事项

水平仪是测量偏离水平面的倾斜角的角度测量仪。水平仪的关键部位——主气泡管的内表面进行过抛光，外表面刻有刻度，内部充有液体和气泡。主气泡管设有气泡室，用来调整气泡的长度；主气泡管应总是对底面保持水平，但在使用期间很有可能变化，为此，设置了调节螺钉。

① 测量前，应认真清洗测量面并擦干，检查测量表面是否有划伤、锈蚀、毛刺等缺陷。

② 检查零位是否准确。若不准，对可调式水平仪应进行调整，调整方法如下：将水平仪放在平板上，读出气泡管的刻度，然后在平板平面的同一位置上，将水平仪左右反转180°，读出气泡管的刻度。若两次读数相同，则说明水平仪的底面与气泡管平行；若两次读数不同，则使用备用的调整针，将其插入调整孔后，进行上下调整。

③ 测量时，应尽量避免温度的影响。水准器内液体对温度的变化比较敏感，因此应注意手热、阳光直射、哈气等因素对水平仪的影响。

④ 使用中，应在垂直水准器的位置上读数，以减小视差对测量结果的影响。

4. 千分表与磁性表座

千分表是通过齿轮或杠杆将一般的直线位移（直线运动）转换成指针的旋转运动，然后在刻度盘上进行读数的长度测量仪器。千分表与磁性表座如图 1-28 至图 1-30 所示。

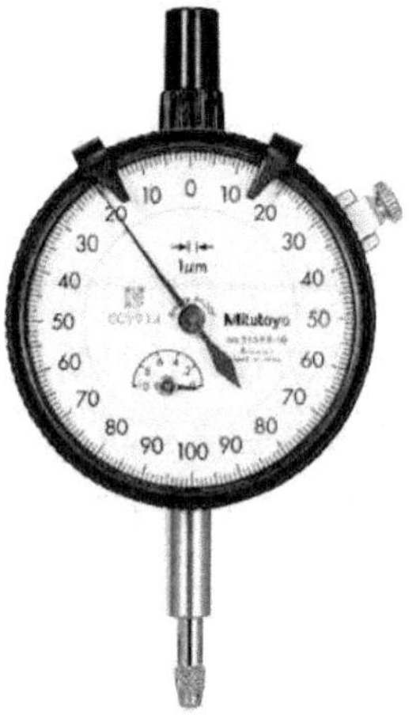

图 1-28　千分表

图 1-29　杠杆千分表

图 1-30　磁性表座

千分表的正确使用方法如下：

① 将表固定在表座或表架上，保持稳定可靠。装夹指示表时，夹紧力不能过大，以免套管变形卡住测杆。

② 调整表的测杆轴线垂直于被测平面，对圆柱形工件，测杆的轴线要垂直于工件的轴线，否则会产生很大的误差并损坏指示表。

③ 测量前调零位。绝对测量用平板作零位基准，比较测量用对比物（量块）作零位基准。

调零位时，先使测头与基准面接触，压测头使大指针旋转一圈以上，转动刻度盘使“0”线与大指针对齐，然后把测杆上端提起 1～2 mm 再放手使其落下，反复 2～3 次后检查指针是否仍与“0”线对齐，若不齐则重调。

④ 测量时，用手轻轻抬起测杆，将工件放入测头下测量，不可将工件强行推入测头下。显著凹凸的工件不用指示表测量。

⑤ 防止测量杆突然跌落到工件上，也不可强烈震动、敲打指示表。

⑥ 测量时注意表的测量范围，不要使测头位移超出量程，以免过度伸长弹簧，损坏指示表。

⑦ 不使测头测杆做过多无效的运动，否则会加快零件的磨损，使表失去应有精度。

⑧ 当测杆移动发生阻滞时，不可强力推压测头，须送计量室处理。

5. 塞尺（厚薄规）

塞尺又称厚薄规或间隙片，是由一组具有不同厚度级差的薄钢片组成的量规，如图 1-31 所示。塞尺用于测量间隙尺寸。在检验被测尺寸是否合格时，可以用通止法判断，也可由检验者根据塞尺与被测表面配合的松紧程度来判断。塞尺一般用不锈钢制造，最薄的为 0.02 mm，最厚的为 3 mm。自 0.02 mm 至 0.1 mm，各钢片的厚度级差为 0.01 mm；自 0.1 mm 至 1 mm，各钢片的厚度级差一般为 0.05 mm；1 mm 以上，各钢片的厚度级差为 1 mm。使用前，必须先清除塞尺和工件上的污垢与灰尘。使用时，可将一片或数片薄钢片重叠插入间隙，以稍感拖滞为宜。测量时动作要轻，不允许硬插，也不允许测量温度较高的零件。

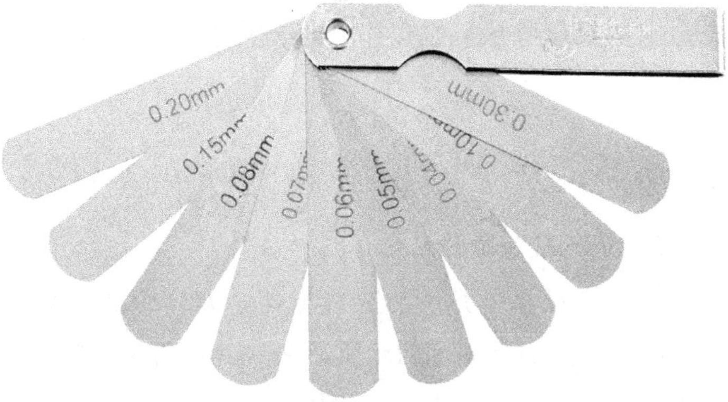

图 1-31　塞尺

1.5.2　工量具的保养和使用方法

在机件测量中，为了获得理想的精确度，除控制测量环境因素外，对工量具本身的使用与保养也必须小心注意。这是因为，工量具若使用不当，则会产生测量误差；若保养不周，则会损其精度，影响测量结果的准确性。

1. 工量具使用前的准备

① 开始测量前，确认工量具已归零。

② 检查工量具测量面有无锈蚀、磨损或刮伤等。

③ 清除工件待测量面上的毛边、油污或渣屑等。

④ 用清洁软布或无尘纸将工件待测量面擦拭干净。

⑤ 定期检验记录簿，必要时再校正一次。

⑥ 将待使用的工量具及仪器整齐排列在适当位置，不可重叠放置。

⑦ 易损的工量具(如光学平镜等)要用软绒布或软擦拭纸垫铺在工作台上。

2. 工量具使用时的注意事项

① 测量时与工件接触应适当，不可偏斜，要避免用手触及测量面，以保护工量具。

② 测量压力应适当，过大的测量压力不仅会产生测量误差，还容易损伤工量具。

③ 工件的夹持方式要适当，以免测量不准确。

④ 不可测量转动中的工件，以免发生危险。

⑤ 不要将工量具强行推入工件中或夹虎钳上使用。

⑥ 不可任意敲击、乱丢或乱放工量具。

⑦ 特殊量具的使用，应遵照一定的方法和步骤。

3. 工量具使用后的保养

① 使用后，应清洁干净。

② 清洁后的工量具应涂上防锈油，存放于柜内。

③ 拆卸、调整、修改及装配等，应由专门管理人员实施，不可擅自施行。

④ 应定期检查工量具的性能是否正常，并做好保养记录。

⑤ 应定期检验，校验尺寸是否合格，以作为继续使用或淘汰的依据，并做好校验保养记录。

1.6 泵用材料

1.6.1 泵用材料选择时应考虑的因素

① 介质的腐蚀性。材料对于介质的耐腐蚀性是有一定的范围的。例如耐酸钢1Cr18Ni9，耐中、稀浓度的硝酸或有机酸的腐蚀，但是不耐稀硫酸的腐蚀。

② 电化学腐蚀。在泵的整个流道最好采用相同的金属材料。

③ 介质温度。材料在很低的温度下性脆，在高温时容易产生蠕变；某种材料能耐常温的某种介质的腐蚀，但是不耐高温时该介质的腐蚀；材料性能应能满足所输送介质温度的要求。

④ 经济性。在设计或使用中高材低用或耐腐蚀材料当不耐腐蚀材料使用都是不经济的。

⑤ 固体颗粒的耐磨性。介质中含有磨料性的固体颗粒时，应采用耐磨的材料。

⑥ 材料的咬合性。对于有相对运动的零件，如轴与轴套、螺栓与螺母、叶轮密封环与泵体密封环、平滑盘与平衡板等，在选择材料时应使两零件材料的硬度有所差别，否则在装卸或转运中容易相互咬住或擦伤。

⑦ 同一零件上的温差。在工作时同一零件上温度相差很大的，如热油泵填料函冷却水套与泵体相接触的地方，与介质接触的泵体温度高，膨胀大；与冷却水接触的冷却套外周温度低，膨胀小。这样的零件宜采用塑性好的材料，以免运转中由于膨胀不同而产生裂纹。

⑧ 高速液流的冲刷。高扬程泵的叶轮叶片，导叶叶片进口边，单级扬程很高的轴密封，高扬程泵平衡套、平衡盘和平衡板等处应采用耐冲刷的材料（铬不锈钢或铬镍耐酸钢）。

⑨ 焊接性能。在铸造、加工及使用过程中需要补焊的零件应用焊接性能好的材料（例如，低碳钢的焊接性比高碳钢好）。

⑩ 单级扬程。单级扬程高达数百米甚至上千米的泵，叶轮及导叶的材料应采用耐冲刷、抗汽蚀的高强度钢，如沉淀硬化不锈钢等。

1.6.2　金属材料的应用

1. 几种特殊金属材料的大致应用情况

为了便于选择，对几种较特殊的金属材料的大致应用情况作如下介绍：

① 高硅铸铁：有优异的耐腐蚀性，除高温盐酸、氢氟酸、卤素、苛性碱溶液、熔融碱及亚硫酸等外，可输送硫酸、硝酸、常温盐酸或脂肪酸等多种介质；缺点是强度不高、性脆，在使用中不宜骤热、局部加热或冷却，装配和拆卸时不能用铁锤敲打。

② 稀土高硅球墨铸铁：稀土高硅球墨铸铁中的石墨球化以后，提高了强度、耐腐蚀性及加工性能。其耐腐蚀性比高硅铸铁好，除磨削外，还可以车削、钻孔、攻丝和补焊，适用介质同高硅铸铁。

③ 1 号耐酸硅铸铁：耐腐蚀性接近高硅铸铁，可以车削、车内外螺纹、钻孔和套丝。

④ 耐碱铝铸铁：用于输送碱液。

⑤ 铅锑合金：用于输送稀硫酸或浓度低于 10% 且温度不高的盐酸等介质。铅锑合金强度不高，制成的泵的泵壳压力和扬程不超过硅铸铁制成的泵的泵壳压力和扬程。

⑥ 1Cr13：用于防锈或输送防污染的介质。

⑦ Cr17：输送一定浓度与温度下的硝酸、硝铵、乙酸、磷酸、碱性溶液、无氯盐水等。

⑧ Cr28：用于输送浓硝酸。

⑨ 1Cr18Ni9：用于输送稀、中浓度的硝酸或有机物。

⑩ Cr18Ni12Mo2Ti：与 1Cr18Ni9 相似，特别适用于输送乙酸。

⑪ ZGCr17Mo2CuR：用于输送碱性矿水。

⑫ ZGCr17Mn13N：用于输送硝酸等氧化性介质，耐腐蚀性接近 ZG1Cr18Ni9，材料机械性能高，适用于压力较高的场合。

⑬ ZGCr17Mn13Mo2CuN：用来代替 ZGCr18Ni12Mo2Ti。

⑭ ZGCr17Mn9NiMo2CuN：用于输送氢氧化钠、磷酸、蚁酸、乙酸等介质，在硫酸中

的耐腐蚀性特别好。

⑮ 碳化硅硬质合金:碳化硅硬质合金是由硬度极高的难熔金属碳化物(碳化钨、碳化钛等)加黏结剂,用粉末冶金方法压制烧结成型的。其特点是具有极高的硬度和强度,良好的耐磨性和耐高温性,以及一定的耐腐蚀性,线膨胀系数较低,因此广泛用作摩擦副材料,如用作机械密封摩擦副材料的 YG6,YG8,YG15 等。这种材料脆性大,硬度高,机械加工困难,能耐一般温度下的硫酸和氢氟酸及沸点下的苛性钠等的腐蚀,不耐盐酸和硝酸的腐蚀。

⑯ 堆焊硬质合金:为了提高碳钢、铬钢、铬镍钢的硬度和耐磨性,采用在密封面(软填料轴套的圆柱面、机械密封摩擦副的端面、平衡盘的密封平面及某些采用不锈钢或耐酸钢垫的静密封面)上堆焊硬质合金。目前广泛采用的是堆焊 69A 铬基焊条,多用于要求耐磨、耐腐蚀或汽蚀的场合,使用温度不超过 500 ℃。堆焊硬质合金的工艺比较复杂,容易产生气孔、夹渣、表面硬度不均等缺陷,且在使用中耐磨性不太理想,有时会出现龟裂,因此堆焊硬质合金的应用受到一定限制。

2. 各种不锈钢的特性

固态金属及合金都是晶体,即在其内部原子是按一定规律排列的,排列的方式一般有三种,即体心立方晶格结构、面心立方晶格结构和密排六方晶格结构。金属是由多晶体组成的,它的多晶体结构是在金属结晶过程中形成的。组成铁碳合金的铁具有两种晶格结构:910 ℃以下为具有体心立方晶格结构的 α-铁,910 ℃以上为具有面心立方晶格结构的 γ-铁。如果碳原子挤到铁的晶格中去,而又不破坏铁所具有的晶格结构,这样的物质称为固溶体。碳溶解到 α-铁中形成的固溶体称为铁素体,它的溶碳能力极低,最大溶解度不超过 0.02%。碳溶解到 γ-铁中形成的固溶体称为奥氏体,它的碳溶解度稍高,最高可达 2%。奥氏体是铁碳合金的高温相,钢在高温时所形成的奥氏体,过冷到 727 ℃以下时变成不稳定的过冷奥氏体。如以极快的冷却速度过冷到 230 ℃以下,这时奥氏体中的碳原子已无扩散可能,奥氏体将直接转变成一种含碳过饱和的 α 固溶体,称为马氏体。由于含碳量过饱和,马氏体的强度提高、塑性降低、脆性增大。

不锈钢的耐腐蚀性主要来源于铬。实验证明,只有含铬量超过 12%时,钢的耐腐蚀性才会大大提高。因此,不锈钢的含铬量一般不低于 12%。当不锈钢中铬含量很少时,铬会使铁碳平衡图上的 γ 相区缩小,甚至消失,这种不锈钢为铁素体组织结构,加热时不发生相变,称为铁素体型不锈钢。若钢的含铬量较低(但高于 12%),含碳量较高,则从高温冷却时,极易形成马氏体,这类钢称为马氏体型不锈钢。镍可以扩展 γ 相区,使钢材具有奥氏体组织。如果镍含量足够多,使钢在室温下也具有奥氏体组织结构,则称这种钢为奥氏体型不锈钢。

3. 常用不锈钢的耐腐蚀性能

① 304 不锈钢:一种通用性不锈钢,广泛用于制作要求具有良好综合性能(耐腐蚀性和成型性)的设备和机件。

② 301 不锈钢：在变形时呈现出明显的加工硬化现象，被用于要求较高强度的各种场合。

③ 302 不锈钢：实质上就是含碳量更高的 304 不锈钢的变种，通过冷轧可使其获得较高的强度。

④ 302B 不锈钢：一种含硅量较高的不锈钢，具有较好的抗高温氧化性能。

⑤ 303 和 303Se 不锈钢：分别含有硫和硒的易切削不锈钢，主要用于要求易切削和表面光洁度较高的场合。303Se 不锈钢也用于制作需要热镦的机件，因为在这类条件下，303Se 不锈钢具有良好的可热加工性。

⑥ 304L 不锈钢：含碳量较低的 304 不锈钢的变种，用于需要焊接的场合。较低的含碳量使得在靠近焊缝的热影响区中所析出的碳化物减至最少，而碳化物的析出可能导致不锈钢在某些环境中产生晶体间腐蚀(焊接腐蚀)。

⑦ 304N 不锈钢：一种含氮的不锈钢，加氮是为了提高钢的强度。

⑧ 305 和 384 不锈钢：镍含量较高，加工硬化率低，适用于对冷成型性要求高的各种场合。

⑨ 308 不锈钢：用于制作焊条。

⑩ 309，310，314 及 330 不锈钢：镍、铬含量都比较高，为的是提高钢在高温下的抗氧化性能和蠕变强度。30S5 和 310S 乃是 309 和 310 不锈钢的变种，所不同的只是含碳量较低，可使焊缝附近所析出的碳化物减至最少。330 不锈钢有特别强的抗渗碳能力和抗热震性。

⑪ 316 和 317 不锈钢：含有铝，因而在海洋和化工工业环境中其抗点腐蚀能力远优于 304 不锈钢。其中，316 不锈钢有变种，包括低碳不锈钢 316L、含氮的高强度不锈钢 316N 及含硫量较高的易切割不锈钢 316F。

⑫ 321，347 及 348 不锈钢：分别以钛、铌加钽、铌稳定化的不锈钢，适宜作为高温下使用的焊接构件。348 是一种适用于核动力工业的不锈钢，对钽和钴的含量有一定的限制。

4. 金属离子化程度

K，Ba，Na，Ca，Mg，Al，Mn，Zn，Cr，Fe，Cd，Co，Ni，Sn，Pb，(H)，Cu，Hg，Ag，Pt，Au

离子化强(易腐蚀)←→离子化弱(不易腐蚀)

1.6.3　非金属材料的应用

1. 氟塑料

(1) 聚四氟乙烯

聚四氟乙烯的使用温度范围在－180～＋250 ℃。它在耐腐蚀泵中经常用于制作各种静密封垫、圈等零件，也可同其他材料混合压制成导轴承。它在液氧泵中可做成密封环，用以防止金属摩擦而引起的爆炸。

(2) 聚三氟氯乙烯

聚三氟氯乙烯的使用温度范围在−80～+150 ℃。它在泵中可以作为很好的防腐涂料,也可以直接做成耐腐蚀泵中过流部分的各种零件。

2. 氯化聚醚

氯化聚醚的使用温度可达 120 ℃。它在泵中可以作为很好的耐腐蚀涂料,也可以直接做成耐腐蚀泵中过流部分的各种零件。

3. 聚氯乙烯

硬聚氯乙烯在泵中可以做成承压不高的各种零件,用于过流部分的零件时,适用于腐蚀性不强的介质。

4. 碳石墨

碳石墨具有优良的耐腐蚀性能及特别好的自润滑性能,摩擦系数和线膨胀系数较小,导热性好。缺点是强度低,气孔率大,因此在使用时常用其他材料进行填充以提高强度及不可透性。泵用的碳石墨常用环氧树脂、酚醛树脂或呋喃树脂进行浸渍。不透性石墨在泵中可用来制作轴承和机械密封中的密封环。

5. 橡胶

橡胶具有较好的弹性和一定的强度,并具有较好的气密封性、不透性、耐磨性、耐热性和耐腐蚀性。橡胶在泵中可以做成各种静密封垫、圈等零件。硬橡胶可做成水润滑轴承;还可衬在泵中过流部分各零件的过流表面上,制成耐磨的衬胶杂质泵。泵上常用到的特种橡胶有丁腈橡胶、硅橡胶和氟橡胶。丁腈橡胶耐油,硅橡胶耐高温(−60～+200 ℃),氟橡胶耐低温、高温、强腐蚀。

6. 玻璃钢

玻璃钢又名玻璃纤维增强塑料,它由树脂及其辅助材料和增强材料玻璃纤维所组成,是通过热压成型的。其特点是质量轻、强度高,成型工艺简单,耐腐蚀。泵上常用的是环氧玻璃钢和酚醛玻璃钢两种。玻璃钢在泵上可用于制作除轴以外的各种零件,使用温度可以达到 80 ℃。

7. 陶瓷

陶瓷具有很高的硬度及优良的耐磨性,除氢氟酸、氟硅酸及浓碱外,几乎能耐各种介质的腐蚀。陶瓷是比较理想的机械密封摩擦副材料,但性脆,硬度高,机械加工困难。目前应用比较多的是氧化铝陶瓷,它有良好的导热性、机械强度、耐温性、耐温度急变性和耐磨性,且膨胀系数小,硬度比一般陶瓷高。也有用金属陶瓷作为摩擦副材料的,这种陶瓷的塑性得到改善,强度得到提高,但耐腐蚀性受到一定限制。国产金属陶瓷中 Al_2O_3 的含量为 88%～92%,其余为 Fe,Cr,Ni 等,其硬度为 84～88HRA。

1.6.4 泵主要零件的材料

1. 轴材料

常用的轴材料见表 1-4。

表 1-4　常用轴材料

材料	一般特点	适用场合
碳素钢(35)	最一般性材料	清水、污水
Cr13 不锈钢	具有耐腐蚀性	清水、污水
18－8 不锈钢	耐腐蚀性强	海水(用于小轴径)
35 钢用 0Cr18Ni9 轴套	耐腐蚀性强	海水(用于大轴径)

2. 叶轮材料

常用叶轮材料见表 1-5。

表 1-5　常用叶轮材料

材料	允许圆周速度/(m·s^{-1})	一般特点	适用场合
HT250	35	低扬程泵的常用材料	清水
QT450－10	45	强度及耐磨性较 HT250 均有提高	清水
高铬铸铁	35	耐腐蚀性、耐磨性显著提高	含沙、水垢的水或海水
ZG225－450 ZG270－500	65	强度高、耐冲击性非常好	清水、污水
ZCuPb4Sn8 ZCuPb2Sn10	45	最一般性材料	清水、海水(用于低扬程)
CuSn11	45	耐磨性较好	清水、污水、海水
ZG1Cr13 ZG2Cr13	70	改变热处理条件,可调节硬度,同时还具有耐磨蚀性	清水、污水,含少量的沙或污垢的水
ZG0Cr18Ni9 (UN3)J95150	65	耐腐蚀性强,耐汽蚀性良好	海水、污水

3. 泵壳材料

常用泵壳材料见表 1-6。

表 1-6　常用泵壳材料

材料	一般特点	适用场合
HT250	广泛使用	清水、污水
低镍铬铸铁	由于加入 Ni 和 Cr 使厚壁铸件的组织也能致密,所以具有良好的耐久性	污水、海水(用于低扬程泵)
QT450－10	耐压性、耐冲击性比 HT250 好,抗汽蚀腐蚀性好	清水、污水
ZG225－450	具有更好的耐压性、耐冲击性	清水、污水
ZG0Cr18Ni9 (UN3)J95150	耐腐蚀性强	海水

续表

材料	一般特点	适用场合
Q235A	耐压性、耐冲击性好，可用于焊接结构	清水(用于超大型泵)
HT250+环氧树脂衬层	具有良好的耐腐蚀性	海水
HT250+橡胶衬层	具有良好的耐磨性、耐腐蚀性	海水

1.7 泵用机械密封

1.7.1 机械密封概述

泵常用密封主要是旋转轴密封和往复杆密封，分别简称轴封和杆封。旋转轴端面密封常用的是机械密封，机械密封具有以下特点：

① 密封可靠，在长期运转中密封状态很稳定，泄漏量很小，约为软填料密封的1%。

② 使用寿命长，一般可使用1～3年甚至更长。

③ 摩擦功率消耗小，其摩擦功率仅为软填料密封的10%～50%。

④ 轴和轴套基本上不磨损。

⑤ 维修间隔周期长，端面磨损后可自动补偿，一般情况下不需要经常性维修。

⑥ 抗振性好，对旋转轴的振动及轴对密封腔的偏斜不敏感。

⑦ 装置长度短，不需要调正空间。

⑧ 适用范围广，能用于高温、低温、高压、真空、不同旋转频率条件下以及各种腐蚀性介质和含磨粒介质的密封。

⑨ 结构较复杂，零件多，精度要求高。

⑩ 更换不方便，需要拆开一部分甚至全部机器。

目前，70%～80%的工业用泵配备的是机械密封，机械密封产品已广泛应用于促进国民经济发展的各个领域，对安全生产、防止环境污染起到重要作用。但是，在复杂的化工生产系统中，机械密封涉及种类繁多的工况条件。因此，正确地选择和使用机械密封是提高机械密封安全性的重要前提，同一种机械密封可配以不同的密封系统。近年来机械密封技术发展很快，集装式机械密封的不断完善及新材料的不断应用，使机械密封的使用寿命显著延长，泄漏量也大大减小。美国石油学会标准API 682《离心泵和回转泵轴封系统》(*Pumps-shaft Seaft Sealing Systems for Centrifugal and Rotary Pumps*)要求机械密封的连续运转周期在25000 h(约3年)以上。

1.7.2 机械密封基本原件和工作原理

机械密封是旋转轴与泵壳之间的密封元器件，由一个或多个垂直于泵轴做相对滑动的端面组成，在流体压力和补偿力(加载弹力)的作用下，保持端面贴合并配以辅助密封而达到阻止泄漏的目的。密封元件除起密封作用外，还有缓和振动和冲击的作用，因此在各类叶片泵上得到广泛应用。

机械密封的基本原件主要有：

① 密封环：机械密封中端面垂直于旋转轴线相互贴合并相对滑动的两个环形零件称为密封环。

② 密封端面：密封环在工作时与另一个密封环相贴合的端面。该端面通常是研磨面。

③ 旋转环(动环)：随轴做旋转运动的密封环。

④ 静止环(静环)：不随轴做旋转运动的密封环。

⑤ 补偿环：具有轴向补偿能力的密封环。

⑥ 非补偿环：不具有轴向补偿能力的密封环。

⑦ 传动座：用于与轴或轴套固定并直接带动旋转环的零件。

⑧ 传动螺钉：用于传递扭矩的螺钉。

⑨ 紧定螺钉：用于把弹簧座、传动座或其他零件固定于轴或轴套上的螺钉。

⑩ 卡环：对补偿环起轴向限位作用的零件。

⑪ 防转销：用于防止相邻两个零件相对旋转的销钉。

⑫ 密封腔：安装密封部位旋转轴与静止壳体之间的环状空间。

⑬ 密封腔体：包括密封腔的静止壳体。

⑭ 弹性元件：弹簧或波纹管之类的具有弹性的零件。

⑮ 摩擦副：配对使用的一组密封环。

1.7.3　机械密封的类型

1. 按应用的主机分类

机械密封可按使用的主机进行分类，如泵用机械密封、风机用机械密封等。

2. 按作用原理分类

该分类方式一般用于机械密封的研制过程，如分为背面高压式机械密封、背面低压式机械密封、流体动压机械密封、流体静压机械密封等。

3. 按结构形式分类

机械密封按结构形式可分为单端面、双端面和串联机械密封。由一对密封端面组成的为单端面机械密封；由两对密封端面组成的为双端面机械密封；由两套或两套以上同向布置的单端面机械密封组成的为串联机械密封。

4. 按工作参数分类

机械密封按工作参数分类见表 1-7。

表 1-7 按工作参数分类的机械密封

分类		参数
按密封腔温度分	高温机械密封	$T>150$ ℃
	中温机械密封	80 ℃$<T\leqslant 150$ ℃
	普通机械密封	20 ℃$<T\leqslant 80$ ℃
	低温机械密封	$T\leqslant 20$ ℃
按密封压力分	超高压机械密封	$p>15$ MPa
	高压机械密封	3 MPa$<p\leqslant 15$ MPa
	中压机械密封	1 MPa$<p\leqslant 3$ MPa
	低压机械密封	$p\leqslant 1$ MPa
	真空机械密封	负压
按密封端面线速度分	超高速机械密封	$u>100$ m/s
	高速机械密封	25 m/s$\leqslant u\leqslant 100$ m/s
	一般速度机械密封	$u<25$ m/s
按密封轴径分	大轴径机械密封	$d>120$ mm
	一般轴径机械密封	25 mm$\leqslant d\leqslant 120$ mm
	小轴径机械密封	$d<25$ mm
按密封介质分	耐颗粒机械密封	用于颗粒介质的机械密封
	耐强腐蚀介质的机械密封	用于强酸、强碱及其他强腐蚀介质的机械密封
	耐弱腐蚀、水、油介质的机械密封	用于水、油、有机溶剂及其他弱腐蚀介质的机械密封
按工作条件分	重型机械密封	满足下列条件之一：$p>3$ MPa，$T\leqslant -20$ ℃或 $T>150$ ℃，$d>120$ mm，$u\geqslant 250$ m/s
	轻型机械密封	满足下列条件之一：$p<0.5$ MPa，0 ℃$<T\leqslant 80$ ℃，$d<40$ mm，$u<25$ m/s
	中型机械密封	不满足重型及轻型条件的机械密封

1.7.4 机械密封的典型结构

1. 单端面机械密封

单端面机械密封结构简单，如图 1-32 所示，制造成本低廉，安装、使用方便，一般用于油、水、有机溶剂及腐蚀性介质。

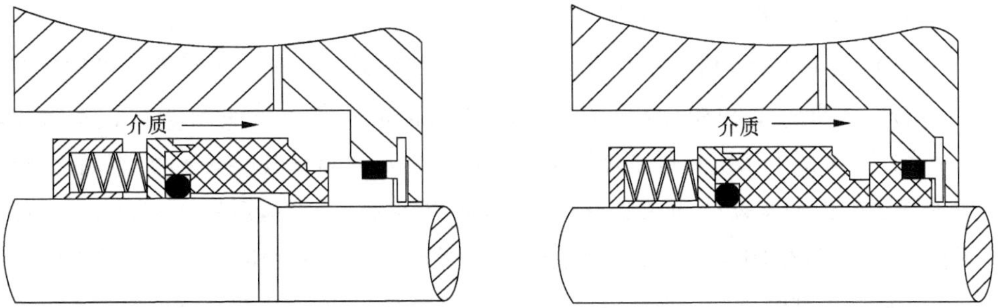

(a) 平衡型　　(b) 非平衡型

图 1-32　单端面机械密封

2. 有压双重机械密封

有压双重机械密封(双端面机械密封)多用于易燃、易爆、有毒、含颗粒及润滑性差的介质,使用时通常需配备密封辅助系统,即向两端面间的密封腔中通入隔离流体,从而改善机械密封的润滑和冷却条件,如图 1-33 所示。

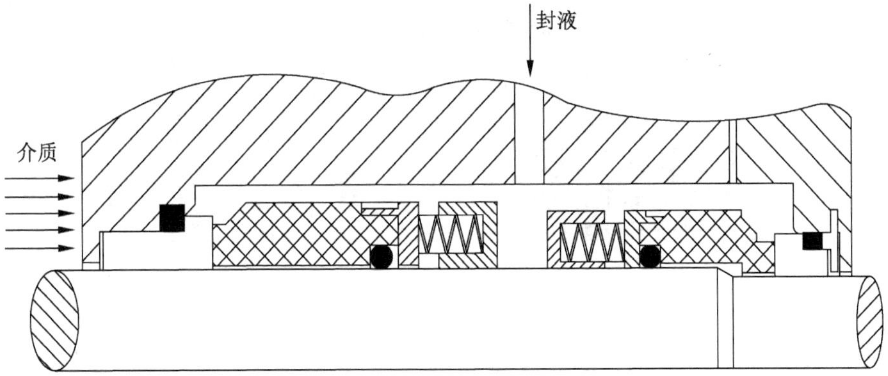

图 1-33　有压双重机械密封

3. 无压双重机械密封

无压双重机械密封(串联密封)一般应用于高温、高压场合,可以通过多级密封及密封辅助系统对介质减压、降温,从而达到较好的密封效果,如图 1-34 所示。

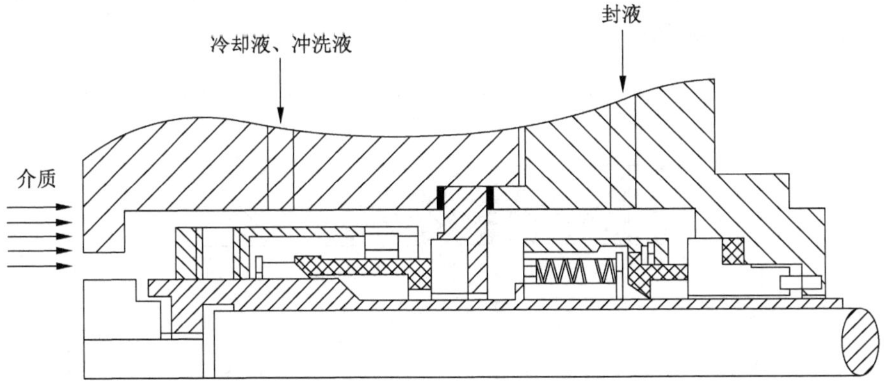

图 1-34　无压双重机械密封

4. 平衡型和非平衡型机械密封

能使介质压力在密封端面上卸载(载荷系数<1)的结构形式称为平衡型机械密封,如图 1-32a 所示;不能使之卸载(载荷系数>1)的结构形式称为非平衡型机械密封,如图 1-32b 所示。平衡型机械密封可通过结构设计使密封端面承受较小的压力(端面比压小),能有效地减少端面的摩擦从而减少摩擦热,有较高的承载能力,适用于较高条件下的密封。平衡型机械密封的典型结构特点是密封部位的轴或轴套有台阶,但无台阶结构的不一定就不是平衡型机械密封。非平衡型机械密封结构简单,一般使用在介质压力较小的场合。

5. 内装式和外装式机械密封

内装式机械密封:静环装于密封端盖内侧的机械密封,它的密封元件均处于介质中,可以利用介质压力为密封端面提供密封力并由介质对密封进行润滑、冷却,是常用的结构形式。

外装式机械密封:静环装于密封端盖外侧的机械密封,如图 1-35 所示,因介质压力与密封弹簧力相反,故一般使用在介质压力<5 MPa 的强腐蚀、颗粒介质场合。一般来说,这种密封可以直观地看到端面运转情况,便于安装和维修。

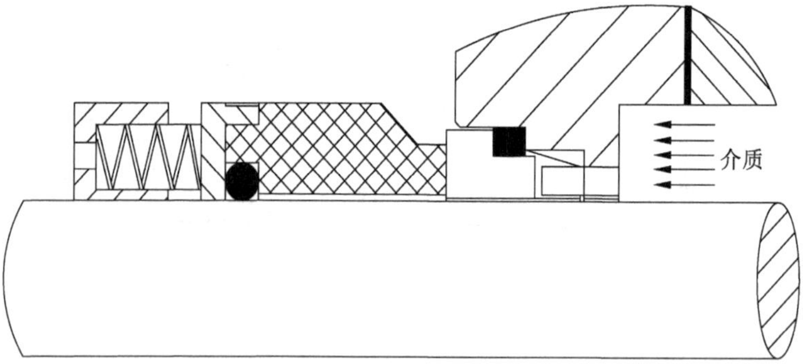

图 1-35 外装式机械密封

6. 内流式和外流式机械密封

密封流体在密封端面间的泄漏方向与离心力方向相反的称为内流式机械密封,如图 1-36 所示;反之称为外流式机械密封,如图 1-37 所示。在离心力的作用下,内流式机械密封可阻止介质泄漏,是常用的结构形式。

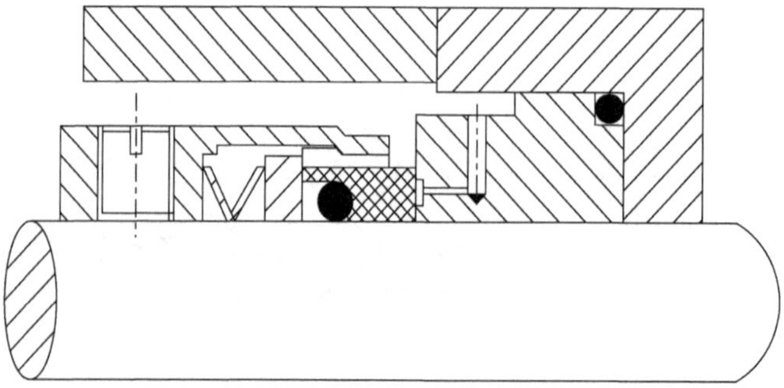

图 1-36 内流式机械密封

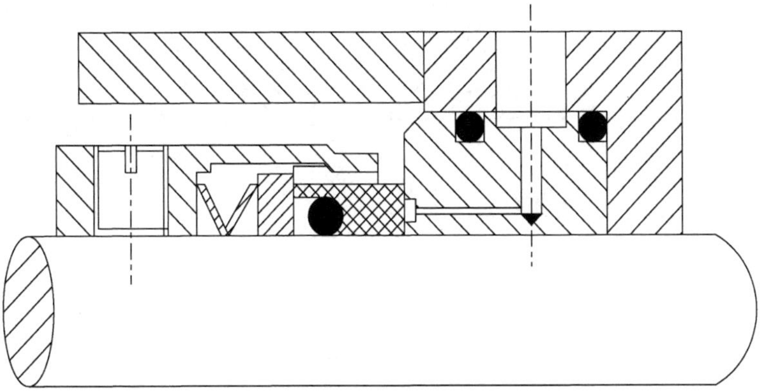

图 1-37　外流式机械密封

7. 旋转式和静止式机械密封

弹性元件随轴一起旋转的称为旋转式机械密封。弹性元件不随轴一起转动的称为静止式机械密封，如图 1-38 所示。

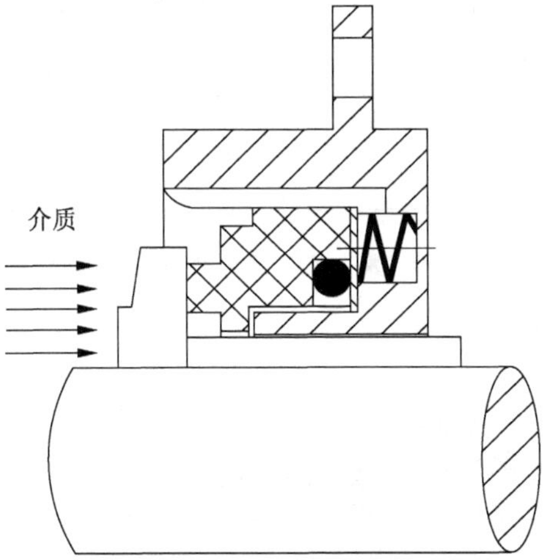

图 1-38　静止式机械密封

8. 非推压型机械密封（波纹管机械密封）

按使用的波纹管材料不同，波纹管机械密封可分为橡胶波纹管、聚四氟乙烯波纹管和金属波纹管机械密封。波纹管机械密封在轴上没有相对滑动，对轴无磨损，浮动补偿范围大，可在多种工况条件下使用。

金属波纹管机械密封使用焊接（或成型）金属波纹管作为密封的弹性元件，并可取消动环辅助密封圈，减少一个密封点，通常用于高温、低温条件下，如图 1-39 所示。聚四氟乙烯波纹管机械密封如图 1-40 所示，根据聚四氟乙烯材料的特性，这种密封大多在压力不高的强腐蚀条件下使用。橡胶波纹管机械密封如图 1-41 所示，价格便宜，应用广泛，但受材料限制，一般在常温条件下使用。

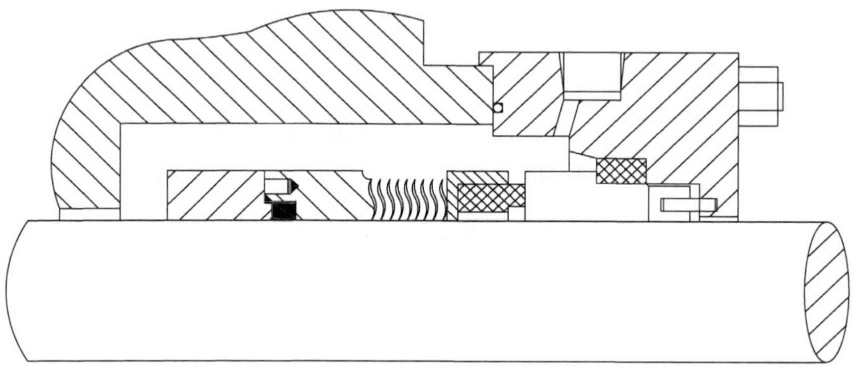

图 1-39 金属波纹管机械密封

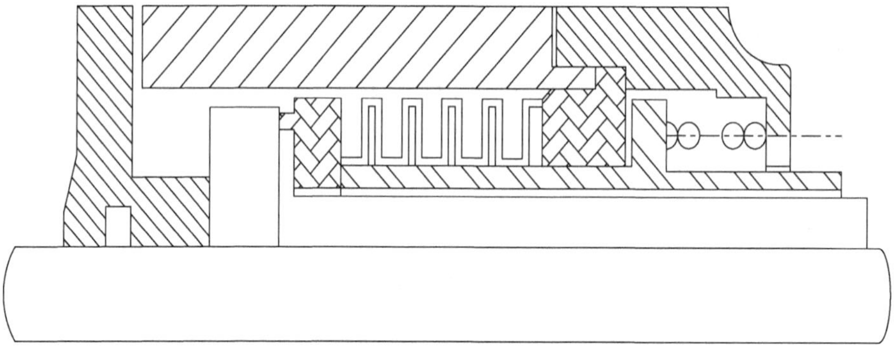

图 1-40 聚四氟乙烯波纹管机械密封

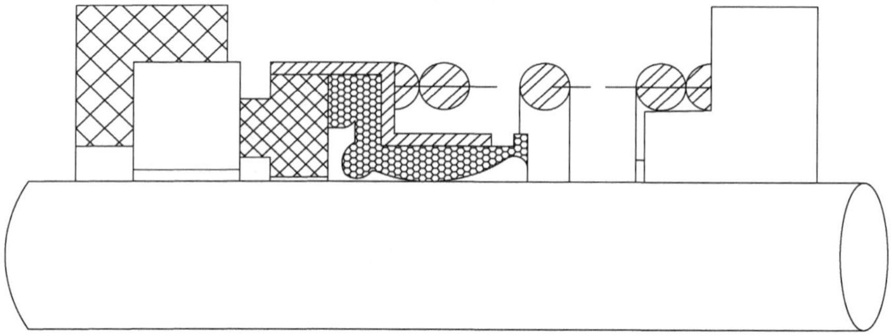

图 1-41 橡胶波纹管机械密封

9. 接触式和非接触式机械密封

接触式机械密封是指密封端面动、静环接触的机械密封；非接触式机械密封是指密封端面动、静环不接触的机械密封，包括流体静压式机械密封(图 1-42a)、流体动压式机械密封(图 1-42b)及可控膜式机械密封。

普通机械密封绝大多数为接触式机械密封，其结构简单、泄漏量小，但磨损和发热量大，不适用于高压、高速等工况条件。非接触式密封由于密封端面不接触，工作时密封端面无磨损，发热量极小，可适用于高温、高压、高速等苛刻的工况条件，缺点是结构复杂，制造成本高，需庞大的辅助系统。

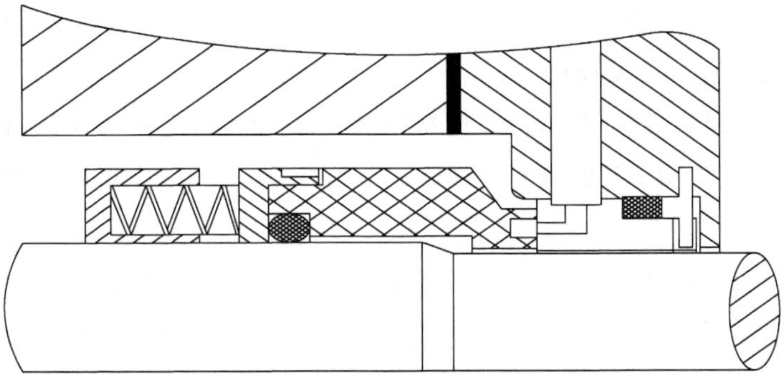

(a) 流体静压式机械密封

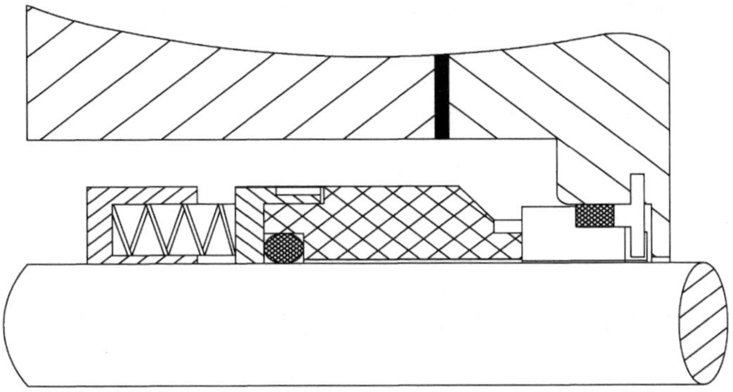

(b) 流体动压式机械密封

图 1-42　非接触式机械密封

1.7.5　机械密封的选型

机械密封的结构形式主要根据摩擦副的数量、弹簧的数量、弹簧是否与介质接触、弹簧运动或静止、介质在密封端面上造成的比压的大小、介质的泄漏方向等加以区别。每种结构形式适用于一定的工作条件，在选择机械密封的结构形式时，应根据其不同的使用条件正确选型，使机械密封的性能达到最佳状态。机械密封的选型主要考虑使用压力 p（MPa）、使用温度 T（℃）、工作线速度 u（m/s）、密封轴径 d（mm）等参数及介质特性，此外还要考虑制造和拆装方便。

① 密封腔介质压力 p：$p \leqslant 0.8$ MPa，选用非平衡型；$p \geqslant 0.5$ MPa，选用平衡型。

② 工作线速度 u：应结合压力、温度、介质特性等决定弹簧形式。

③ 在没有外冷的条件下，机械密封的最高使用温度一般取决于辅助密封材料的安全使用温度。

④ 某些介质会对辅助密封有特别要求，如：

a. 溶剂等介质不能用氟橡胶，矿物油不能用三元乙丙橡胶，选型时应特别注意。

b. 低黏度介质易产生干摩擦的宜选用平衡型；高黏度介质宜选用强制传动结构。

c. 强腐蚀介质宜采用外装式聚四氟乙烯波纹管机械密封。

⑤ 选型时也可将相关数据和资料提供给密封制造厂，密封制造厂会根据要求提供最

适合的产品或代为设计、制造。相关数据和资料应包括：设备名称、轴径、转速；介质名称、压力、温度、浓度、黏度、有无颗粒。

选型时可按 JB/T 4127.2—2013《机械密封　第 2 部分：分类方法》选择密封类型，根据美国石油学会标准 API 682《离心泵和回转泵轴封系统》的规定选用密封的标准冲洗方案和辅助设备。

机械密封的选型见表 1-8。表中选型内容仅考虑单一工况条件，实际工作中遇到的情况比较复杂，因此选型时必须逐一研究各项参数并综合考虑，以选出既能满足使用条件又比较经济的密封产品。

近年来，我国机械密封行业发展迅猛，自行开发了很多新产品，尤其在高参数密封方面取得很大进展，订货时应尽可能提供完整的参数，以便正确选型。对于以下几种特殊的使用条件，应事先与密封制造厂进行沟通，以便制造厂进行特殊的设计来满足使用要求：

① 温度 $T>120$ ℃或 $T\leqslant-20$ ℃。

② 使用压力 $p\leqslant3.0$ MPa。

③ 工作线速度 $u>25$ m/s。

④ 介质易结晶或含有颗粒、纤维等。

⑤ 介质易燃、易爆、易汽化、有毒等。

表 1-8　使用参数与机械密封选型

选型依据	机械密封形式			
密封流体压力 p/MPa	$p\leqslant1.0$	$1.0<p\leqslant5.0$	$p>5.0$	
	接触式、非平衡型机械密封	接触式、平衡型机械密封	流体动、静压非接触式机械密封	
使用温度 T/℃	$T>150$	$80<T\leqslant150$	$-20<T\leqslant80$	$T\leqslant-20$
	接触式、金属波纹管型机械密封，必须考虑密封冲洗方案和辅助设备	接触式、弹簧型或金属波纹管型机械密封，必须考虑密封冲洗方案和辅助设备	接触式、弹簧型机械密封	接触式、弹簧型或金属波纹管型机械密封，必须考虑密封冲洗方案和辅助设备
工作线速度 u/(m·s^{-1})	$u>100$	$25\leqslant u\leqslant100$	$u<25$	
	非接触式静止型机械密封	接触式、非接触式静止型机械密封	非接触式机械密封	
密封轴径 d/mm	$d>60$		$d\leqslant60$	
	多弹簧型机械密封		单弹簧型机械密封	
密封介质特性	颗粒/易结晶介质	饱和蒸汽压高、黏性低介质	强腐蚀性介质	易燃、易爆介质
	硬对硬摩擦副的机械密封	平衡型、窄摩擦副的机械密封	外装或弹簧外置型机械密封	双端面机械密封

1.7.6　常用机械密封的材料

机械密封由摩擦副、加载弹性元件、辅助密封圈及结构件组成，所用材料基本可分为以下四大类：

① 摩擦副材料（如Co基硬质合金、Ni基硬质合金、氧化铝陶瓷、反应烧结碳化硅陶瓷、碳石墨、聚四氟乙烯）。

② 金属及弹性元件材料［如304，1Cr18Ni9Ti，1Cr18Ni9；306，0Cr17Ni12Mo2，0Cr17Ni12Mo2Ti；0Cr17Ni18AL，0Cr17Ni17Mo2AL；Ni66Cu3Fe（蒙乃尔，Monel）；Ni76Cr16Fe8（因科镍，Inconel）］。

③ 辅助密封圈材料（如丁腈橡胶、乙丙橡胶、氟橡胶、硅橡胶、全氟醚橡胶等）。

④ 结构件材料（如2Cr13，Monel，00Ni65Mo28，0Cr30Ni30Mo4Cu2等）。

密封材料必须根据使用条件选择，一般选择的密封材料应具有以下性能：

① 摩擦副材料应摩擦因数小、耐磨性好、耐化学腐蚀。

② 加载弹性元件材料应具有良好的弹性、复原性及耐化学腐蚀性。

③ 辅助密封圈材料应具有压缩永久变形、扯断永久变形小，温度适用范围较宽，不发生溶胀、分解和硬化等性能。

④ 结构件材料要有一定的强度，满足结构要求并能耐相应的化学腐蚀。

第2章

电工基础

2.1 直流电路

2.1.1 电路的组成

由电源、用电器、导线和开关等按一定方式连接起来组成的闭合回路，叫作电路，也叫电子线路或电气回路，简称网络或回路。

2.1.2 常用名词

1. 电流

电荷的定向移动形成电流。例如，金属导体中自由电子的定向移动，电解液中正负离子沿着相反方向的移动，阴极射线管中的电子流，等等，都是电流。习惯上规定正电荷移动的方向为电流方向，导体中电流的方向与自由电子的移动方向相反。

电流强度：每秒钟通过导体截面的总电量称为电流强度。我们通常所说的电流，实际上就是指电流强度，用符号 I 表示，基本单位是安培，符号为 A。

电流密度：导体单位面积电流的大小称为电流密度。

2. 电压

单位正电荷由高电位移向低电位时电场力对它所做的功或者说能够促使电荷在导体中流动的压力叫作电压，用符号 U 表示，基本单位是伏特，符号为 V。

3. 电阻

金属导体中的电流是自由电子定向移动形成的。自由电子在定向移动过程中与金属正离子频繁碰撞，每秒钟碰撞约 10^{15} 次。这种碰撞阻碍了自由电子的定向移动，表示这种阻碍作用的物理量叫作电阻，用符号 R 表示，基本单位是欧姆，简称欧，符号为 Ω。

不但金属导体有电阻，其他物体也有电阻。导体的电阻是由它本身的物理条件决定的。金属导体的电阻是由它的长短、粗细、材料的性质和温度决定的。电阻在任何时刻都是一种耗能元件。

4. 电阻率

截面为 1 mm^2、长度为 1 m 的导体在 20 ℃时所具有的电阻值，称为电阻率，又叫电阻系数，它是衡量物体导电性能好坏的一个物理量，用 ρ 来表示。

根据电阻率大小的不同，物体可分为导体、半导体、绝缘体三种形式。能很好地传导电流的物体叫导体(电阻率为 $10^{-6}\sim10^{-2}$ Ω·m)，基本上不能传导电流的物体叫绝缘体(电阻率为 $10^{9}\sim10^{22}$ Ω·m)。导电能力介于导体与绝缘体之间的物体，叫半导体。

绝缘体内部自由电荷增加就会使绝缘体向导体方向转化，失去绝缘体的作用，这种现象叫绝缘劣化。

同一导体在不同温度下的电阻值是不相同的，因此常用电阻温度系数(符号为 α)表示导体电阻随温度的变化，$R_2=R_1[1+\alpha(t_2-t_1)]$。电阻率的倒数称为电导率。

5. 直流电

直流电(简称 DC)，即方向不随时间发生改变的电流。为严格区分，直流电又有两种形态。一种是电流的大小是稳定的，方向也不随时间变化的，称为恒定电流。它是直流电稳定的理想形态，如日常生活中，电池提供的电流就是恒定电流。另一种是方向不随时间做周期性变化的，但电流的大小可能不稳定，如脉动电流。

6. 电功率

电流通过用电器时，电流要对用电器做功，即消耗电源的电能。单位时间内电流所做的功称为电功率，简称功率，用符号 P 表示，即

$$P=\frac{\mathrm{d}W}{\mathrm{d}t}$$

在 SI 制中，功率的单位是瓦特，符号为 W。

2.1.3　电路的特性

1. 电流、电压、电阻三者之间的关系

试验表明，通过一段无源支路的电流与支路的电阻及电阻两端所加的电压之间的关系可用欧姆定律反映，其表达式为 $U=IR$，称为部分电路欧姆定律。

如果电路包括电源在内，电路中的电流与电源的电动势成正比，与电路中负载电阻及电源内阻之和成反比，则称为全电路欧姆定律，表达式为

$$I=\frac{E}{R_L+R_0}$$

式中，E 为电源电动势(也可用 U_S 表示)，V；R_L，R_0 分别为负载电阻和电源内阻，Ω；I 为电路中流过的电流，A。

2. 电流、电压、电阻与功率的关系

电流、电压、电阻与功率的关系可用公式表示为

$$P=IU=I^2R=\frac{U^2}{R}$$

3. 电流热效应

电流通过导体时由于自由电子的碰撞，电能不断转变为热能，这种电流通过导体而产生热的现象，称为电流的热效应。热能的大小可应用焦耳定律 $Q=I^2Rt$ 计算得出。由焦耳定律可知：载流导体中产生的热量 Q（称为焦耳热）与电流 I 的平方、导体的电阻 R、通电时间 t 成正比。

2.1.4 电路的状态

电路在工作时，按照其提供的电流大小，可分为通路、断路和短路；按照其提供的功率大小，可分为满载、空载和过载。

1. 负载状态

负载是电路中的常用元件，负载状态则是一般的有载工作状态，如图 2-1 所示，此时电路有以下特征：

① 电路中电流为

$$I=\frac{U_S}{R_0+R_L}$$

式中，U_S 为电源电动势；R_0 为电源内阻；R_L 为负载电阻。

② 电源的端电压为

$$U_1=U_S-R_0\cdot I$$

电源的端电压总是小于等于电源的电动势。

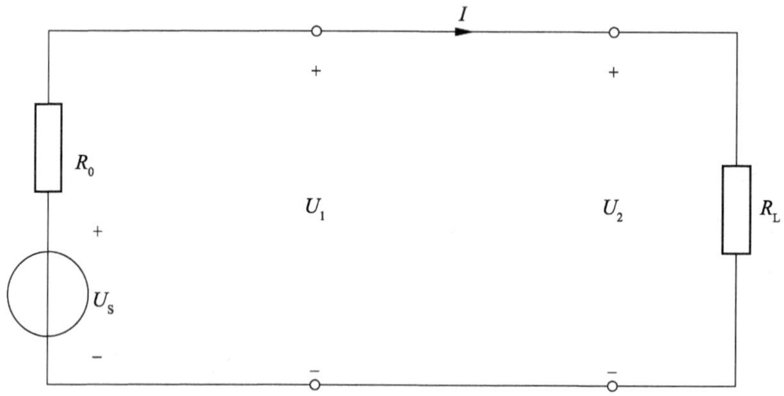

图 2-1　负载状态电路图

③ 电源输出的功率为

$$P_1=U_1\cdot I=(U_S-R_0\cdot I)\cdot I=U_S\cdot I-R_0\cdot I^2$$

$$P_2=U_2\cdot I=R_L\cdot I^2$$

电源输出的功率减去内阻消耗的功率等于负载获得的功率。

在电路中，负载电阻 R_L 越小，电路中电流越大，输出的功率也越大，这种情况叫作负载增大。显然，所谓的负载大小指的是负载电流或功率的大小，而不是电阻阻值的大小。

2. 断路状态

当电路中开关断开时，称为断路状态或开路状态，此时又称为空载。空载时，外电路所呈现的电阻可视为无穷大。如图 2-2 所示，此时电路有以下特征：

① 电路中电流为零，即

$$I=0$$

② 电源的端电压等于电源电动势，即

$$U_1=U_S-R_0 \cdot I=U_S$$

$$U_2=R_L \cdot I=0$$

③ 电源输出的功率为

$$P_1=U_1 \cdot I=0\text{（负载吸收的功率为零）}$$

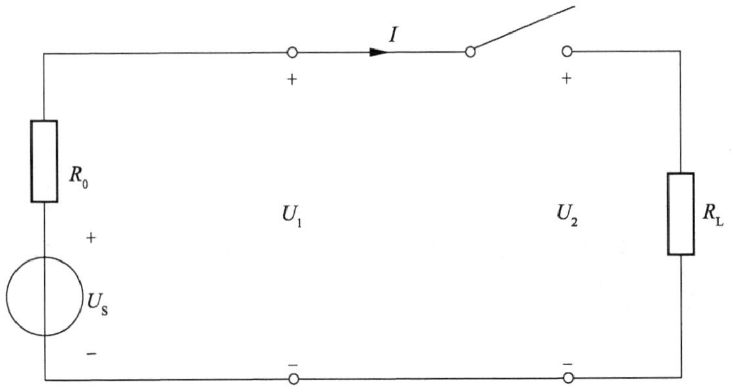

图 2-2　断路状态电路图

3. 短路状态

当电源的两个输出端钮由于某种原因（如电源线绝缘损坏或操作不慎等）相接触时，会造成电源被直接短路的情况。当电源直接短路时，外电路所呈现的电阻可视为零。如图 2-3 所示，此时电路有以下特征：

① 电路内部电流最大，外电路电流为零，即

$$I_0=\frac{U_S}{R_0}$$

$$I_L=0$$

I_0 称为短路电流。一般电源的内阻 R_0 都很小，故短路电流 I_0 很大，对电源很不利。

② 电源的端电压与负载的端电压均为零，即

$$U_1=U_S-R_0 \cdot I=0$$

$$U_2=0$$

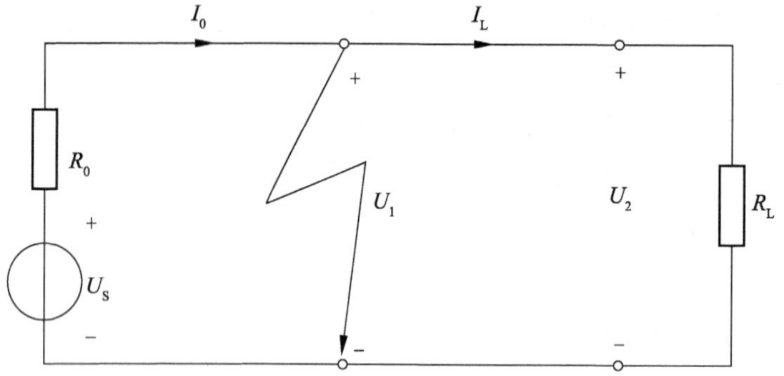

图 2-3　短路状态电路图

③ 电源对外输出的功率 P_1 和负载所吸收的功率 P_2 均为零。这时电源所发出的功率全部消耗在电源的内阻上，即

$$P_1=U_1 \cdot I_1=0$$

$$P_2=U_2 \cdot I_2=0$$

$$P_{U_S}=U_S \cdot I_0=\frac{U_S^2}{R_0}$$

这种短路现象会使电源内部迅速产生大量的热，导致电源的温度迅速上升，有可能烧毁电源及其他设备，甚至引起火灾。电源的短路通常是一种严重的事故，应尽量避免。实际应用中通常在电源的输出端安装熔断器，以保护电源不被损坏。

2.2　复杂直流电路分析

在电子电路中，常会遇到由两个以上的有电源的支路组成的多回路电路，运用电阻串、并联的计算方法不能将它简化成一个单回路电路，这种电路称为复杂电路。基尔霍夫定律是用以解决复杂直流电路问题的基本定律，包括第一、第二两个定律。第一定律称为电流定律，第二定律称为电压定律。这两个定律都是以大量实践为依据，经过无数试验证明的。

2.2.1　支路、节点和回路

① 支路：由一个或几个元件首尾相接构成的无分支电路称为支路。在同一支路内，流过所有元件的电流相等。如图 2-4 所示，R_1 和 E_1 构成一条支路，R_3 和 E_2 构成另一条支路。

② 节点：三条或三条以上支路的汇交点叫节点。如图 2-5 所示，A，B，C，D 四点都是节点。

③ 回路：电路中任一闭合路径称为回路。一个回路可能只含一条支路，也可能包含几条支路。如图 2-5 中的 $AR_1BR_gDR_4A$ 和 AR_1BR_3CEA 都是回路。

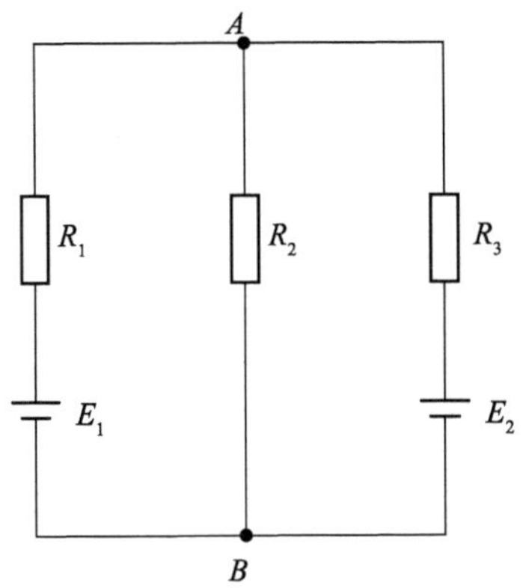

图 2-4　支路

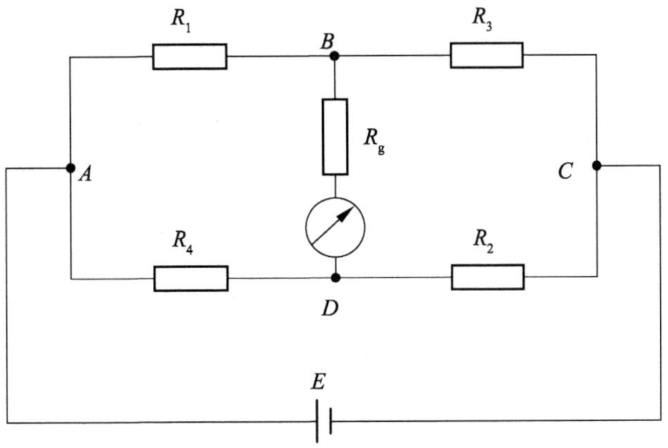

图 2-5　节点和回路

2.2.2　基尔霍夫电流定律(KCL)

基尔霍夫电流定律也称基尔霍夫第一定律。它是基于电荷守恒原理和电流的连续性,用来确定连接于同一节点的各支路电流之间关系的定律。

KCL 的具体内容:任一瞬间,流入任一节点的电流之和等于流出该节点的电流之和。或者说,在任一瞬间,任一节点上的电流的代数和恒等于零。若规定参考方向向着节点的电流取正号,则背着节点的就取负号。

根据计算的结果,有些支路的电流可能是负值,这是由于所选定的电流的参考方向与实际方向相反。

在图 2-6 所示的电路中,对于节点 a,根据 KCL 可列方程

$$I_3=I_1+I_2$$

整理得

$$I_1+I_2-I_3=0$$

即

$$\sum I=0$$

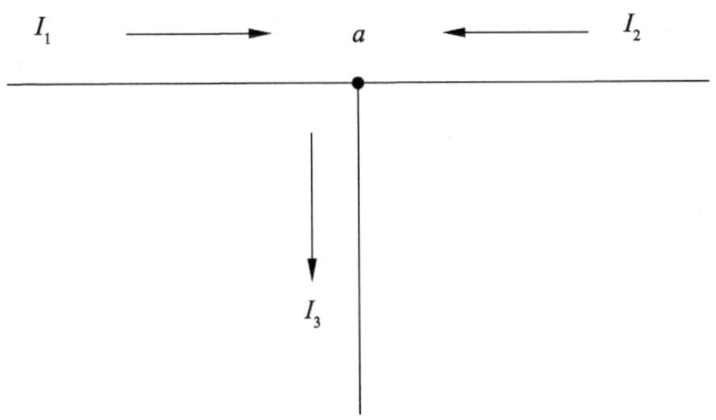

图 2-6　节点 a 上的电流关系

基尔霍夫电流定律不仅适用于节点,还可以推广应用到电路中任一假定的闭合面。如图 2-7 所示的晶体管中,将画虚线的部分看作一个假想的闭合面,根据基尔霍夫电流定律有

$$I_E=I_C+I_B$$

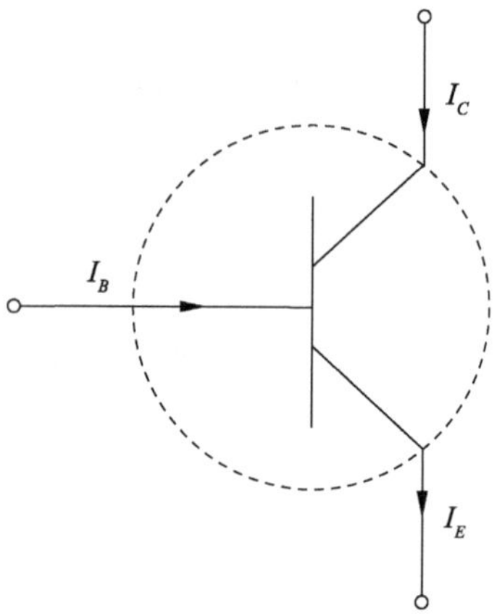

图 2-7　KCL 的推广应用

2.2.3　基尔霍夫电压定律(KVL)

基尔霍夫电压定律也称基尔霍夫第二定律，它描述了电路中任一闭合回路中各部分电压间的关系，它只适用于回路。

KVL 的具体内容：任一瞬间，沿任一闭合回路绕行一周，各部分电压的代数和恒等于零。或者说，在任一瞬间，沿着闭合回路的某一点，按照一定的方向绕行一周，各元件上的电位降之和等于电位升之和。

在图 2-8 所示电路中，带有数字标号的方块表示电路中的元件。在回路中，沿顺时针方向绕行一周，若规定电位降为正号，则电位升为负号。根据 KVL 可列方程

$$U_3=U_1+U_2+U_4$$

整理得

$$U_1+U_2+U_4-U_3=0$$

即

$$\sum U=0$$

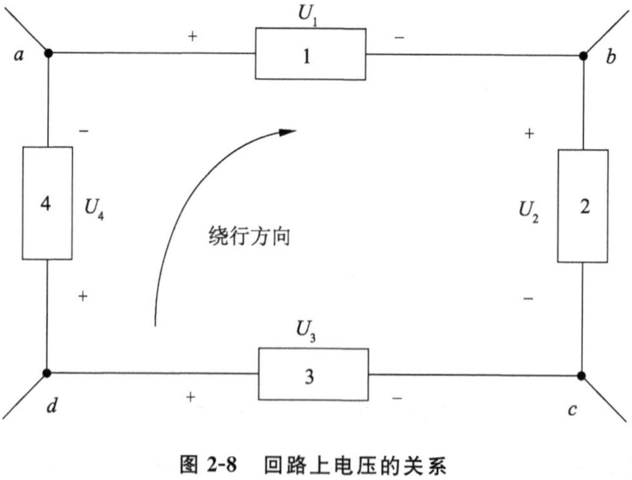

图 2-8　回路上电压的关系

2.2.4　电阻的串、并联

1. 电阻的串联

各种元件都可以进行串联和并联。若把电路中的电阻一个个成串地连接起来，中间无分岔支路，使电流只有一条通路，则这样的连接方法就称为电阻串联。图 2-9 所示为 R_1 和 R_2 两个电阻串联的电路。

图 2-9 中的串联电路接通后，在电源 U 的作用下将产生电流 I。在电路中导线、R_1 和 R_2 流过的电流都是同一电流 I，我们常根据这一特征来分析电阻是不是串联。

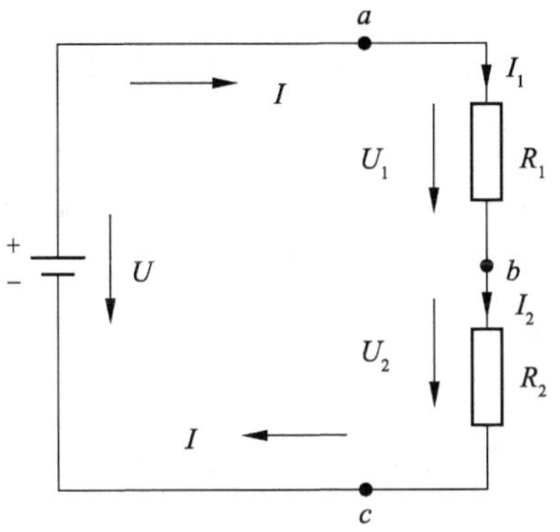

图 2-9　电阻的串联

通过测量，可以得出串联电路的如下特点：

① 电路接通后，由电流的持续性原理可知，在电路中任何地方电荷都不会聚集，所以各串联电阻中流过的电流是相同的。串联电路中各处的电流强度相等，即 $I=I_1=I_2$。

要证实上面的结论，可在电路中任意找几点串联电流表，测得的电流值是一样的。

② 电流通过电阻 R_1 及 R_2 要产生电压降，其中

分电压：$U_1=U_{ab}=V_a-V_b$，$U_2=U_{bc}=V_b-V_c$；

总电压：$U=U_{ac}=V_a-V_c$，也即 $U=V_a-V_b+V_b-V_c=U_{ab}+U_{bc}$。

说明串联电路中总电压等于各部分电压之和，即 $U=U_1+U_2$。

③ 若干个电阻串联，可用一个等效电阻来代替，等效电阻等于各串联电阻之和，即 $R=R_1+R_2$。如果有 n 个相同电阻 R_0 串联，则等效电阻 $R=nR_0$。

电阻串联的应用较多，例如两只相同的 110 V 的灯泡可以串联起来接在 220 V 的电源上使用，即当负载的额定电压低于电源电压时，可以串联一个电阻，降低一部分电压，以满足负载接入电源使用的需要。另外，在电工测量中还广泛使用串联的方法来扩大电表的电压量程。

【例 1】　有一盏弧光灯，额定电压 $U=40$ V，正常工作时的电流 $I=5$ A，应该怎样把它连入 $U=220$ V 的照明电路中？

解：直接把弧光灯连入照明电路是不行的，因为照明电路的电压比弧光灯额定电压高。根据串联电路的总电压等于各个部分电压之和的原理，可以在弧光灯上串联一个适

当的电阻 R_2，分掉多余的电压。

要分掉的电压 $U_2=U-U_1=180\ \text{V}$，R_2 与弧光灯的电阻串联，弧光灯正常工作时，R_2 通过的电流也是 5 A，所以

$$R_2=\frac{180}{5}=36\ (\Omega)$$

由此看出，串联电阻可以分担一部分电压，使额定电压低的用电器能够接到电压高的线路上使用，串联电阻的这种作用叫分压作用。

2. 电阻的并联

在电路中，若几个电阻分别连接在两个点之间，并承受同一电压，这种连接方法叫电阻并联，如图 2-10 所示。在介绍并联电路之前，必须明确以下几个概念。

电路中的每一分支称为支路。一条支路流过一个电流，称为支路电流。

电路中三条或三条以上支路的汇交点称为节点，图 2-10 中有三条支路，支路电流有 I_1，I_2，I_3 三个，节点有 a 和 b 两个。

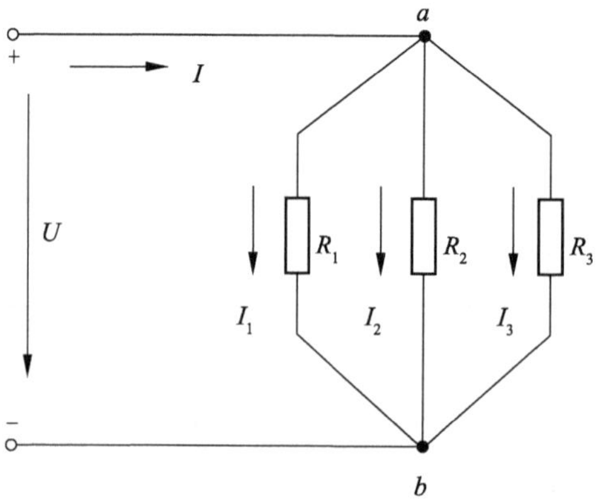

图 2-10 电阻的并联

同一电路上的各个用电器，通常都采用并联接法。并联电路有如下特点：

① 各并联支路都是并联在 a，b 点之间的，因此各支路电压都是同一电压，即等于总电压，如 R_1 两端电压为 U_1，R_2 两端电压为 U_2，R_3 两端电压为 U_3，则 $U=U_1=U_2=U_3$。

② 根据能量守恒定律，整个电路上消耗的总功率等于各支路上消耗的功率之和，即 $P=P_1+P_2+P_3$。

③ 并联电路的总电流等于各支路电流之和，即 $I=I_1+I_2+I_3$。

④ 在几个电阻并联时，可以用一个等效电阻来代替。根据上两个特点可得如下关系式：

$$I=\frac{U_1}{R_1}+\frac{U_2}{R_2}+\frac{U_3}{R_3}=U\left(\frac{1}{R_1}+\frac{1}{R_2}+\frac{1}{R_3}\right)$$

因此

$$\frac{1}{R}=\frac{1}{R_1}+\frac{1}{R_2}+\frac{1}{R_3}$$

该式表明，在并联电路中，总电阻的倒数等于各电阻的倒数之和。如果 $R_1 = R_2 = R_3$，则总电阻为 $R = \frac{1}{3}R_1$。这说明并联的电阻越多，总电阻就越小，电源供给的电流就越大。

若电路中既有电阻的串联，又有电阻的并联，则把这样的电路叫作混联电路，如图 2-11 所示。计算这样的电路的总电阻时，可以先求出 R_1 与 R_2 并联的电阻，然后与 R_3 串联，求出总电阻。

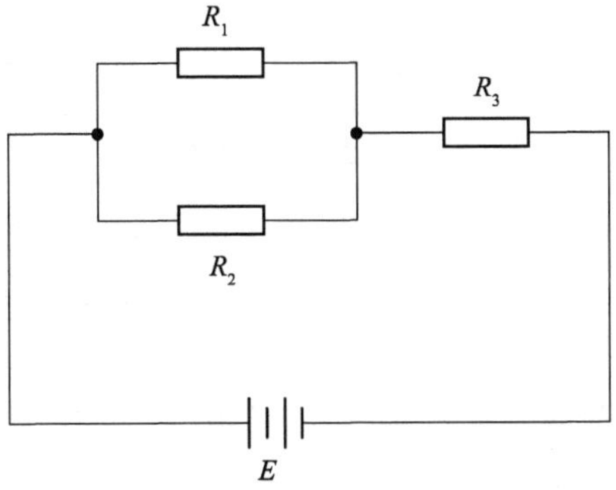

图 2-11　混联电路

2.3　交流电

2.3.1　交流电的特点及交流电路

直流电的特点：电动势、电压、电流的大小和方向都不随时间改变。如图 2-12 中的直流电源是干电池，碳棒是正极，锌片是负极。在直流电路中，电流总是从正极经过负载流向负极，方向不变，大小也不变，所以称为直流电。如果用电流表测出电流大小为 0.15 A，用一图形把它画出来，如图 2-13 所示，横坐标为时间，纵坐标为电流，它就是一条与横坐标平行的直线。

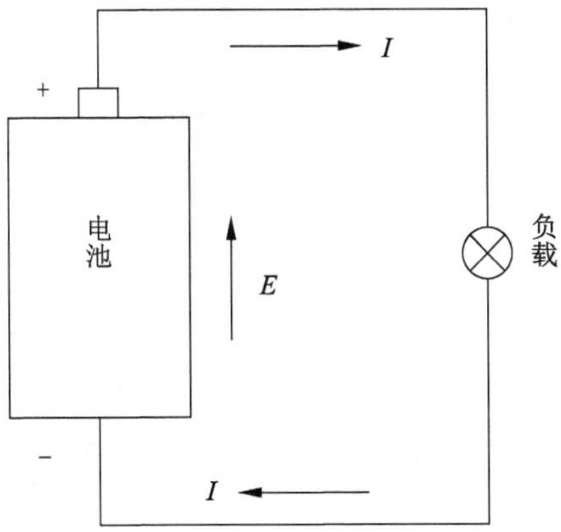

图 2-12　直流电路

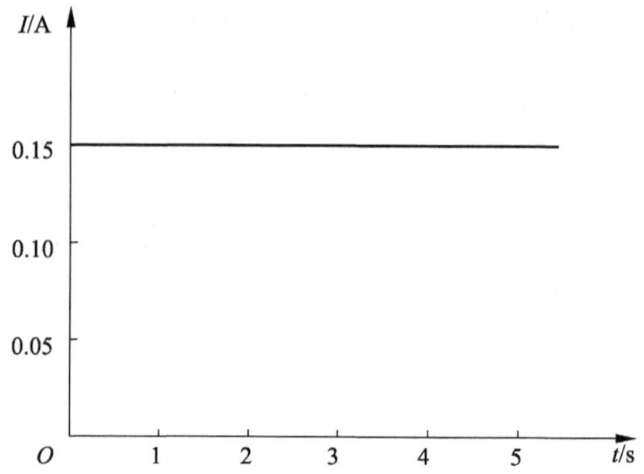

图 2-13　直流电流

交流电(简称 AC)的特点:电动势、电压、电流的大小和方向都随时间按一定规律做周期性变化。如图 2-14 中交流电源的电动势的方向不断改变,所以电路中的电流也就不断改变它的方向。

随时间按正弦规律变化的电流称为正弦交流电,正弦交流电也可用图形表示出来,如图 2-15 所示。从图上可以看出电流的大小随时间变化的情况。横轴以上的各瞬间电流值为正值,表示电流的实际方向与正方向一致;横轴以下的各瞬间电流值为负值,表示电流的实际方向与正方向相反。同样,正弦电动势和电压的波形也均为正弦曲线,这种变化的波形可用示波器显示出来。

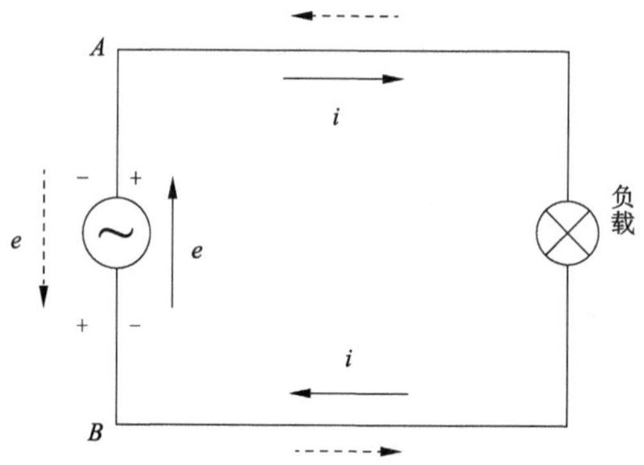

图 2-14　交流电路

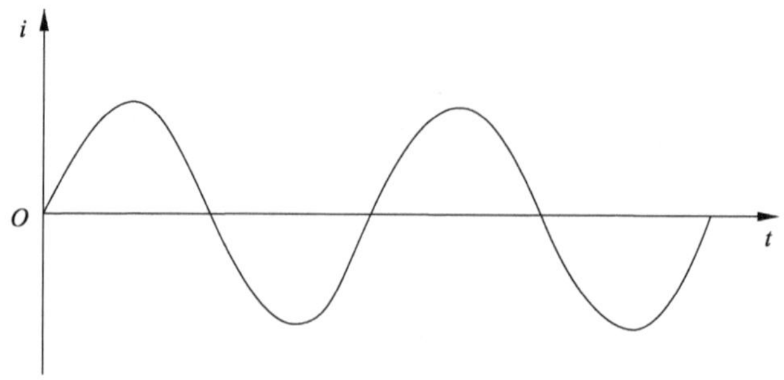

图 2-15　正弦交流电

我们日常所使用的市电均为正弦交流电，简称交流电，其电流瞬时值表达式为

$$i = I_m \sin(\omega t + \varphi)$$

其中，

$$\omega = 2\pi f = \frac{2\pi}{T}$$

式中，I_m 为交流电的最大值或幅值（I_m 是交流电在整个变化过程中所能达到的最大值），A；$\omega t + \varphi$ 为交流电的相角或相位（当 $t=0$ 时，相角为 φ，称为初相角，简称为初相，可以用度或弧度来表示，两个同频率的正弦量的初相之差称为它们的相角差或相位差，两个正弦量的相角差为零称为同相）；ω 为角频率（ω 是反映正弦量变化快慢的要素）；f 为频率；T 为周期。

I_m，ω，φ 称为正弦量的三要素。

在交流电作用下的电路称为交流电路。

日常生活和工农业生产中广泛应用的交流电，一般都是正弦交流电。所以正弦交流电是电工专业的基础知识，我们要了解正弦交流电的产生，理解正弦交流电的特征，掌握正弦交流电的各种表示法。

2.3.2　正弦交流电的周期和频率

正弦交流电随时间不断地由正到负进行交变，这种交变电流变化速度可调，用周期和频率可表示交流电变化的速度。

按正弦规律变化的交流电完成一次正、负的交变称为一个周波，一个周波变化所需的时间叫作周期，通常用 T 表示，如图 2-16 所示。T 的单位是 s（秒）。交流电在 1 s 内完成的周期性变化的次数叫作交流电的频率，用 f 表示，单位是 Hz（赫兹）。

根据定义，周期和频率互为倒数，即 $T=\frac{1}{f}$ 或 $f=\frac{1}{T}$。

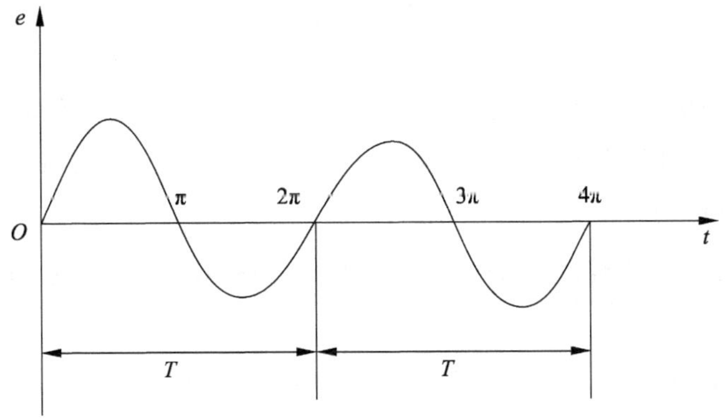

图 2-16　正弦交流电的周期

我国工农业生产和日常生活中用的交流电，周期是 0.02 s，频率是 50 Hz。

正弦交流电除了可用周期或频率表示，还可用角频率表示。正弦量在一个周期 T 内变化所经历的电角度用 2π 弧度或 360°来计量，交流电每秒所变化的角度（电角度）叫作交

流电的角频率，用 ω 表示，单位是 rad/s(弧度/秒)。根据定义，

$$\omega=\frac{2\pi}{T}=2\pi f$$

2.3.3 正弦交流电的值

(1) 瞬时值与最大值

因为正弦交流电的电动势(或电压、电流)是随时间按正弦规律变化的，所以其每一时刻的值是不同的。

① 瞬时值：正弦交流电在某一瞬间的值。电动势、电压和电流的瞬时值分别用小写字母 e，u 和 i 表示。

② 最大值：正弦交流电最大的瞬时值，或称峰值、振幅。电动势、电压和电流的最大值分别用 E_m，U_m 和 I_m 表示。

(2) 有效值与平均值

将交流电流和直流电流分别通过阻值相同的电阻，如果在相同的时间内这两种电流产生出相同的热量，就把这时的直流电流的数值称为交流电流的有效值，即交流电流的有效值是由交流电流在电路中的热效应决定的。

与之相应的交流电动势和交流电压，也能和交流电流一样计算有效值。通过计算得到，正弦交流电的电流、电压及电动势的有效值均为其最大值的 $1/\sqrt{2}$ 倍，或近似为 0.707 倍。电流、电压和电动势的有效值的符号分别用 I，U 和 E 表示，其关系式为

$$\begin{cases} I=\dfrac{I_m}{\sqrt{2}}=0.707I_m \\ U=\dfrac{U_m}{\sqrt{2}}=0.707U_m \\ E=\dfrac{E_m}{\sqrt{2}}=0.707E_m \end{cases}$$

通常所说的照明电路的电源电压为 220 V、电动机的电源电压为 380 V，以及用电表测量出来的电流、电压数值都是指有效值。一切交流电器、电机产品铭牌上的额定电压、额定电流等也是指有效值。

已知有效值求最大值时，只要将有效值乘上$\sqrt{2}$，如有效值为 220 V 的电压的最大值为 $220\sqrt{2}=311$ (V)。

交流电流的平均值 I_a 是指一个周期内绝对值的平均值，也就是正半周内的平均值。正弦交流电的平均值为

$$I_a=\frac{2}{\pi}I_m=0.637I_m$$

【例 2】 已知 $i=9\sqrt{2}\sin\omega t$(A)。当用电流表测此电流时，应选多大量程的电流表？

解：根据有效值与最大值的关系，

$$I=I_m/\sqrt{2}=9\sqrt{2}/\sqrt{2}=9\ (\mathrm{A})$$

选一只量程为 0～10 A 的电流表即可。

2.3.4　正弦交流电的相位、初相和相位差

对感应电动势的计算是有一定条件的，即线圈在 $t=0$，$\alpha=0$ 时开始转动。但实际上，正弦交流电的循环变化是连续进行的，起点不一定从中性面开始。假设 $t=0$ 时，$\alpha\neq 0$，而 $\alpha=\varphi$，则线圈中产生的感应电动势为

$$e=E_m\sin(\omega t+\varphi)$$

式中，感应电动势最大值 E_m 和角频率 ω 这两个要素，从整体上反映了感应电动势循环变化的幅度和快慢，不能反映某一瞬间的状态。$\omega t+\varphi$ 这个角度是随时间变化而变化的，e 也随之不同。这个角度每增加 360°，e 就重复一次原先的数值。

① 相位：确定感应电动势每一瞬间数值的电角度（$\omega t+\varphi$）叫作相位（或相位角）。相位反映了感应电动势每一瞬间的大小、方向及增大还是减小的状态。

② 初相：线圈开始转动瞬间（$t=0$ 时）所处的电角度 φ 叫作初相（或初相位、初相角）。

③ 相位差：两个相同频率的正弦交流电的初相位之差叫作相位差。例如，e_1 的初相位为 φ_1，e_2 的初相位为 φ_2，当二者的频率相同时，其相位差为

$$\varphi=\varphi_1-\varphi_2$$

分析上式有以下四种情况：

a. 同相：$\varphi_1=\varphi_2$，$\varphi=0$ 时，即 e_1 和 e_2 同时达到零值或最大值。

b. 反相：$\varphi=180°$时，即 e_1 达到正的最大值时，e_2 达到负的最大值。

c. 超前：如 $\varphi_1>\varphi_2$ 时，即 e_1 提前达到零值或最大值，φ 叫作超前角。

d. 滞后：如 $\varphi_1<\varphi_2$ 时，即 e_1 随后达到零值或最大值，φ 叫作滞后角。

在正弦交流电中，两个交流电动势之和不是代数和而是矢量和，这对相位差的研究是极为重要的。

2.4　三相电路

2.4.1　三相交流电计算

三相交流电是由三个频率相同、初相位不同的电压源作为电源供电的体系。由三个同频率、等幅值、初相依次相差 120°的正弦电压源按一定方式连接而成的三相电源称为对称三相电源，否则称为不对称三相电源。

工程上常用 A—X，B—Y，C—Z 来标记每相电源的正、负极性，每一个电压源称为一相，分别记为 A 相、B 相、C 相，其瞬时值表达式分别为（以 u_A 为参考正弦量）

$$u_A=U_m\sin\omega t$$

$$u_B=U_m\sin(\omega t-120°)$$

$$u_C=U_m\sin(\omega t-240°)$$

对称的三相电源的电压瞬时值之和为零，即 $u_A+u_B+u_C=0$。

三相电源中，各相电压经过同一值的先后次序称为三相电源的相序。如果第一相比第二相超前，第二相又比第三相超前，则称这种相序为正序或顺序。反之，如果第一相比第二相滞后，第二相又比第三相滞后，则称这种相序为反序或逆序。若无特别说明，三相电源均指正序。在实际工作中，常用相序表来检查三相电源的相序。一些设备相序是绝对不能接反的，如潜水泵，它在制造中设置了反抬装置防止水泵反转，一旦水泵反转将会损坏设备。

2.4.2 三相负载连接

在三相电路中常见的对称三相电源一般连接成星形或三角形两种方式。

在三相电路中，电源是对称的，而各相的负载阻抗可以相同，也可以不同。前者称为对称三相负载，后者称为不对称三相负载。三相负载有两种连接方式：当各相负载的额定电压等于电源的相电压时，称为星形连接（也称 Y 形接法）；当各相负载的额定电压等于电源的线电压时，称为三角形连接（也称△形接法）。下面分别讨论星形连接和三角形连接的三相电路计算。

1. 三相负载的星形连接

图 2-17 表示三相负载的星形连接，其中 A，B，C 是三相电源的火线（又叫相线），点 N 是三相电源的中点，点 N' 是三相负载的中点，因为有中性线 NN'，所以是三相四线制电路。图中通过火线的电流叫作线电流，通过各相负载的电流叫作相电流。显然，在星形连接时，某相负载的相电流就是对应的火线电流，即相电流等于线电流。

因为有中性线，对称的电源电压 u_A，u_B，u_C 直接加在三相负载 Z_A，Z_B，Z_C 上，所以三相负载的相电压也是对称的。各相负载的相电流分别为

$$I_A=\frac{U_A}{|Z_A|},I_B=\frac{U_B}{|Z_B|},I_C=\frac{U_C}{|Z_C|}$$

各相负载的相电压与相电流的相位差分别为

$$\varphi_A=\arctan\frac{X_A}{R_A},\varphi_B=\arctan\frac{X_B}{R_B},\varphi_C=\arctan\frac{X_C}{R_C}$$

式中，R_A，R_B 和 R_C 分别为各相负载的等效电阻；X_A，X_B 和 X_C 分别为各相负载的等效电抗（等效感抗与等效容抗之差）。中性线的电流，按图 2-17 所选定的参考方向，如果用相量表示，则

$$\dot{I}_N=\dot{I}_A+\dot{I}_B+\dot{I}_C$$

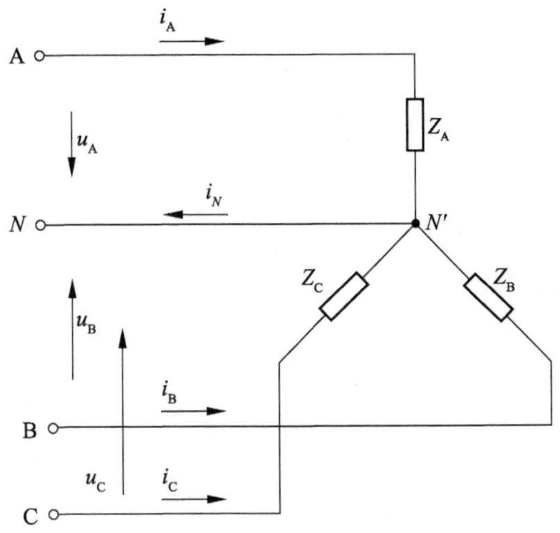

图 2-17　负载星形连接的三相四线制电路

2. 三相负载的三角形连接

图 2-18 表示三相负载的三角形连接，每一相负载都直接接在相应的两根火线之间，这时负载的相电压就等于电源的线电压。不论负载是否对称，它们的相电压总是对称的，即

$$U_{AB}=U_{BC}=U_{CA}=U_L=U_P$$

式中，U_L 为线电压有效值；U_P 为相电压有效值。

负载三角形连接时，相电流和线电流是不一样的。各相负载的相电流分别为

$$I_{AB}=\frac{U_{AB}}{|Z_{AB}|},I_{BC}=\frac{U_{BC}}{|Z_{BC}|},I_{CA}=\frac{U_{CA}}{|Z_{CA}|}$$

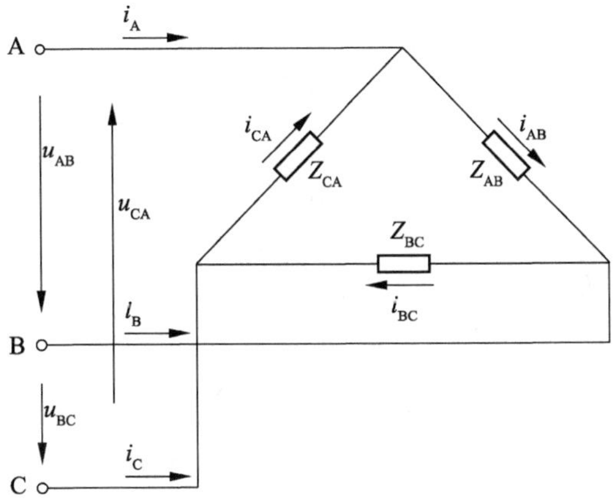

图 2-18　负载三角形连接的三相电路

各相负载的相电压与相电流之间的相位差分别为

$$\varphi_{AB}=\arctan\frac{X_{AB}}{R_{AB}},\varphi_{BC}=\arctan\frac{X_{BC}}{R_{BC}},\varphi_{CA}=\arctan\frac{X_{CA}}{R_{CA}}$$

三相负载的线电流可以写为

$$\begin{cases}\dot{I}_A=\dot{I}_{AB}-\dot{I}_{CA}\\ \dot{I}_B=\dot{I}_{BC}-\dot{I}_{AB}\\ \dot{I}_C=\dot{I}_{CA}-\dot{I}_{BC}\end{cases}$$

如果负载对称，即

$$R_{AB}=R_{BC}=R_{CA}=R, X_{AB}=X_{BC}=X_{CA}=X$$

各相负载的相电流就是对称的，即

$$I_{AB}=I_{BC}=I_{CA}=I_P=\frac{U_P}{|Z|}$$

其中，

$$|Z|=\sqrt{R^2+X^2}$$

$$\varphi_{AB}=\varphi_{BC}=\varphi_{CA}=\varphi=\arctan\frac{X}{R}$$

此时，由相量图(图 2-19)可以看出，三个线电流也是对称的。它们与相电流的相互关系是

$$\frac{1}{2}I_A=I_{AB}\cos 30°=\frac{\sqrt{3}}{2}I_{AB}$$

即

$$I_A=\sqrt{3}I_{AB}$$

$$I_L=\sqrt{3}I_P$$

计算对称负载三角形连接的电路时，常用的关系式为

$$U_L=U_P$$

$$I_L=\sqrt{3}I_P$$

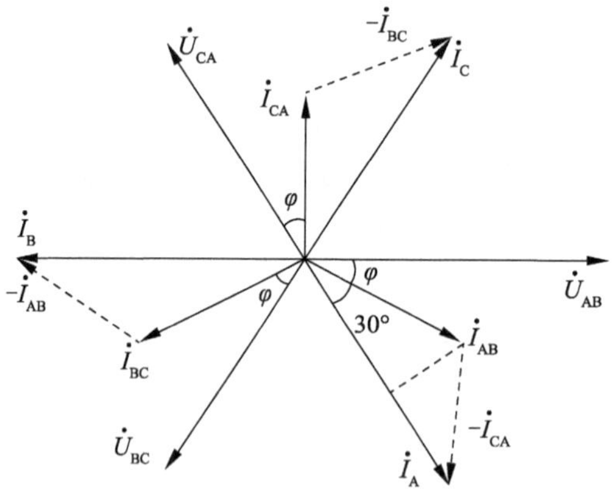

图 2-19　对称负载三角形连接时电压与电流的相量图

三相负载接成星形还是三角形，取决于以下两个方面：

① 电源电压；

② 负载的额定相电压。

例如，电源的线电压为 380 V，而某三相异步电动机的额定相电压也是 380 V，电动机

的三相绕组就应接成三角形，此时每相绕组上的电压就是 380 V。如果这台电动机的额定相电压为 220 V，电动机的三相绕组就应接成星形，此时每相绕组上的电压就是 220 V；否则，若误接成三角形，每相绕组上的电压为 380 V，是额定值的$\sqrt{3}$倍，电动机将被烧毁。

三相电路就是将三角形或星形形式的三相电源和三相负载用输电线（端线）连接起来所组成的系统。

2.4.3　功率及功率因数

1. 正弦电路的功率与功率因数

输入任何无源一端口网络的瞬时功率 P，等于加在端口两端的电压与电路中的电流的乘积，即 $P=ui$。当 $P>0$ 时，电路从外部吸取能量；当 $P<0$ 时，电路向外送出能量。

我们通常所说的正弦交流电路的功率，是指瞬时功率在一个周期内的平均值，又称有功功率，用 P 表示，$P=UI\cos\varphi$，这表明有功功率不仅与加在这一端口网络的电压、电流的乘积有关，还与它们之间的相位差有关，$\cos\varphi$ 称为这一端口网络的功率因数。

当该网络负载为纯电阻负载，$\cos\varphi=1$，$\varphi=0°$，$P=UI$ 时，该网络纯消耗功率。当 $\varphi=90°$或$-90°$时，网络负载为纯电容性负载，$\cos\varphi=0$，$\sin\varphi=\pm1$。当 $\varphi=-90°$时，电容吸收的平均功率为 $P_C=UI\cos\left(-\frac{\pi}{2}\right)=0$，电容储存的电场能量为 $W_C=\frac{1}{2}CU^2$，电场能量只是在电容与外部回路之间来回交换。当 $\varphi=90°$时，$P_C=UI\cos\frac{\pi}{2}=0$，电感储存的磁场能量为 $W_L=\frac{1}{2}Li^2$，电流为正弦函数，在一个周期内磁场能量在电感与外部电路之间来回交换。只有当 φ 既不是 0°也不是±90°，网络中的负载既有电阻，也有电感或电容，或电感、电容均有时，$P=UI\cos\varphi\neq0$，P 才称为有功功率。对应于有功功率，工程上引进了无功功率的概念，其表达式为 $Q=UI\sin\varphi$，单位为乏（Var）。无功功率的存在反映出电路有储能元件。

视在功率为加在无源端口网络点的电流与电压的乘积。视在功率的大小为 $S=UI$，单位为伏安（VA）。视在功率与有功功率、无功功率之间的关系为

$$S^2=P^2+Q^2\Rightarrow S=\sqrt{P^2+Q^2}$$

$$\tan\varphi=\frac{Q}{P}\Rightarrow Q=P\tan\varphi$$

此式对研究功率因数补偿很重要。

2. 对称三相电路的功率与功率因数

在三相三线制电路中，三相负载所吸收的平均功率等于各相平均功率之和，即 $P=P_A+P_B+P_C=U_{PA}I_{PA}\cos\varphi_A+U_{PB}I_{PB}\cos\varphi_B+U_{PC}I_{PC}\cos\varphi_C$。

U_{PA}，U_{PB}，U_{PC}，I_{PA}，I_{PB}，I_{PC} 分别是三相电压与电流；φ_A，φ_B，φ_C 为相电压与相电流之间的夹角。

对称的三相制中，各相负载吸收的平均功率相等，即上式可写为 $P=3P_A=3P_B=3P_C=3U_PI_P\cos\varphi$。

负载在任何一种接法下，$3U_PI_P=\sqrt{3}U_LI_L$，所以 $P=\sqrt{3}U_LI_L\cos\varphi$。

同理，三相无功功率 $Q=Q_A+Q_B+Q_C=3U_PI_P\sin\varphi=\sqrt{3}U_LI_L\sin\varphi$；视在功率 $S=\sqrt{P^2+Q^2}=\sqrt{3}U_LI_L$；功率因数 $\cos\varphi=\frac{P}{S}$。

在三相三线制中，无论负载对称与否，都能够使用两个功率表的方法来测量三相功率，即 $P=P_1+P_2$，而三相四线制不能使用此法。

在相同的线电压下，负载作三角形连接时的有功功率是星形连接时有功功率的 3 倍，无功功率和视在功率也同样如此。

2.5 电磁感应

2.5.1 磁铁的基本知识

磁铁能吸引铁的性质称为磁性。任何一个磁铁都有 N 极（北极）与 S 极（南极）两个磁极。磁铁的两端磁性最强、中间磁性最弱。磁铁同性磁极相斥，异性磁极相吸。

传递实物间磁力作用的场称为磁场。为了形象化表述磁场的存在，常用磁力线来描绘。磁力线是一组互不相交的封闭的连续不断的回线。磁铁内部的磁力线由 S 极发出到 N 极，外部由 N 极发出到 S 极。磁力线密的地方，磁场强；磁力线疏的地方，磁场弱。

使不带磁性的材料具有磁性的过程称为磁化。可被磁化的材料称为铁磁性材料。铁磁性材料分为两种：一种是一经磁化则磁性不易消失（称为剩磁）的物质，叫硬磁材料，用作永久磁铁；一种是剩磁极弱的物质，叫软磁材料。

铁磁性材料的磁特性的外部表现，一般用磁感应强度 B 和磁场强度 H 的关系曲线即 $B-H$ 磁化的磁滞回线来反映。铁磁性材料的磁化过程是能较全面体现铁磁性物质磁化特点的一种典型磁化过程。一个具体磁性器件中铁芯的磁化过程不仅与铁磁性材料本身有关，还与激磁电流的大小及其变化情况有关。

磁滞回线较窄者，磁导率较大，矫顽力小，称为软磁材料；磁滞回线较宽者，矫顽力大，剩磁也大，称为硬磁材料。软磁材料一般用来做电机、变压器、电磁铁、继电器等电磁设备的铁芯。硬磁材料主要用来制造永久磁铁。磁导率 μ 是衡量磁介质导磁能力的物理量。

2.5.2 电流的磁效应

电流的磁效应即磁场对通电导体的作用。载流导体周围存在着磁场，即电流产生磁场（电能生磁），称为电流的磁效应。电流的磁效应使我们能够容易地控制磁场的产生和消失，这在实际生产中有很重要的意义。

通电导线周围磁场的方向可用右手定则来判断。

① 通电直导线磁场方向：用右手握住导线，大拇指指向电流的方向，则其余四指所指

的方向就是磁场方向。

② 通电线圈磁场方向：将右手大拇指伸直，其余四指沿着电流方向围绕线圈，则大拇指所指的方向就是线圈内部的磁场方向。

通电导线产生的磁场是一个有大小和方向的矢量，常用磁感应强度来描述，可以通过毕奥-萨伐尔定律计算出量的大小。

$$\mathrm{d}\boldsymbol{B}=\frac{\mu_0}{4\pi}\frac{I\mathrm{d}\boldsymbol{l}\times\boldsymbol{e}_r}{r^2}=\frac{\mu_0}{4\pi}\frac{I\mathrm{d}l\cdot\sin\theta}{r^2}$$

式中，$\mathrm{d}\boldsymbol{B}$ 为电流元在某一场点产生的磁感应强度；$I\mathrm{d}\boldsymbol{l}$ 为电流元；$\boldsymbol{e}_r$ 为由电流元指向某一场点矢径方向上的单位向量；μ_0 为真空磁导率，$\mu_0=4\pi\times10^{-7}\ \mathrm{N\cdot A^{-2}}$；$\theta$ 为某一场点方向与电流元方向的夹角；r 为电源元到某一场点的距离。

由磁场强度叠加原理（电流产生的磁场为组成该电流的所有电流元产生的磁场的矢量和）可知，任意载流导线（或线圈）产生的磁场强度为

$$\boldsymbol{B}=\oint\mathrm{d}\boldsymbol{B}=\frac{\mu_0}{4\pi}\oint\frac{I\mathrm{d}\boldsymbol{l}\times\boldsymbol{e}_r}{r^2}$$

试验证明：通电导线在磁场中会受到力的作用，这种力叫作电磁力或电动力。电动机和磁电仪表就是应用这个原理制成的。

通电导线在磁场中受力的方向，可以应用左手定则来确定，即伸出左手使磁力线垂直穿过掌心，伸直的四指方向与导体中电流方向一致，则与四指垂直的大拇指所指的方向就是导体的受力方向，其受力大小可用下式计算：

$$F=IBl\sin\alpha$$

式中，F 为导体在磁场中受到的电磁力，N；I 为导体中通过的电流，A；B 为导体所处磁场的磁感应强度，T；l 为导体的长度，m；α 为导体与磁场方向间的夹角，(°)。

2.5.3　电磁感应现象

电磁感应现象是指放在变化磁通量中的导体会产生电动势。此电动势称为感应电动势或感生电动势，若将此导体闭合成一回路，则该电动势会驱使电子流动，形成感应电流（感生电流）。电磁感应现象的发现，是电磁学领域中最伟大的成就之一。它不仅揭示了电与磁之间的内在联系，而且为电与磁之间的相互转化奠定了实验基础，为人类获取巨大而廉价的电能开辟了道路，意义重大。电磁感应现象的发现，标志着一场重大的工业和技术革命的到来。事实证明，电磁感应在电工技术、电子技术、电气化、自动化方面的广泛应用对推动社会生产力和科学技术的发展发挥了重要的作用。

产生电磁感应现象的条件：

① 电路是闭合回路且流通；

② 穿过闭合回路的磁通量发生变化。

使闭合回路的磁通量发生变化的一种方法是让电路的一部分在磁场中做切割磁感线运动（只能部分切割，全部切割无效）。

感应电流产生的微观解释：电路的一部分在做切割磁感线运动时，相当于电路的一部分内的自由电子在磁场中做不沿磁感线方向的运动，故自由电子会受洛伦兹力的作用在导体内定向移动，若电路的一部分处在闭合回路中就会形成感应电流，若不是闭合回路，两端就会积聚电荷产生感应电动势。电磁感应现象中之所以强调闭合电路的"一部分"，是因为当整个闭合电路切割磁感线时，左右两边产生的感应电流方向分别为逆时针和顺时针，对于整个电路来讲电流抵消了。此外，电磁感应现象中还存在能量转换的关系：电磁感应是一个能量转换过程，例如可以将重力势能、动能等转化为电能、热能等。

2.5.4 自感、互感、涡流

1. 自感

由于线圈（或回路）本身电流的变化而引起线圈（或回路）内产生电磁感应的现象叫作自感现象。由自感现象产生的感应电动势叫自感电动势。自感电动势的大小由下式确定：

$$e_l = L \cdot \Delta I / \Delta t$$

式中，e_l 为自感电动势，V；ΔI 为线圈中电流的变化量，A；Δt 为时间变化量，s；L 为线圈自感系数，H。

线圈自感系数 L 用亨（H）、毫亨（mH）、微亨（μH）作单位，它们三者之间的关系是 $1\ \text{H} = 10^3\ \text{mH} = 10^6\ \mu\text{H}$。线圈自感系数的大小，与线圈本身的结构（如匝数、几何形状和尺寸）和周围介质的磁导率有关。

自感电动势的方向由楞次定律确定。

2. 互感

处于同一磁介质中的两组（或多组）线圈（或回路），当通过其中的一组（或若干组）线圈（或回路）的电流（或磁场）发生变化时，引起其他线圈（或回路）中磁场发生变化，从而产生电动势，这种现象叫作互感现象。由互感现象产生的电动势叫互感电动势。互感电动势的大小由下式确定：

$$e_m = -M \frac{\Delta I}{\Delta t}$$

式中，e_m 为互感电动势，V；ΔI 为原线圈中的电流变化量，A；Δt 为时间变化量，s；M 为线圈互感系数，H。

线圈互感系数（简称互感）M 与处于同一磁介质中的线圈的匝数、几何形状、相对位置及周围的磁介质等因素有关，其大小反映了一个线圈在另一个线圈中产生互感电动势的能力。

互感电动势的方向遵循楞次定律。当两个线圈绕向一致时，第二个线圈中的感应电动势总是力图阻止第一个线圈中电流的变化。当第一个线圈中的电流增大时，第二个线圈中感应电动势（感应电流）的方向与原线圈的电流方向相反；反之，则与原线圈的电流方向相同。此外，互感电动势的方向还与线圈绕向有关。

通常，我们把通入电流的线圈叫原线圈(或一次线圈)，产生感应电动势的线圈叫副线圈(或二次线圈)，原、副线圈间并无电的联系，而是通过磁来联系，这种联系叫作磁耦合。

3. 涡流

涡流是感应电流的一种。带有铁芯的线圈中通入电流后，当线圈中的电流变化时，便在铁芯内产生变化的磁通，由于互感的作用，在铁芯内将产生自成回路的环流，称为涡流。

涡流会使铁芯发热，增加电能损耗，叫作涡流损耗。交流电器的铁芯是由多层且错位相接并涂有绝缘漆的硅钢片叠成的，就是为了减少涡流损耗。

4. 线圈极性

处于同一磁介质中的两组线圈 L_1 和 L_2，在同一变化的磁通的作用下，当线圈 L_1 的感应电动势(或自感电动势)使其一端的瞬时电位为正值时，线圈 L_2 的感应电动势也必然同时使其有一端的电位为正值。这两个对应为正值(极性相同)的端，就叫同极性端或同名端；感应电动势极性相反的端叫异名端。同名端用符号“·”或“*”来标记。标记了同名端后，线圈的具体绕法及其相对位置就不需要在图中表示。

2.6　防雷与接地

2.6.1　防雷

为了避免电气设备遭受直击雷及防止感应过电压击穿绝缘，通常会采用避雷针、避雷线、避雷器等设备进行过电压保护。

1. 避雷针

避雷针是我们最熟悉的防雷设备之一，它的构造简单，一般由三个部分组成：

① 接闪器，或叫“受雷尖端”，是避雷针最高部分，专门用来接受雷电放电，一般用长 1.52 m 的镀锌铁棍或铁管制成，其顶部略呈尖形。

② 引下线，用它将接闪器的雷电流安全地引至接地装置，使雷电流尽快泄入大地。引下线一般用 35 mm 的镀锌钢绞线或者圆钢及扁铁制成。如果避雷针的支架采用铁管或铁塔形式，可利用其支架作为引下线，无须另设引下线。

③ 接地装置，是避雷针的最低部分，埋入地下。它和大地土壤紧密接触，可使雷电流很好地泄入大地。接地装置一般都用角钢、扁钢、圆钢、钢管等打入地中，其接地电阻一般不能超过 10 Ω。

高耸的针、线、网、带都是接闪器，它们比被保护设施更接近雷云，在雷云对地放电前，接闪器在电场的影响下积累了大量的异性电荷，它们与雷云之间的电场强度超过附近地面被保护设施与雷云之间的电场强度。放电时，接闪器承受直接雷击，强大的雷电流通过阻值很小的引下线、接地装置泄入大地，从而使被保护设施免受雷击。

避雷针有一定的保护范围，被保护物只有在避雷针的保护范围内才能免受雷击。单根避雷针的保护范围如图 2-20 所示，是以轴线为对称轴的一个折线圆锥体。圆锥体的轮廓线可由图中注明的尺寸关系画出。避雷针在地面上的保护半径 $r=1.5h$，h 为避雷针的高度。

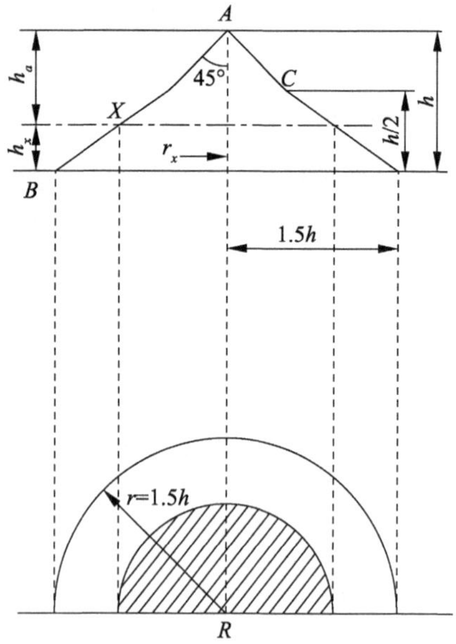

图 2-20　单根避雷针的保护范围

从针的顶点向下作 45°的斜线，构成圆锥体的上半部，从距离针 1.5h 处向上再作斜线与前一斜线在高度 $h/2$ 处相交，交点以下构成圆锥体的下半部，在被保护物高度 h_x 上的保护半径可由下式确定：

当 $h_x \geqslant \dfrac{h}{2}$ 时，

$$r_x=(h-h_x)P$$

当 $h_x<\dfrac{h}{2}$ 时，

$$r_x=(1.5h-2h_x)P$$

式中，P 是由运行经验确定的修正系数，当 $h\leqslant 30$ m 时，$P=1$；当 $h>30$ m 时，$P=\dfrac{5.5}{\sqrt{h}}$。

两根等高避雷针的保护范围如图 2-21 所示。当避雷针的高度在 30 m 以下，而两根避雷针之间的距离又不超过其有效高度的 7 倍时，如果某一高度的被保护物位于两根避雷针相应的保护范围之内，则将受到可靠的保护。两根避雷针的联合保护范围明显大于两个单根避雷针保护范围的总和。

两根避雷针外侧部分保护范围的保护半径 r_x 可按单针来确定。两针之间二分之一的保护范围的宽度，从 $o-o'$ 截面中找出。首先，确定 o 点假想避雷针的高度 $h_o=h-a/(7P)$，在它地面上的保护半径 $r_o=1.6h_o$，其保护范围的外限为一通过 o 点的直线 (oC,oD)，该直线与 h_x 水平面的交点与假想避雷针的水平距离即为二分之一最小保护宽度，其由下式决定：

$$b_x=1.6(h_o-h_x)$$

式中，h_x 为被保护物体的高度；h_o 为假想避雷针的高度。

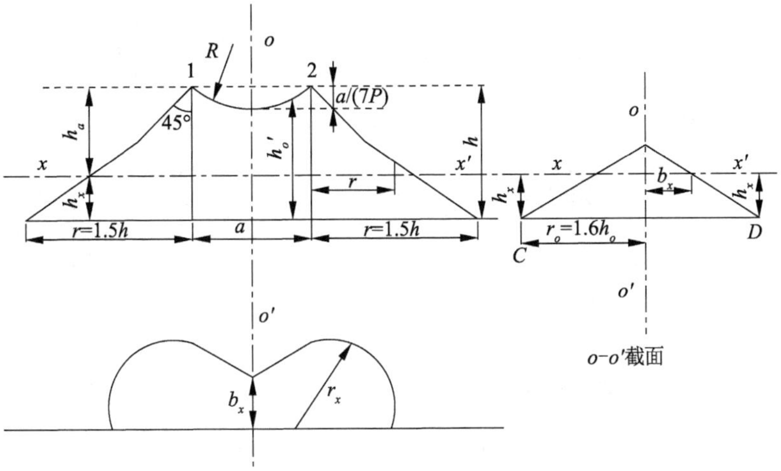

图 2-21　两根等高避雷针的保护范围

设计时需注意 b_x 不得大于 r_x，两针之间的距离 a 不得大于 $7h_aP$，否则将会使 $b_x=0$。

若为多根避雷针，在所有相邻各对避雷针的联合保护范围内都能受到保护，而且通过 3 根避雷针所作圆的直径 D_y 或者由 4 根或更多避雷针所组成的多边形对角线长度 D 不超过有效高度的 8 倍（即 $D\leqslant 8h_a$）时，避雷针间的全部范围都可以受到保护。

2. 避雷线

避雷线的作用和避雷针相似，主要用来保护电力电路，这时它又叫架空地线。避雷线也可用来保护狭长的设施。单根避雷线的保护范围如图 2-22 所示。图中 h 是避雷线的最大弧垂点的高度，同避雷针相似，保护范围折线可分成上、下两部分。地面上保护宽度的一半为 h，被保护物高度 h_x 上的保护宽度为 b_x，其由下式确定：

当 $h_x\geqslant\frac{h}{2}$ 时，

$$b_x=0.47(h-h_x)P$$

当 $h_x<\frac{h}{2}$ 时，

$$b_x=(h-1.53h_x)P$$

式中，P 的取值方法与避雷针相同。

图 2-22 中 α 是避雷针的最大保护角，按上述方法确定保护范围，α 取 25°。

两根平行避雷线的保护范围如图 2-23 所示。其外侧按单根避雷线确定，内侧由通过两根避雷线最大弧垂及 o 点的圆弧确定。o 点在两避雷线中间，所在高度为 $h_o=h-a/(4P)$，系数 P 的取值方法同前。

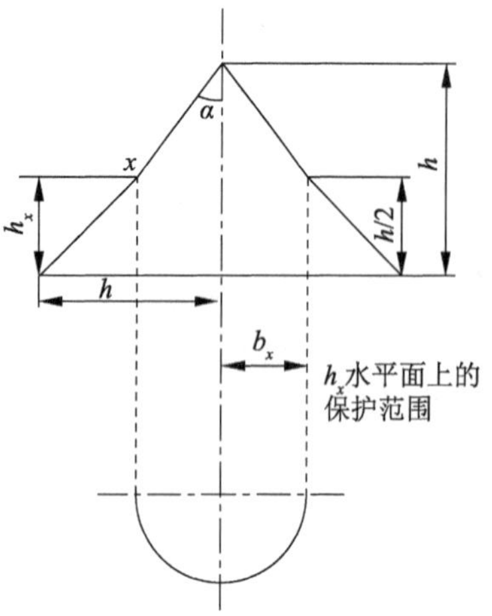

图 2-22　单根避雷线的保护范围

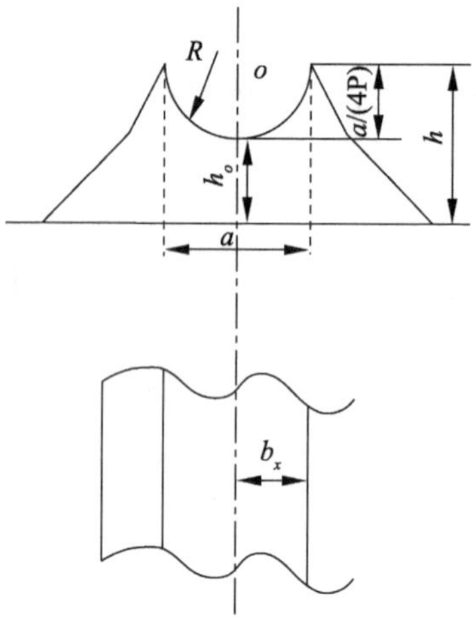

图 2-23　两根平行避雷线的保护范围

避雷网与避雷带主要用于工业、民用建筑物对直击雷的防护，保护范围不需计算。避雷网的网格选择：对于工业建筑物，根据防雷的重要性，可采用 6 m×6 m～6 m×10 m 的网格或适当距离；对于民用建筑物，可采用 6 m×10 m 的网格。不论是什么建筑物，都建议在屋角、屋脊、屋檐等易受雷击的突出部位装设避雷带。

旷野孤立或高于 20 m 的建筑物和构筑物，建筑物群中高于 25 m 的建筑物和构筑物，突出的土山顶部、特别潮湿处或土壤电阻系数较周围小处的建筑物，地下有导电矿藏处的建筑物，电力系统的主控室、机房、配电站、高压送电线路等都必须采取防直击雷的措施。

3. 雷电感应的防护

雷电感应(特别是静电感应)也能产生很高的冲击电压。为了防止静电感应产生高压，应将建筑物内的金属设备、金属管道、结构钢筋等接地。防雷电感应接地装置可以和其他接地装置共用，接地电阻不应大于 5～10 Ω。

防止雷电感应的措施主要针对有爆炸危险的建筑物和构筑物，其他建筑物和构筑物一般不考虑雷电感应的防护。

4. 雷电侵入波的防护

当架空线路或管道遭到雷击时，雷击点会产生高电压。如果电荷不能就地导入大地，高电压将以波的形式沿着线路或金属管道传到与之连接的设施上，危及设备和人身安全。沿着线路或金属管道传播的高压冲击波叫作侵入波。雷电侵入波造成的雷害事故很多，在低压电力系统中，这种事故占雷害事故的 70%以上。因此，必须对雷电侵入波采取防护措施。通常采取的措施有：

① 装设避雷器。装设避雷器是防雷电侵入波的主要措施。避雷器装设在被保护物的引入端，其上端接入线路，下端接地。正常时，避雷器的间隙保持绝缘状态，不影响系统的运行。当因雷击，有高压侵入波沿线路袭来时，避雷器间隙击穿而接地，从而强行切断侵入波，这时能够进入被保护物的电压仅为雷电流通过避雷器及其引下线和接地装置后

的残压。雷电流通过以后,避雷器间隙又恢复绝缘状态,以便系统正常运行。常用的避雷器有保护间隙避雷器和阀型避雷器。

② 接地。接地可以降低雷电侵入波的陡度。接地电阻不宜大于 30 Ω。

5. 防雷装置安全要求

防雷装置必须满足以下安全要求:

① 应有足够的机械强度和载流能力。

② 应能防止反击导致的火灾爆炸。

③ 应定期对防雷装置进行安全检查。

2.6.2　保护接地

保护接地的作用就是将电气设备不带电的金属部分与接地体之间做良好的金属连接,降低接点的对地电压,避免人体触电危险。

1. 中性点不接地电网中电气设备不接地的危险

中性点不接地电网如图 2-24a 所示。图中的电动机外壳不接地。当电动机正常运行时,电动机外壳不带电,触及外壳的人没有危险。当电动机的绝缘被击穿,带电绕组碰壳时,其外壳便带有电压。这时如有人触及电动机外壳,将有电流经人体和电网对地绝缘阻抗形成回路,如图 2-24b 所示。

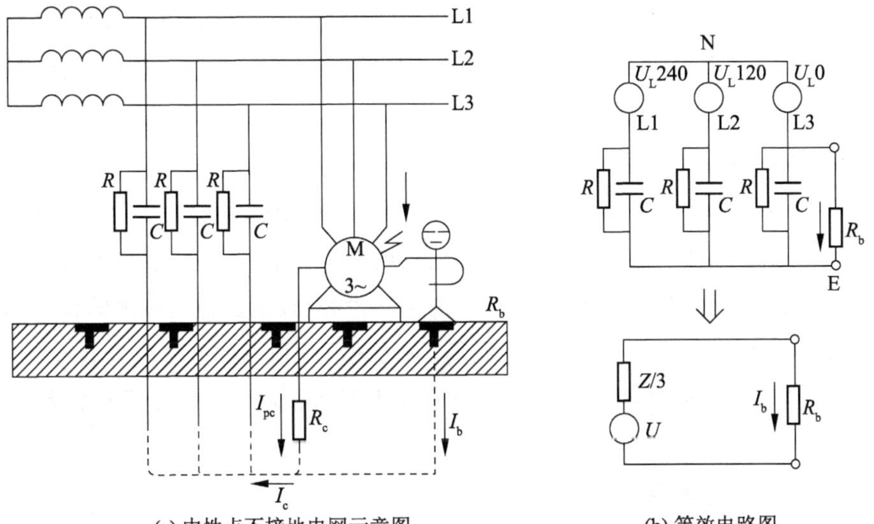

(a) 中性点不接地电网示意图　　(b) 等效电路图

图 2-24　中性点不接地电网发生单相碰壳故障

根据图 2-24b 所示的等效电路,可求出流经人体的电流有效值为

$$I_b = \frac{3U}{|Z + 3R_b|}$$

式中,U 为网相电压;R_b 为人体电阻;Z 为电网每相导线对地绝缘阻抗。

人体所承受的电压为

$$U_b = I_b R_b = \frac{3UR_b}{|Z + 3R_b|}$$

由上式可见，流过人体的电流和人体所承受的电压与电网相电压、线路对地绝缘电阻和线路对地电容有关。在线路绝缘良好的情况下，设备对地电压很小，一般不至于发生危险。但是当线路绝缘变坏时，则有可能发生危险。例如，在中性点不接地的380/220 V电网中，由于电网对地电容较小，且电网电压较低，可以忽略电网对地电容的影响，即$Z \approx R$，于是流过人体的电流为

$$I_b = \frac{3U}{|R + 3R_b|}$$

在线路绝缘良好的情况下，若取人体电阻为1700 Ω，则流经人体的电流为1.31 mA，人体承受的电压为2.23 V。流过人体的电流远小于安全电流30 mA，人体所承受的电压也只有2.23 V，可见在线路绝缘良好的情况下，是不会有触电危险的。

如果电网绝缘不良，则流过人体的电流会增至65 mA，加于人体的电压会增至110 V，这对人体是相当危险的。

2. 保护接地的作用原理

当运行中的电气设备出于某种原因意外地使外壳带电时，因为外壳接有保护接地线且接地电阻很低（其电阻不大于40 Ω），漏电电流由此流入大地，在外壳上呈现出较低的电压。当人体接触外壳时，由于人体电阻（约1700 Ω）远大于接地电阻，此时可看成两个电阻并联，大部分的漏电电流经接地线（分流作用）流入大地，流经人体的电流很小，人体的接触电压也就很小，不足以造成生命威胁。

3. 保护接地的应用范围

保护接地适用于各种不接地配电网，包括低压不接地配电网（如井下配电网）和高压不接地配电网，以及不接地直流配电网。在这些电网中，凡由于绝缘损坏或其他原因可能带危险电压的正常不带电金属部分，除另有规定外，均应接地。应当接地的具体部位有：

① 电动机、变压器、开关设备、照明器具、移动式电气设备的金属外壳和金属构架。

② 配电装置的金属构架、控制台的金属框架及靠近带电部分的金属遮拦和金属门。

③ 配线的金属管。

④ 电气设备的传动装置。

⑤ 电缆金属接头盒、金属外皮和金属支架。

⑥ 架空线路的金属杆塔。

⑦ 电压互感器和电流互感器的二次线圈。

直接安装在已经接地的金属底座、框架、支架等设施上的电气设备的金属外壳一般不必另行接地；在有木质、沥青等高阻导电地面，无裸露接地导体，并且干燥的房间，额定电压交流380 V和直流440 V以下的电气设备的金属外壳一般也不必接地；安装在木结构或木塔上的电气设备的金属外壳一般也不必接地。

2.7　常见电气设备

2.7.1　低压开关柜

开关柜是一种电气设备，开关柜外线先进入柜内主控开关，然后进入分控开关，各分路按其需要设置。它是有一个或多个低压开关设备和与之相关的控制、测量、信号、保护、调节等设备，由制造厂家负责完成所有内部的电气和机械的连接，用结构部件完整地组装在一起的一种组合体。开关柜的主要作用是在电力系统发电、输电、配电和电能转换的过程中，开合、控制和保护用电设备。开关柜内的部件主要有断路器、隔离开关、负荷开关、操作机构、互感器及各种保护装置等。

为保护人身和设备安全，将开关柜独立划分成几个不同的隔室：

① 母线室：包括水平母线室、垂直母线室和功能单元室（开关隔室）。

② 电缆出线室：包括电缆室和二次设备室。

1．开关柜的主要组成及相关分类

（1）主要组成与进出线方式

1）主要组成

柜体：开关柜的外壳骨架及内部的安装。

支撑件母线：一种可与几条电路分别连接的低阻抗导体。

功能单元：完成同一功能的所有电气设备和机械部件（包括进线单元和出线单元）。

2）进出线方式

进线（插接式母线槽或电缆）方式：上进线；下进线；侧进线；后进线。

出线（插接式母线或电缆）方式：前出线（顶部或底部）可以靠墙安装；后出线（顶部或底部）不可以靠墙安装。

（2）相关分类

1）母线的分类

主母线（水平母线）：连接一条或几条配电母线与进线和出线单元的母线。

配电母线（垂直母线）：框架单元内的一条母线，它连接在主母线上，并向出线单元供电。

2）功能单元的分类

固定式：主电路只能在开关柜断电的情况下进行接线和断开。

可移式（固定分隔式）：主电路带电的情况下亦可安全地从主电路上断开或接通，具有连接和移出位置。

抽出式：主电路带电的情况下亦可安全地从主电路上断开或接通，具有连接、试验、分离、移出位置。

3）安装形式的分类

根据安装地点分类：室内安装；室外安装。

根据安装方式分类：靠墙安装；离墙安装。

根据固定方式分类：螺栓固定；电焊固定。

2. 低压成套开关柜分类

（1）GCS 柜

GCS 型低压抽出式开关柜用于三相交流频率为 50 Hz，额定工作电压为 400 V(690 V)，额定电流为 4000 A 及以下的发、供电系统。该装置作为动力配电、电动机集中控制、无功功率补偿使用的低压成套配电装置，广泛应用于电力、石油、化工、冶金、纺织、高层建筑等行业的配电系统，也可用在大型发电厂、石化系统等自动化程度高，要求与计算机接口的场所。

（2）GCK 柜

GCK 型低压抽出式开关柜由动力配电中心(PC)柜和电动机控制中心(MCC)两部分组成。该装置适用于交流 50(60) Hz，额定工作电压小于等于 660 V，额定电流 4000 A 及以下的控配电系统，作动力配电、电动机控制及照明等设备的电能转换、分配与控制之用。

（3）MNS 柜

MNS 型低压抽出式成套开关设备是为适应电力工业发展的需求，参考国外 MNS 系列低压开关柜设计并加以改进开发的高级型低压开关柜。国际电工委员会 IEC439 规定 MNS 型低压开关柜应适应各种供电、配电的需要，能广泛用于发电厂、变电站、工矿企业、大楼宾馆、市政建设等各种低压配电系统。

（4）GGD 柜

GGD 型交流低压开关柜适用于变电站、发电厂、厂矿企业等电力用户的交流 50 Hz，额定工作电压 380 V，额定工作电流 1000～3150 A 的配电系统，作动力、照明及发配电设备的电能转换、分配与控制之用。

（5）PGL 柜

PGL 型交流低压开关柜适用于发电厂、变电所、工矿企业等电力用户的交流 50 Hz，额定工作电压 380 V，额定电流至 2500 A 的配电系统，作动力、照明及发配电设备的电能转换、分配与控制之用。该产品分断能力强，额定短时耐受电流达 50 kA。

PGL 型交流低压开关柜分为低压计量柜、低压进线柜、电容补偿柜、市发电转换柜、母线联络柜、低压出线柜等。

3. GCS，GCK，MNS 和 GGD 开关柜的区别

① GGD 是固定柜，而 GCK，GCS 和 MNS 是抽屉柜。

② GCK 柜和 GCS，MNS 柜的抽屉推进机构不同。

③ GCS 柜只能做单面操作柜，柜深 800 mm。MNS 柜可以做双面操作柜，柜深 1000 mm。

大体而言，抽出式柜较省地方，维护方便，出线回路多，但造价贵；而固定式柜出线回路少，占地较多。如果用户提供的地方太小，做不了固定式柜，可改为做抽出式柜。各种型号开关柜的优缺点如下：

① GGD型交流低压开关柜优点：机构合理、安装维护方便、防护性能好、分断能力强、容量大、动稳定性强、电气方案适用性广等，可作为换代产品使用。

缺点：回路少，单元之间不能任意组合且占地面积大，不能与计算机联络。

② GCK型低压抽出式开关柜优点：分断能力强，动热稳定性好，结构先进合理，电气方案灵活，系列性、通用性强，各种方案单元可任意组合，一台柜体容纳的回路数较多，节省占地面积，防护等级高，安全可靠，维修方便等。

缺点：水平母线设在柜顶，垂直母线没有阻燃型塑料功能板，不能与计算机联络。

③ GCS型低压抽出式开关柜优点：具有较高的技术性能指标，能够适应电力市场发展的需要，并可与现有的引进产品竞争。根据安全、经济、合理、可靠的原则设计的新型低压抽出式开关柜，还具有分断、接通能力强，动热稳定性好，电气方案灵活，组合方便，系列性、实用性强，结构新颖，防护等级高等特点。

缺点：动静触头接插件接触不紧密，易出现发热、涡流、松动。

④ MNS系列产品优点：设计紧凑，能以较小的空间容纳较多的功能单元；结构通用性强，组装灵活，以25 mm为模数的C型型材能满足各种结构形式、防护等级及使用环境的要求；采用标准模块设计，可组成具有保护、操作、转换、控制、调节、指示等功能的标准单元，用户可根据需要任意选用组装；技术性能高，主要参数达到当代国际技术水平，缩小场地，“三化”程度高，可大大缩小储存和运输预制作的场地，装配方便且不需要特殊复杂工具。

2.7.2　高压开关柜

高压开关柜是金属封闭开关设备的俗称，是按一定的电路方案将有关电气设备组装在一个封闭的金属外壳内的成套配电装置。本节将主要介绍手车式开关柜。

1. 高压开关柜的作用

高压开关柜广泛应用于配电系统，作接受与分配电能之用。它既可根据电网运行需要将一部分电力设备或线路投入或退出运行，也可在电力设备或线路发生故障时将故障部分从电网中快速切除，从而保证电网中无故障部分正常运行。

2. 高压开关柜的分类

(1) 按结构类型分

铠装式：各室间用金属板隔离且接地。

间隔式：各室间用一个或多个非金属板隔离。

箱式：具有金属外壳，但间隔数目少于铠装式和间隔式。

(2) 按断路器的置放方式分

落地式(图2-25a)：断路器手车本身落地。

中置式（图 2-25b）：手车装于开关柜中部，手车的装卸需要装载车。

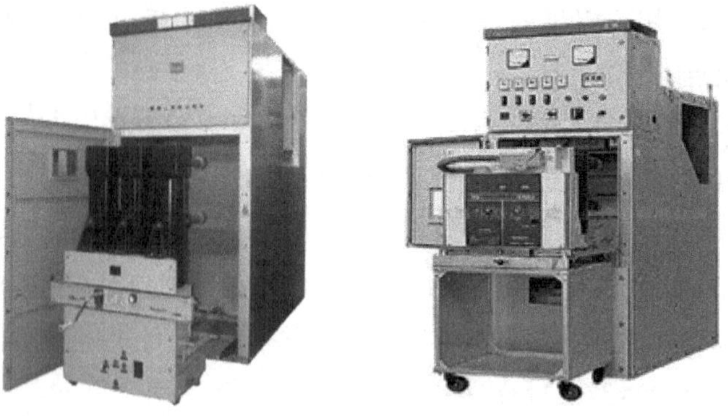

(a) 落地式　　(b) 中置式

图 2-25　高压开关柜断路器的置放方式

（3）按绝缘类型分

高压开关柜按绝缘类型分为空气绝缘金属封闭开关柜和 SF_6 气体绝缘金属封闭开关设备（充气柜）。

3．高压开关柜的结构

开关柜由固定柜体和可抽出部件（简称手车）两大部分组成。开关柜被隔板分成母线室、手车（断路器）室、电缆室和继电器仪表室（低压隔室），低压隔室与开关柜高压区完全隔离（图 2-26）。

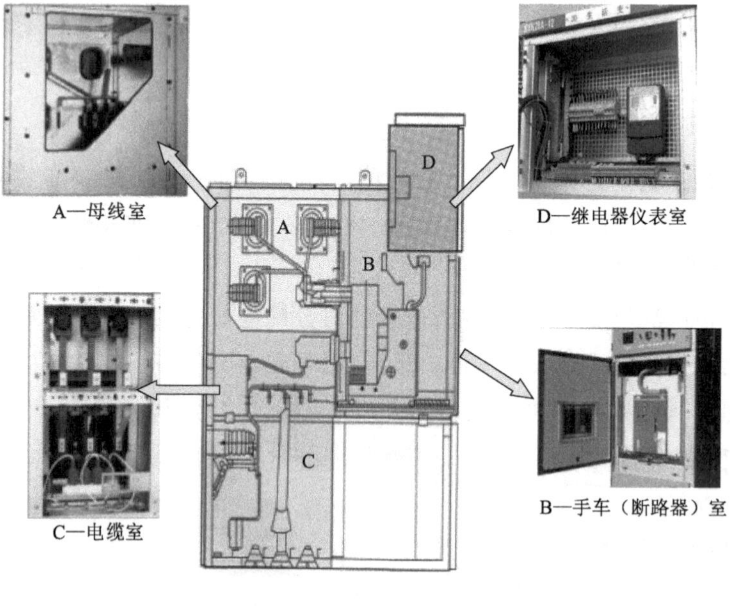

图 2-26　高压开关柜结构示意图

（1）母线室

母线室布置在开关柜的背面上部，布置有三相高压交流母线并通过连接线实现母线与手车断路器静触头的连接。全部母线用绝缘套管塑封，在母线穿越开关柜隔板时，用母线套管固定。这样即使出现内部故障电弧，也能限制事故蔓延到邻柜，并能保障母线的机械强度。

(2) 手车(断路器)室

手车断路器可以看作断路器闸刀一体化设备。在手车(断路器)室内有特定的导轨，手车可动部分(图 2-27)能在工作位置、试验位置之间移动。当断路器分位，手车在工作位置时，类似常规断路器的热备用状态；手车在试验位置时断路器动静触头明显断开，类似常规断路器的冷备用状态。母线室与手车(断路器)室之间设有隔离挡板，手车从试验位置移动到工作位置的过程中，隔离挡板自动打开，反方向移动手车则完全关闭，从而保障了操作人员不触及带电体。

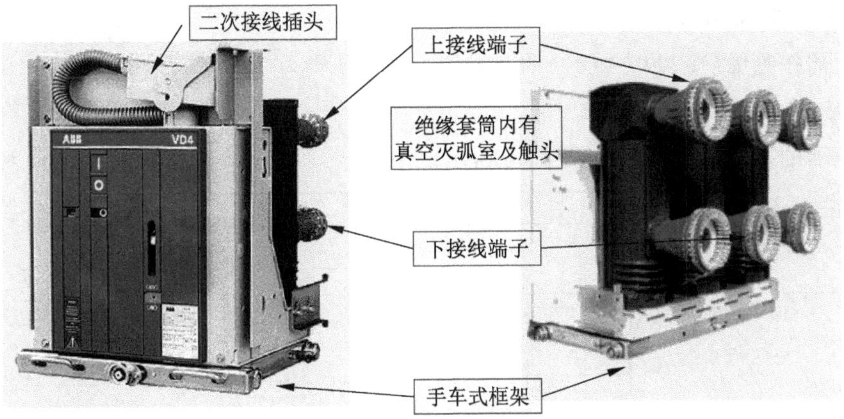

图 2-27　手车可动部分

(3) 电缆室

电缆室内一般设有电流互感器、接地开关、避雷器(过电压保护器)及电缆等附属设备。

(4) 继电器仪表室(低压隔室)

继电器仪表室的面板上有微机保护装置、操作把手、保护出口压板、仪表、状态指示灯(或状态显示器)等；继电器仪表室内有端子排、微机保护控制回路直流电源开关、微机保护工作直流电源、储能电机工作电源开关(直流或交流)，以及特殊要求的二次设备。

2.7.3　变压器

在电力网络中，变压器是电力系统中很重要的一种元件，它利用电磁感应的原理来改变交流电压，主要构件是初级线圈、次级线圈和铁芯(磁芯)。其主要作用是改变电压，进行电能传输或分配。

1. 变压器的作用

(1) 升高电压，实现远距离输电

在电力系统中，由于绝缘因素发电机出口电压往往较低，输送相同容量的功率，电压越低，电流就越大，大电流在导线上引起的功率损耗和电压降也越大，甚至无法实现远距离输电。为了解决这一问题，发电厂就要利用变压器将电压升高，以减小输电线路上的电流，从而减小导线上的功率损耗和电压降，提高远距离输电的经济性。

（2）降低电压，实现电力供给

电力用户的用电电压较低，发电厂将很高电压等级的电能输送到负荷中心后，要通过降压变压器将电压降低，才能供给负荷中心的用户使用。降压变压器在供电企业中使用最多。

2．变压器的分类

变压器按用途分：配电变压器、电力变压器、全密封变压器、组合式变压器、干式变压器、单相变压器、电炉变压器、整流变压器、电抗器、抗干扰变压器、防雷变压器、箱式变电器、试验变压器、转角变压器。

变压器按绝缘（冷却）方式分：油浸式和干式变压器。

3．变压器的基本工作原理

变压器的基本工作原理如图 2-28 所示。

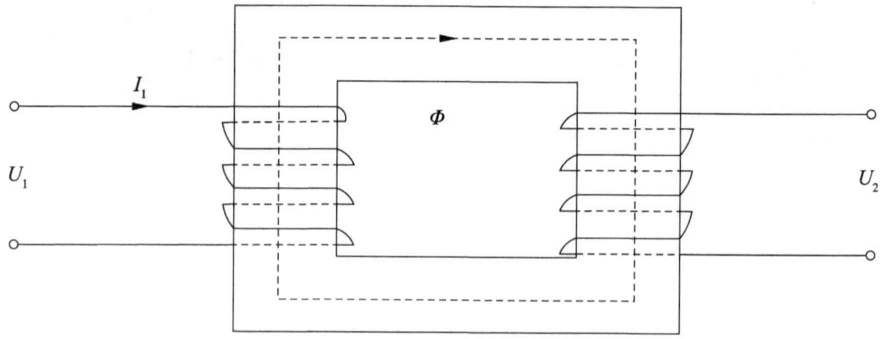

图 2-28　变压器的基本工作原理

在一次绕组上外施一交流电压 U_1 便有 I_1 流入，因而在铁芯中激励一交流磁通 Φ，磁通 Φ 同时也与二次绕组匝链。由于磁通 Φ 的交变作用，在二次绕组中便感应出电势 E_2。根据电磁感应定律可知，绕组的感应电动势正比于绕组匝数。因此，只要改变二次绕组的匝数，便能改变电势 E_2 的数值。如果二次绕组接上用电设备，二次绕组便有电压输出，这就是变压器的工作原理。假设初级、次级绕组的匝数分别为 W_1，W_2，当变压器的初级接到频率为 f、电压为 U_1 的正弦交流电源上时，根据电磁感应原理可计算得出 $U_1/U_2=E_1/E_2=W_1/W_2=K$，式中 K 就是变压器的变比，或称匝数比，设计时选择适当的变比就可以实现把一次侧电压变换成需要的二次侧电压。电力系统普遍采用三相制供电，因而实际应用得最广的是三相变压器。三相变压器在三相负载平衡时的运行情况基本上与单相变压器相同。

4．变压器各主要组成部件及其作用

变压器如图 2-29 所示。

图 2-29　变压器

(1) 铁芯

铁芯是变压器的磁路部分,为了降低铁芯在交变磁通作用下的磁滞和涡流损耗,铁芯采用厚度为 0.35 mm 或更薄的优质硅钢片叠成。目前广泛采用磁导率高的冷轧晶粒取代硅钢片,以缩小体积和减轻质量,也可节约导线并降低由导线电阻所引起的发热损耗。

铁芯包括铁芯柱和铁轭两部分。铁芯柱上套绕组,铁轭将铁芯柱连接起来,使之形成闭合磁路。按照绕组在铁芯中的布置方式,变压器又分为铁芯式和铁壳式(或简称芯式和壳式)两种。单相二铁芯柱变压器有两个铁芯柱,用上、下两个铁轭将铁芯柱连接起来,构成闭合磁路。两个铁芯柱上都套有高压绕组和低压绕组。通常,将低压绕组放在内侧,即靠近铁芯一侧,而把高压绕组放在外侧,这样易于符合绝缘等级要求。

中、小容量的三相变压器都采用三相三柱式,如图 2-30 所示。大容量三相变压器受运输高度限制,多采用三相五柱式。

图 2-30　三相三柱式变压器

(2) 绕组

变压器的绕组按其高压绕组和低压绕组在铁芯上的不同布置有两种基本形式:同心式和交叠式。同心式绕组,其高压绕组和低压绕组均做成圆筒形,但圆筒的直径不同,然后同轴心地套在铁芯柱上。主变绕组如图 2-31 所示。交叠式绕组,又称为饼式绕组,其高压绕组和低压绕组各分为若干线饼,沿着铁芯柱的高度交错排列。交叠式绕组多用于壳式变压器。

图 2-31 主变绕组

(3) 油箱

油浸式变压器的器身(绕组及铁芯)都装在充满变压器油的油箱中,油箱用钢板焊成。中、小型变压器的油箱由箱壳和箱盖组成,变压器的器身就放在箱壳内,将箱盖打开就可吊出器身进行检修。主变本体如图 2-32 所示。

大、中型变压器,由于器身庞大、笨重,起吊器身不便,便做成箱壳可吊起的结构。这种箱壳好像一只钟罩,当器身要检修时,吊去较轻的箱壳,即上节油箱,器身便全部暴露出来了。

大容量变压器的油箱广泛采用全封闭结构,即主油箱与油箱顶部钢板之间或上节油箱与下节油箱之间都采用焊接焊死,不使用密封垫,以防止密封不牢靠。为便于检修,在适当部位开有人孔门或手孔门。

图 2-32 主变本体

(4) 油枕

油枕又叫储油柜，是一种油保护装置，它是由钢板做成的圆桶形容器，水平安装在变压器油箱盖上，用弯曲连管与油箱连接。油枕的一端装有一个油位计(油标管)，通过油位计可以监视油位的变化。油枕的容积一般为变压器油箱所装油体积的 8%～10%。当变压器油的体积随着油温的变化膨胀或缩小时，油枕起着储油或补油的作用，从而保证油箱内充满油。同时，由于装了油枕，变压器油与空气的接触面减小了，减缓了油的劣化速度。主变油枕如图 2-33 所示。

(5) 呼吸器

呼吸器又称吸湿器，通常由一管道和玻璃容器组成，内装干燥剂(硅胶或活性氧化铝)。当油枕内的空气随变压器油的体积膨胀或缩小时，排出或吸入的空气都经过呼吸器，呼吸器内的干燥剂吸收空气中的水分，对空气起过滤作用，从而保持油的清洁。主变呼吸器如图 2-34 所示。

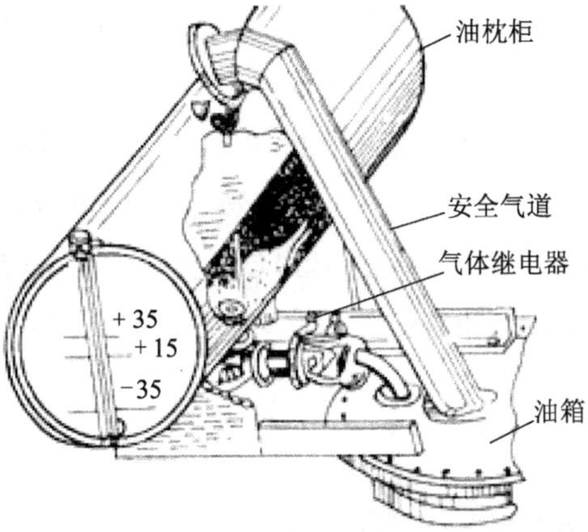

图 2-33　主变油枕

图 2-34　主变呼吸器

(6) 压力释放装置

压力释放装置在保护电力变压器方面起重要作用。充有变压器油的电力变压器，如果内部出现故障或短路，电弧放电就会使油在瞬间汽化，导致油箱内压力极快升高。如果不能快速释放该压力，油箱就会破裂，将易燃油喷射到很大的区域内，甚至可能引起火灾，造成更大破坏，因此必须采取措施防止这种情况发生。压力释放装置有防爆管和压力释放器两种，防爆管用于小型变压器，压力释放器用于大、中型变压器。

(7) 冷却装置

主变散热器有瓦楞形、扇形、圆形、排管等形式，散热面积越大，散热的效果就越好。当变压器上层油温与下部油温产生温差时，通过散热器形成油的对流，经散热器冷却后油流回油箱，起到降低变压器温度的作用。为提高变压器的冷却效果，可采用风冷、强迫风冷和强油水冷等措施。主变散热器如图 2-35 所示。

图 2-35 主变散热器

(8) 绝缘套管

变压器绕组的引出线从箱内穿过油箱引出时，必须经过绝缘套管，以使带电的引线绝缘。绝缘套管主要由中心导电杆和瓷套组成。导电杆在油箱内的一端与绕组连接，在外面的一端与外线路连接。绝缘套管的结构主要取决于电压等级。电压低的一般采用简单的实心瓷套管。电压较高时，为了增强绝缘能力，在瓷套和导电杆间留有一道充油层，这种套管称为充油套管。电压在 110 kV 以上，采用电容式充油套管，简称为电容式套管。电容式套管除在瓷套内腔中充油外，还在中心导电杆(空心铜管)与法兰之间用电容式绝缘体包着导电杆，作为法兰与导电杆之间的主绝缘。主变绝缘套管如图 2-36 中画圈部分所示。

图 2-36 主变绝缘套管

(9) 瓦斯继电器

瓦斯继电器(又称气体继电器)是变压器的主要保护设施，它可以反映变压器内部的各种故障及异常运行情况，如油位下降，绝缘击穿，铁芯、绕组等受潮、发热或放电故障等，且动作灵敏迅速，结构连线简单，维护检修方便。

瓦斯继电器装设于变压器油箱与油枕之间的连管上，继电器上的箭头方向应指向油枕，并要求有 1%～1.5%的安装坡度，以保证变压器内部发生故障时所产生的气体能顺利地流向继电器。瓦斯继电器按保护对象分为用于变压器本体保护和用于有载调压变压器闸箱保护两种类型。

QJ1－80 型挡板式瓦斯继电器常用于变压器本体保护，其结构如图 2-37 所示，当变压器内部出现轻微故障时，因油分解而产生的气体聚积于继电器上部，当气体总量达到 250～300 cm^3 时，继电器内轻瓦斯触点接通发出报警信号。如果变压器内部故障严重，则出现强烈的油气流，冲击继电器内挡板，使重瓦斯触点闭合，接通开关跳闸电路，切断变压器电源。

《电力变压器运行规程》(DL/T 572—2021)规定，安装在地震烈度为七级及以上地区的变压器，应装用防震型气体继电器。

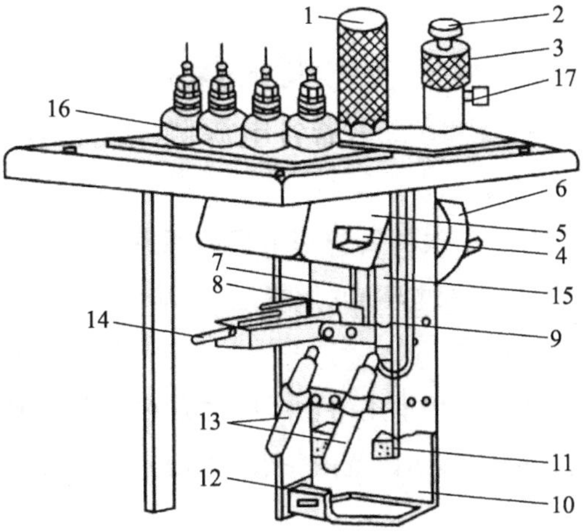

1—罩；2—顶针；3—气塞；4，11—磁铁；5—开口杯；6—重锤；7—探针；8—开口销；9—弹簧；10—挡板；12—螺杆；13—干簧接点(重瓦斯)；14—调节杆；15—干簧接点(轻瓦斯)；16—套管；17—排气口。

图 2-37　QJ1－80 型挡板式瓦斯继电器的结构

(10) 净油器

净油器是一个充满吸附剂(硅胶或活性氧化铝)的容器，它安装在变压器油箱的侧壁或强油冷却器的下部，其造型如图 2-38 所示。

图 2-38　净油器

在变压器运行时，由于上、下油层之间存在温差，变压器油从上向下经过净油器形成对流。油与吸附剂接触，其中的水分、酸和氧化物等被吸收，使油质清洁，延长油的使用寿命。当使用硅胶时，其质量为变压器油质量的1%；当使用活性氧化铝时，其质量为变压器油质量的0.5%。

（11）调压机构

为了稳定用电系统的工作方式，充分发挥系统内各用电设备的工作特性，延长使用寿命，变压器需要进行电压调节，以适应系统内用电设备的正常工作电压。

目前，变压器的调压方式分为无载调压和有载调压两种。

1）无载调压

无载调压就是在变压器一次侧、二次侧均处于断开位置的情况下，利用安装于变压器顶部的无载调压分接头开关，调整绕组线圈的分布匝数，以达到调节电压的目的。其调压范围一般为额定电压的±5%。

操作要点：变压器一次侧、二次侧要与用电回路断开；调整开关前后要测量变压器一次侧、二次侧各相直流电阻和绝缘电阻，并做好记录，调整前后的电阻变化应符合要求。

2）有载调压

有载调压是在变压器运行过程中用手动或电动方式变换一次分接头以改变一次绕组的匝数，达到分级调压的目的。其调压范围一般为额定电压的±15%左右。

2.7.4 隔离开关

在电力网络中，隔离开关的主要用途是将电路中需检修部分与带电体隔离，形成明显断开点以确保运行和检修的安全，以及用隔离开关进行电路的切换工作或拉合空载电路。

隔离开关没有灭弧室，不能用来直接接通、切断负荷电流和短路电流，但可以用来接通或切断电压互感器、避雷器、母线和直接与母线相连设备的电容电流，阻抗很低的并联电路的转移电流，以及开闭励磁电流不超过2 A的空载变压器和电容电流不超过5 A的空载线路。

1. 隔离开关的作用

（1）隔离电源

在电气设备停电或检修时，用隔离开关将需停电设备与电流隔离，形成明显断开点，保证工作人员和设备安全。

（2）倒闸操作

使运行中的电气设备的状态（运行、热备用、冷备用、检修）改变，即使电气设备由一种工作状态切换至另一种工作状态。

（3）切换电源

在双母线接线中，利用闸刀将电气设备从一组母线切换至另一组母线供电，即倒母线操作。

闸刀切换电源操作比较复杂，为了保证闸刀仅切换负荷电源而不切断故障电流，操作时必须将母联断路器改为非自动。500 kV 系统为了避免这种复杂的易出问题的操作，采用 3/2 开关接线。

(4) 开断小电流电路和旁(环)路电流

高压隔离开关虽然没有特殊灭弧装置，但触头间的拉合速度及开距应具备小电流和拉长拉细电弧灭弧能力。

(5) 拉合 500 kV 环网电流

拉合 500 kV 环网电流时，环内开关不改为非自动，这与拉合 220 kV 旁路电流不同。此时如环内开关跳闸，闸刀将带负荷拉合，造成事故。此时如将环内开关改为非自动，线路出现故障将导致事故扩大。对于 500 kV 系统来说，保证电网安全更为重要，所以环内开关不改为非自动。为了保证人身安全，拉合 500 kV 环流时要求远方遥控操作，且现场检查人员不得靠近。

2. 隔离开关的类型

隔离开关一般根据装设地点、极数和构造等进行分类，其外观如图 2-39 所示。

① 按照装设地点分为户内式和户外式两种。

② 按照极数分为单极和三极两种。

③ 按照支柱绝缘子的数目分为单柱式、双柱式、三柱式三种。

④ 按照隔离开关动作方式分为水平旋转式、垂直旋转式、摆动式和插入式四种。

⑤ 按照有无接地及附装接地开关的数量分为不接地(无接地开关)、单接地(有一组接地开关)和双接地(有两组接地开关)三种。

⑥ 按照操动机构分为手动、电动、气动、液压四种。

⑦ 按照结构分为敞开式和封闭式两种。

⑧ 按照使用性质分为一般用、快分用和变压器中性点接地用三种。

(a) 中开式隔离开关

(b) 双臂伸缩式隔离开关

(c) 垂直断开式隔离开关

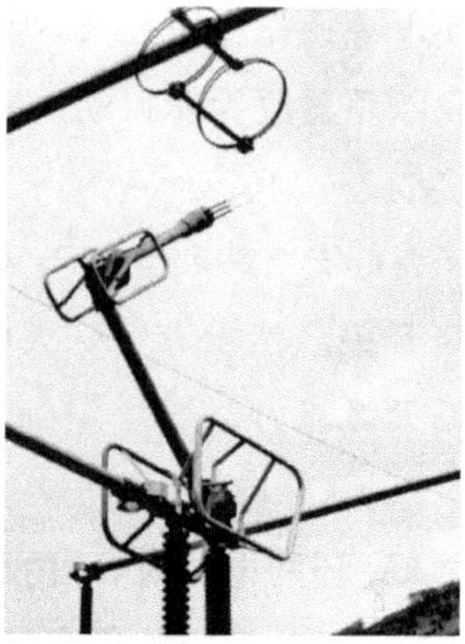

(d) 单臂伸缩式隔离开关

(e) 双断口式隔离开关

(f) 水平伸缩式隔离开关

图 2-39　隔离开关的类型

3. 隔离开关的结构

(1) 导电部分

如图 2-40 所示，隔离开关的导电部分通过支撑绝缘子固定在底座上，起传导电路中的电流、关合和开断电路的作用，主要包括由操作绝缘拉杆带动而转动的刀闸（动触头或导电杆）、固定在底座上的静触头和用来连接母线或设备的接线座。

隔离开关的触头暴露于空气中，表面易脏污和氧化，影响触头接触的可靠性，所以隔离开关的触头要有足够的压力和自清洁能力。

隔离开关的导电杆常由两条或多条平行的铜板或铜管组成，铜板的厚度和条数由隔离开关的额定电流决定。

接线座常见的有板型和管型两种，一般根据额定电流的大小而有所区别。

电压等级较高的隔离开关由于对地距离高，因此还带有接地刀闸，用来替代接地线，当断路器分闸后，将电路可能存在的残余电荷或杂散电流通过接地刀闸可靠接地，以便于母线和电气设备的检修。隔离开关和接地刀闸之间装设机械闭锁装置以保证操作顺序的正确性。

图 2-40　隔离开关导电部分

(2) 绝缘部分

隔离开关的绝缘主要包括对地绝缘和断口绝缘。

图 2-41 所示为隔离开关绝缘支柱，可以看出，对地绝缘由支柱绝缘子和操作绝缘子等构成。它们通常采用实心棒形瓷质绝缘子，有的也采用环氧树脂或环氧玻璃布板等作为绝缘材料。

断口绝缘通常以空气为绝缘介质，具有明显可见的间隙断口。断口绝缘必须稳定可靠，其绝缘水平应较对地绝缘高 10%～15%，这样当电路中发生危险的过电压时，可以先对地放电，避免触头间的断口先被击穿，保证断口处不发生闪络或击穿。

图 2-41　隔离开关绝缘支柱

(3) 传动部分

操动机构通过手动、电动、气动和液压方式为隔离开关的动作提供能源，通过传动机构控制刀闸分合，其外观如图 2-42 所示。传动机构利用拐臂、连杆、轴齿轮、操作绝缘子等接收操动机构的力矩，将运动传递给触头，实现分合闸。可根据运行需要，采用三相联动或分相操动方式。

图 2-42　隔离开关传动部分

(4) 底座部分

底座将导电部分、绝缘子、传动机构、操动机构等固定为一体，并使其固定在基础上。底座常用螺丝固定在构架或墙体上，如图 2-43 所示。

图 2-43　隔离开关底座部分

2.7.5　组合开关

组合开关又称为转换开关，是一种转动式的刀闸开关，主要用于接通或切断电路，转换电源，控制小型笼型三相异步电动机的启动、停止、正反转，以及局部照明。组合开关有若干个动触片和静触片，分别装于数层绝缘件内，静触片固定在绝缘垫板上，动触片装在转轴上，随转轴旋转而变更通、断位置并具有一定的灭弧能力。

2.7.6　电压互感器

电压互感器是将电力系统的高电压变成一定标准的低电压，以供保护装置、自动装置、测量仪表等使用的电气设备。

1. 电压互感器的作用与特点

(1) 作用

① 与电气仪表、继电保护及自动装置配合测量电力系统高电压回路的电压。

② 隔离高电压，保障工作人员与设备安全。

③ 二次侧取量统一，以利于二次设备标准化。

（2）特点

测量用电压互感器一般都做成单相双线圈结构，其原边电压为被测电压（如电力系统的线电压），可以单相使用，也可以用两台接成 V－V 形作三相使用。

供保护接地用的电压互感器还带有一个第三线圈，称为三线圈电压互感器。三相的第三线圈接成开口三角形，开口三角的两引出端与接地保护继电器的电压线圈连接。正常运行时，电力系统的三相电压对称，第三线圈上的三相感应电动势之和为零。一旦发生单相接地，中性点出现位移，开口三角的端子间就会出现零序电压使继电器动作，从而对电力系统起保护作用。

2. 电压互感器的类型

电压互感器一般根据装设地点、相数、绕组数、结构形式、变换原理、绝缘介质、绝缘类型进行分类。

① 按照装设地点分为户外式电压互感器（图 2-44）和户内式电压互感器（图 2-45）。

图 2-44　户外式电压互感器

图 2-45　户内式电压互感器

② 按照相数分为单相电压互感器(图 2-46)和三相电压互感器(图 2-47)。

③ 按照绕组数分为双绕组电压互感器和三绕组电压互感器。

④ 按照结构形式分为单级式电压互感器和串级式电压互感器。

图 2-46　单相电压互感器

图 2-47　三相电压互感器

⑤ 按照变换原理分为电磁式电压互感器(图 2-48)、电容式电压互感器(图 2-49)和电子式电压互感器(图 2-50)。

图 2-48　电磁式电压互感器

图 2-49　电容式电压互感器

图 2-50　电子式电压互感器

⑥ 按照绝缘介质分为干式电压互感器(图 2-51)、浇注式电压互感器(图 2-52)、油浸式电压互感器(图 2-53)和充气式电压互感器(图 2-54)。

图 2-51　干式电压互感器

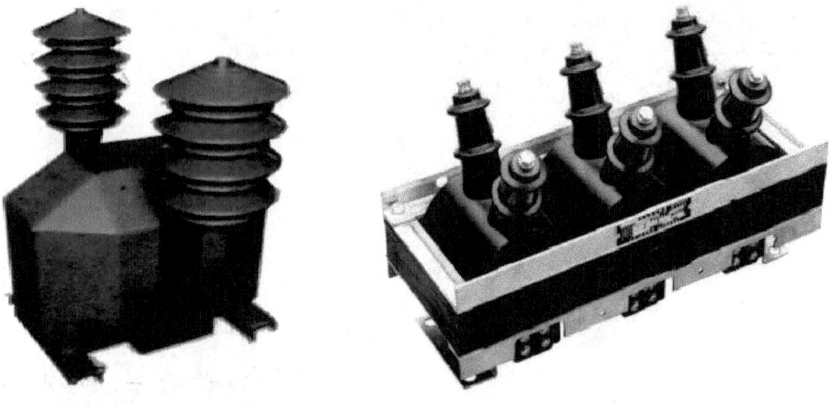

图 2-52　浇注式电压互感器

图 2-53　油浸式电压互感器

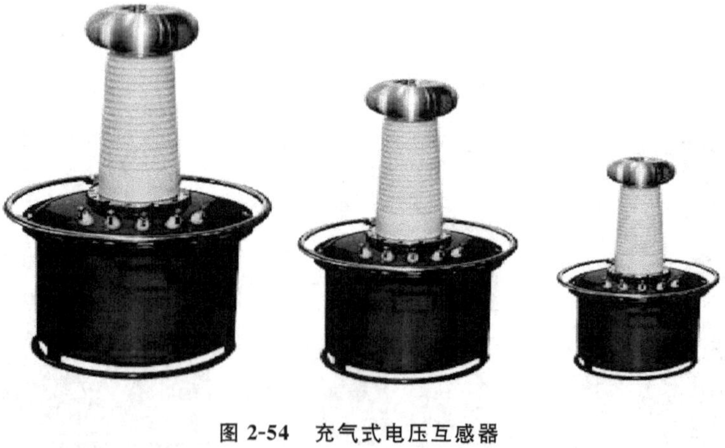

图 2-54　充气式电压互感器

⑦ 按照绝缘类型分为全封闭电压互感器(图 2-55)和半封闭电压互感器(图 2-56)。全封闭是指铁芯和线圈全部被绝缘材料封装,半封闭是指只封装线圈不封装铁芯。

图 2-55　全封闭电压互感器

图 2-56　半封闭电压互感器

2.7.7　电流互感器

电流互感器是将高压系统中的电流或低压系统中的大电流变成一定量标准的小电流(5 A 或 1 A)的电气设备。

1. 电流互感器的作用

电流互感器是将电网中的高压信号变换为低压小电流信号，从而为系统的计量、监控、继电保护、自动装置等提供统一、规范的电流信号(传统为模拟量，现代为数字量)的装置，同时也是满足电气隔离，确保人身和电器安全的重要设备。其主要作用如下：

① 向测量、保护和控制装置传递信息。

② 使测量、保护和控制装置与高电压隔离。

③ 有利于仪器、仪表及保护、控制装置小型化、标准化。

2. 电流互感器的类型

电流互感器一般按照用途、使用条件、绝缘介质、结构形式、电流变换原理进行分类。

(1) 按用途分

可分为测量用、保护用、计量用电流互感器。

(2) 按使用条件分

可分为户内式电流互感器(一般用于 35 kV 及以下电压等级),如图 2-57 所示;户外式电流互感器(一般用于 35 kV 以上电压等级),如图 2-58 所示。

图 2-57 户内浇注式电流互感器

图 2-58 户外油浸式电流互感器

(3) 按绝缘介质分

① 油浸绝缘:将绝缘纸和绝缘油作为绝缘介质的电流互感器,一般为户外型,如图 2-59 所示。

② 浇注绝缘:用环氧树脂或其他树脂混合材料浇注成型的电流互感器,如图 2-60 所示。

③ 干式绝缘:将普通绝缘材料经浸漆处理作为绝缘介质的电流互感器,如图 2-61 所示。

④ 瓷绝缘:以瓷套为主绝缘介质的电流互感器。

⑤ 气体绝缘:以 SF_6 气体为主绝缘介质的电流互感器,如图 2-62 所示。

图 2-59 油纸绝缘全密封电流互感器

图 2-60 环氧树脂真空浇注支柱式电流互感器

图 2-61　干式绝缘电流互感器

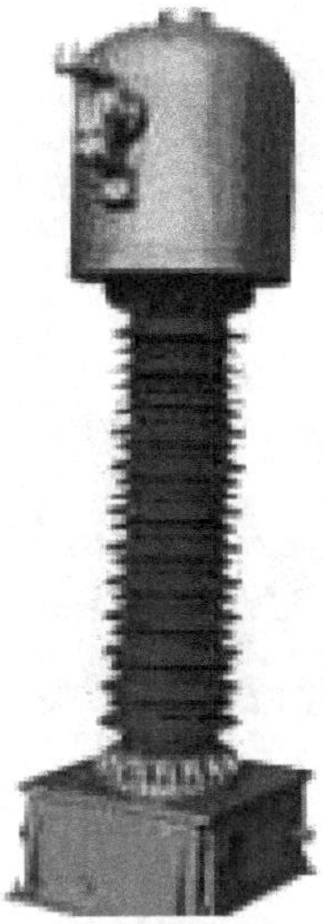

图 2-62　SF_6 气体绝缘电流互感器

(4) 按结构形式分

① 按安装方式分为：贯穿式电流互感器（用来穿过屏板或墙壁的电流互感器），如图 2-63 所示；支柱式电流互感器（安装在平面或支柱上，兼作一次电路导体支柱用的电流互感器），如图 2-64 所示；套管式电流互感器（没有一次导体和一次绝缘，直接套装在绝缘套管上的电流互感器），如图 2-65 所示；母线式电流互感器（没有一次导体，但有一次绝缘，直接套装在母线上使用的电流互感器），如图 2-66 所示。其中，贯穿式和母线式电流互感器属于单匝式电流互感器。

② 按一次绕组形式分为：单匝式电流互感器（常用于大电流互感器）和多匝式电流互感器（常用于中、小电流互感器）。

③ 按电流比的级数分为：串级式电流互感器（由几个中间电流互感器相互串联而成）和单级式电流互感器（单个电流互感器）。

④ 按二次绕组装配位置分为：正立式结构电流互感器（二次绕组在电流互感器下部），如图 2-67 所示；倒立式结构电流互感器（二次绕组在电流互感器上部），如图 2-68 所示。

⑤ 按电流比分为：单电流比电流互感器（只能实现一种电流比变换）和多电流比电流互感器（可实现不同电流比变换）。

(5) 按电流变换原理分

可分为电磁式电流互感器（根据电磁感应原理实现电流变换），如图 2-69 所示；电子式电流互感器（通过光电变换或光学原理实现电流变换），如图 2-70 所示。

图 2-63　贯穿式电流互感器

图 2-64　支柱式电流互感器

图 2-65　套管式电流互感器

图 2-66　母线式电流互感器

图 2-67　油浸式正立电流互感器

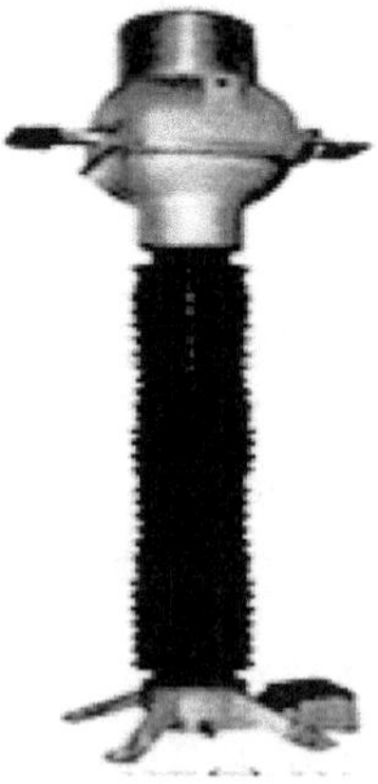

图 2-68　油浸式倒立电流互感器

图 2-69　电磁式电流互感器在传统站室外实景图

图 2-70　电子式电流互感器在智能站室外实景图

2.7.8　断路器

断路器是电力系统中重要的控制和保护设备，它不仅可以切断和接通正常情况下高压电路中的空载电流和负荷电流，还可以在系统发生故障时与保护装置及自动装置相配合，迅速切断故障电源，防止事故扩大，保证系统的安全运行。

1. 断路器的类型

(1) 按灭弧介质分

① 油断路器：触头在变压器油（断路器油）中开断，利用油作为灭弧介质，分为多油和少油两种类型。油断路器结构简单，工艺要求低，但体积大，用钢材及绝缘油较多，现已较少使用。

② 空气断路器：又称自动空气开关，主要特点是具有自动保护功能，当发生短路、过载、过压、欠压等故障时能自行切断电源。其以压缩空气作为灭弧介质和绝缘介质，靠压缩空气吹动电弧使之冷却，在电弧达到零值时，迅速将弧道中的离子吹走或使之复合而实现灭弧。空气断路器开断能力强，开断时间短，但结构复杂，工艺要求高。

③ SF_6 断路器：以 SF_6 气体作为灭弧介质，并利用它所具有的优异的绝缘性能来增强触头间的绝缘。SF_6 断路器开断能力强，动作快，体积小，在 110 kV 及以上高压、超高压系统中应用广泛。

④ 真空断路器：触头在真空中开断，利用真空作为绝缘介质和灭弧介质。真空断路器开断能力强，开断时间短，体积小，多用于 20 kV 及以下的配电系统。

（2）按操作机构分

① 弹簧操作机构断路器：弹簧操作机构利用压缩弹簧储存能量，当失电或控制回路发生故障时，通过释放弹簧的能量实现断路器分合闸。特点：电源容量需求小，交、直流电源均可使用，暂时失去操作电源时也能操作；对弹簧材料、工艺要求高，合闸过程中机构输出特性与断路器输入特性配合较差；多用于需要操作功较小的断路器。

② 液压操作机构断路器：液压操作机构利用液体不可压缩原理，以液压油作为传递介质，利用高压油推动活塞实现断路器合闸与分闸。特点：不需要大功率的直流电源，暂时失去操作电源时也能操作，合闸操作中机构输出特性与断路器输入特性配合较好，功率大、动作快，操作平稳；加工精度要求高，造价高，渗漏问题突出；多用于需要操作功较大的高压断路器。

③ 气动操作机构断路器：气动操作机构以压缩空气作为动力源，推动活塞使断路器分合闸。特点：不需要大功率直流电源，暂时失去操作电源时也能操作；需要空气压缩机，大功率机构结构笨重，空气压缩机排水问题突出。

④ 电磁操作机构断路器：电磁操作机构用由电子器件控制的电动机直接操作断路器操作杆。特点：结构简单，但需要大功率的直流电源，多用于 110 kV 以下的油断路器。

⑤ 组合式操作机构断路器：气动弹簧机构，由气动机构实现合闸，靠储能后的弹簧完成分闸；弹簧储能液压机构，由液压机构实现分闸，靠弹簧合闸。

（3）按对地绝缘方式分

可分为绝缘子支柱型结构断路器、罐式结构断路器和全封闭组合式断路器。

2. 断路器的基本结构

断路器的基本结构可分为电路通断元件、绝缘支撑元件、操作机构、基座四部分，如图 2-71 所示。

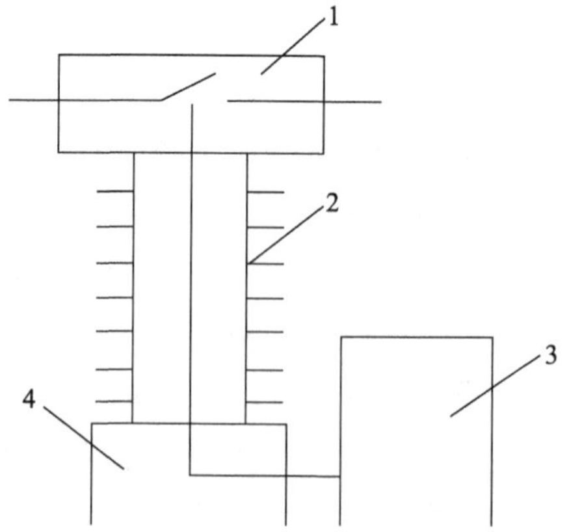

1—电路通断元件；2—绝缘支撑元件；3—操作机构；4—基座。

图 2-71　断路器的基本结构

① 电路通断元件：由接线端子、导电杆、触头及灭弧室等组成。它是关键部件，承担着接通和断开电路的任务。

② 绝缘支撑元件：起固定通断元件的作用，并使其带电部分与地绝缘。

③ 操作机构：起控制通断元件的作用，当操作机构接到合闸或分闸命令时，操作机构动作，经中间传动机构驱动动触头，实现断路器的合闸或分闸。

④ 基座：主要功能是支撑断路器，将其固定在合适的位置，确保断路器在运行中的稳定性和安全性。

2.7.9　熔断器

1. 熔断器的作用、构成及工作原理

熔断器是配电系统中起安全保护作用的一种电器，主要由熔体，绝缘底座，动、静触点等组成。当通过熔断器的电流异常升高，超过其额定值并经过一定时间后，其熔体会因过热熔化而切断电路，从而起到保护电路安全运行的作用。当电路发生故障或异常并伴随电流不断升高时，如果电路中正确地安装了熔断器，那么熔断器就会切断电路，保护电路中的各种设备。熔断器结构简单，使用方便，广泛用于电力系统、各种电工设备和家用电器中作为保护器件。如果电路中安装了断路器，就可以不安装熔断器。

2. 熔断器的分类

① 根据使用电压可分为高压熔断器和低压熔断器。

② 根据保护对象可分为保护变压器用和一般电气设备用的熔断器、保护电压互感器的熔断器、保护电力电容器的熔断器、保护半导体元件的熔断器、保护电动机的熔断器和保护家用电器的熔断器等。

③ 根据结构可分为敞开式、半封闭式、管式和喷射式熔断器。

④ 根据分断电流范围可分为一般用途熔断器、后备熔断器和全范围熔断器。一般用途熔断器的分断电流范围是从过载电流大于额定电流 1.6～2 倍起至最大分断电流。这种熔断器主要用于保护电力变压器和一般电气设备。后备熔断器的分断电流范围是从过载电流大于额定电流 4～7 倍起至最大分断电流。这种熔断器常与接触器串联使用，在过载电流小于额定电流 4～7 倍的范围时，由接触器来实现分断保护。这种熔断器主要用于保护电动机。

随着工业发展的需要，还制造出适于各种不同要求的特殊熔断器，如电子熔断器、热熔断器和自复熔断器等。

低压配电中常见的熔断器有如下几种：

① 插入式熔断器(RC 型)：常用于 380 V 及以下电压等级的线路末端，作配电支线或电气设备的短路保护用。

② 螺旋式熔断器(RL 型)：其熔体的上端盖有一熔断指示器，一旦熔体熔断，指示器马上弹出，可通过瓷帽上的玻璃孔观察到，常用于机床电气控制设备中。螺旋式熔断器的分断

电流较大，可用于电压等级 500 V 及以下、电流等级 200 A 以下的电路中，作短路保护用。

③ 封闭式熔断器：分有填料熔断器（RT 型）和无填料熔断器（RM 型）两种。有填料封闭式熔断器一般用方形瓷管，内装石英砂及熔体，分断能力强，用于电压等级 500 V 以下、电流等级 1 kA 以下的电路中。无填料封闭式熔断器将熔体装入封闭式圆筒中，分断能力稍弱，用于电压等级 500 V 以下、电流等级 600 A 以下的电力网或配电设备中。

④ 快速熔断器（RS 型）：主要用于半导体整流元件或整流装置的短路保护。由于半导体元件的过载能力很低，只能在极短时间内承受较大的过载电流，因此要求短路保护具有快速熔断的能力。快速熔断器的结构和有填料封闭式熔断器基本相同，但熔体材料和形状不同，它一般采用银片冲制的有 V 形深槽的变截面熔体。

2.7.10 接触器

接触器是一种自动化的控制电器，它利用流过线圈的电流产生磁场使触头闭合来控制负载，主要用于频繁接通或分断的交、直流电路。接触器具有控制容量大、可远距离操作等优点，配合继电器可以实现定时操作、联锁控制、各种定量控制和失电压及欠电压保护，因而广泛应用于自动控制电路。其主要控制对象是电动机，也可用于控制其他电力负载，如电热器、照明、电焊机、电容器组等。

接触器按被控电流的种类可分为交流接触器和直流接触器。这里主要介绍常用的交流接触器。交流接触器又可分为电磁式、永磁式和真空式三种。

1. 电磁式交流接触器

常见的电磁式交流接触器如图 2-72 所示。它主要由四部分组成，如图 2-73 所示：① 电磁系统，包括线圈 5、衔铁 3 和铁芯 6；② 触头系统，如图 2-74 所示，包括三组主触头 2 和一至两组常开触头 5、常闭触头 4，其和衔铁是联动的；③ 灭弧装置，一般容量较大的交流接触器都设有灭弧罩，可迅速切断电弧，以免烧坏主触头；④绝缘外壳及附件，包括各种弹簧、传动机构、短路环、接线柱等。

图 2-72　常见的电磁式交流接触器

电磁式交流接触器的工作原理：当接触器线圈通电后，线圈电流会产生磁场，产生的磁场使铁芯 6 产生电磁吸力吸引衔铁 3，并带动交流接触器的触头动作，使常闭触头断开，常开触头闭合，两者是联动的。当线圈断电时，电磁吸力消失，衔铁 3 在弹簧 4 的作用下释放，使触头复原，常开触头断开，常闭触头闭合。

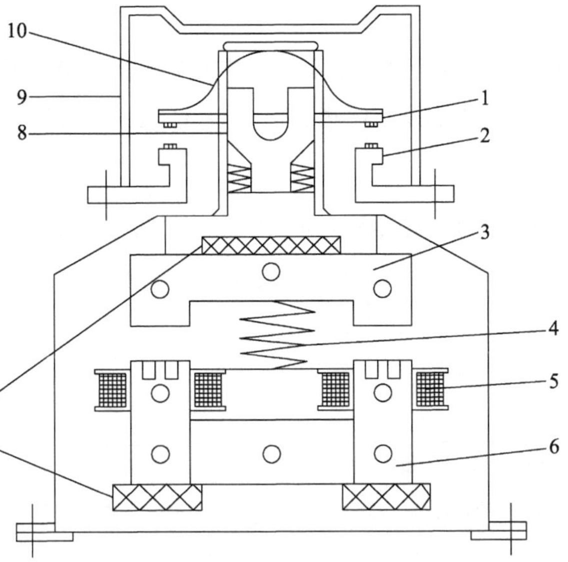

1—动触头；2—静触头；3—衔铁；4—弹簧；5—线圈；6—铁芯；7—垫毡；8—触头弹簧；9—灭弧罩；10—触头压力弹簧。

图 2-73　电磁式交流接触器结构示意图

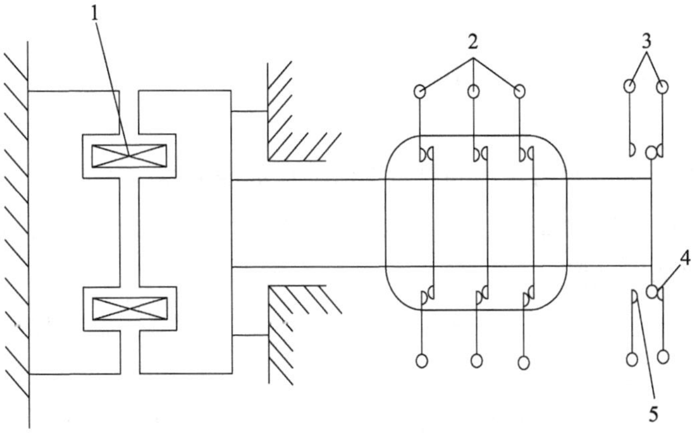

1—线圈；2—主触头；3—辅助触头；4—常闭触头；5—常开触头。

图 2-74　电磁式交流接触器的主触头和辅助触头

交流接触器利用主触头来开闭电路，利用辅助触头来通断控制电路。主触头一般是常开触头，辅助触头分为常开触头和常闭触头，小型的接触器也经常作为中间继电器配合主电路使用。接触器可高频率操作，用于电源开启与切断控制时，最高操作频率可达每小时千次以上。接触器的使用寿命很长，机械寿命通常为数百万次至一千万次，电寿命一般为数十万次至数百万次。

2. 永磁式交流接触器

永磁式交流接触器是利用磁极同性相斥、异性相吸的原理，以永磁驱动机构取代传统的电磁铁驱动结构而形成的一种微功耗接触器。

3. 真空式交流接触器

真空式交流接触器是触头系统采用真空消磁室灭弧的接触器。它用以频繁接通和切断正常工作电流，通常用于远距离接通和断开中、低压频繁启停的交流电动机。

2.7.11 继电器

继电器是一种电控器件，是当输入量（激励量）的变化达到规定要求时，在电气输出电路中使被控量发生预定的阶跃变化的一种电器。它具有控制系统（又称输入回路）和被控制系统（又称输出回路）之间的互动关系，通常应用于自动化的控制电路中。继电器实际上是用小电流控制大电流运作的一种“自动开关”，在电路中起自动调节、安全保护、转换电路等作用。

通常，电路可分成主电路和控制电路两部分，继电器主要用于控制电路。通过继电器可实现用一路控制信号控制另一路或几路信号的功能，完成启动、停止、联动等控制。继电器的主要控制对象是接触器或其他小电流设备。

1. 继电器的分类

① 按继电器的工作原理或结构特征可分为以下几种：

a. 电磁继电器：利用输入电路内电流在电磁铁铁芯与衔铁间产生的吸力作用工作的一种电气继电器。

b. 固体继电器：电子元件履行其功能而无机械运动构件，且输入和输出隔离的一种继电器。

c. 温度继电器：当外界温度达到给定值时动作的继电器。

d. 舌簧继电器：利用密封在管内，具有触电簧片和衔铁磁路双重作用的舌簧动作来开、闭或转换线路的继电器。

e. 时间继电器：当加上或除去输入信号时，输出部分需延时或限时到规定时间才闭合或断开其被控线路的继电器。

f. 高频继电器：用于切换高频、射频线路且具有最小损耗的继电器。

g. 极化继电器：由极化磁场与控制电流通过控制线圈所产生的磁场综合作用而动作的继电器。继电器的动作方向取决于控制线圈中流过的电流的方向。

h. 其他类型的继电器：如光继电器、声继电器、热继电器、仪表式继电器、霍尔效应继电器和差动继电器等。

② 按继电器的外形尺寸可分为微型继电器、超小型微型继电器和小型微型继电器。

③ 按继电器的负载可分为微功率继电器、弱功率继电器、中功率继电器和大功率继

电器。

④ 按继电器的防护特征可分为密封继电器、封闭式继电器和敞开式继电器。

⑤ 按继电器的动作原理可分为电磁型继电器、感应型继电器、整流型继电器、电子型继电器和数字型继电器等。

⑥ 按引起继电器反应或动作的物理量可分为电流继电器、电压继电器、功率方向继电器、阻抗继电器、频率继电器和气体(瓦斯)继电器等。

⑦ 按继电器在保护回路中所起的作用可分为启动继电器、量度继电器、时间继电器、中间继电器、信号继电器和出口继电器等。

2. 几种常用的继电器

(1) 中间继电器

中间继电器有交流和直流两种类型，其线圈分为电压线圈和电流线圈。中间继电器是继电器保护装置中不可缺少的辅助电器，常见的中间继电器如图 2-75 所示。

图 2-75　常见的中间继电器

中间继电器的作用如下：

① 代替小型接触器。中间继电器的触点能承受一定的负荷，当负载容量比较小时，可以用来代替小型接触器使用，比如用于电动卷闸门和一些小家电的控制。这样不仅可以起到控制的目的，而且可以节省空间。

② 增加触点数量，扩大控制范围。多触点继电器控制信号达到某一定值时，可以按触点组的不同形式，同时换接、开断、接通多路电路。这是中间继电器最常见的用法，例如，在电路控制系统中一个接触器的触点需要控制多个接触器或其他元件时，可在线路中增加一个中间继电器。

③ 增加触点容量。中间继电器的触点容量虽然不是很大，但是也具有一定的带负载能力，同时其驱动电流又很小，因此可以用中间继电器来扩大触点容量。例如，一般不能直接用感应开关、晶体管的输出去控制负载比较大的电器元件，这时可以在控制线路中增加中间继电器，通过中间继电器来控制其他负载，达到扩大控制容量的目的。

④ 转换触点类型。在工业控制线路中,常常会出现这样的情况:需要使用接触器的常闭触点才能达到控制目的,但是接触器本身所带的触点已经用完,无法完成控制任务。这时可以将一个中间继电器线圈与原来的接触器线圈并联,用中间继电器的常闭触点去控制相应的元件,转换一下触点类型,达到所需要的控制目的。

⑤ 开关控制。在一些控制线路中,电器元件的通断常常通过中间继电器触点的开闭来控制。例如,彩电或显示器中常见的自动消磁电路,晶体管通过控制中间继电器的通断达到控制消磁线圈通断的作用。

⑥ 转换电压。

⑦ 消除电路中的干扰。

(2) 时间继电器

如图 2-76 所示,时间继电器是一种利用电磁原理或机械原理实现触点延时接通或断开的控制电器,即从收到输入信号起经过一段时间延时后才动作的继电器,适用于定时控制。时间继电器按照延时方式可分为通电延时型和断电延时型两种,按照动作原理可分为空气阻尼式、电动式和电子式等。

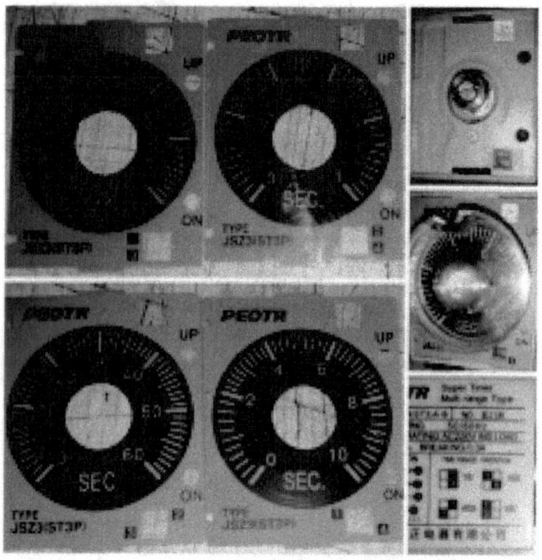

图 2-76　常见的时间继电器

各种时间继电器的主要特点如下:

① 空气阻尼式时间继电器是利用空气阻尼原理获得延时的,延时范围较宽(有 0.4～60 s 和 0.4～180 s 两种),结构简单,成本低,但准确度较低。

② 电动式时间继电器的原理与钟表类似,它是由内部电动机带动减速齿轮转动而获得延时的,延时精度高,延时范围宽(0.4～72 h),但结构比较复杂,价格较高。

③ 电子式时间继电器又称晶体管式时间继电器,它是利用延时电路来进行延时的。这种继电器精度高,体积小。

(3) 电流继电器

常见的电流继电器如图 2-77a 所示。

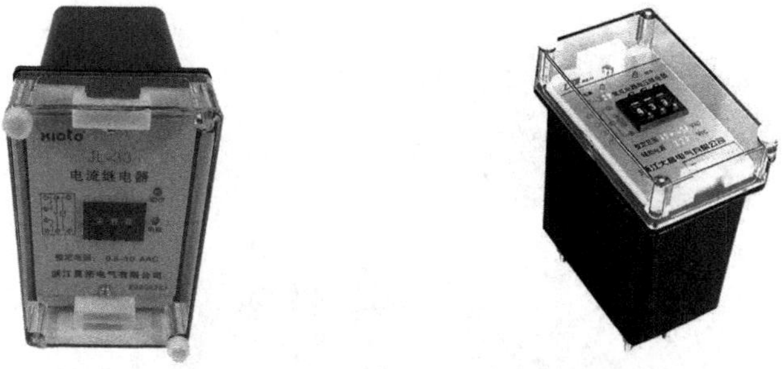

(a) 电流继电器　　(b) 电压继电器

图 2-77　常见的电流、电压继电器

电流继电器是输入量为电流，当输入量达到规定的电流值时做出相应动作的一种继电器。电流继电器按照结构类型可分为电磁式和静态电流继电器；按照安装方式可分为导轨式和固定式电流继电器；按照电流动作可分为过电流和欠电流继电器；按照时限曲线可分为定时限和反时限电流继电器；按照用途可分为小型控制类继电器和二次回路保护继电器。

电磁式电流继电器属于电磁式瞬动过电流继电器，它广泛用于电力系统二次回路继电保护装置线路中，作为过电流启动元件。该继电器电磁系统一般有两个线圈，线圈抽头均引出接在底座端子上，用户可以根据需要串并联，从而使继电器整定范围变化一倍。继电器铭牌的刻度值及额定值(以 A 为单位)对应的接线方式是线圈串联，转动刻度盘上的指针，可以改变游丝的反作用力矩，从而改变继电器的动作值。当流过线圈的电流增大至整定值或大于整定值时，继电器就动作，常开触点闭合，常闭触点断开，可利用这些触点去控制系统内其他设备或开关的相关动作以达到保护的目的。

(4) 电压继电器

常见的电压继电器如图 2-77b 所示。

电压继电器是输入量为电压，当输入量达到规定的电压值时做出相应动作的一种继电器。它的主要用途在于当系统的异常电压上升至设定值以上时，电压继电器动作使断路器跳脱从而保护设备免遭损坏。电压继电器从形态上可分为电磁式和静态电压继电器(集成电路电压继电器)；从结构类型上可分为凸出式固定结构、凸出式插拔结构、嵌入式插拔结构和导轨式结构电压继电器等；从电压动作类型上可分为过电压和低电压(欠电压)继电器；从使用方式上可分为有辅助源和无辅助源电压继电器。除此以外，常见的还有直流电压继电器、三相电压继电器、负序电压继电器、带延时功能电压继电器等。

电压继电器的外形及动作原理与电流继电器相似，只有主线圈(输入量)不同，可参考电流继电器相关介绍。

(5) 热继电器

常见的热继电器如图 2-78 所示。

图 2-78　常见的热继电器

热继电器的工作原理:由流入热元件的电流产生热量,使具有不同膨胀系数的双金属片发生形变,当其形变达到一定值时,就推动连杆动作,使控制电路断开,进而使接触器失电,主电路断开,实现电动机的过载保护。继电器作为电动机的过载保护元件,凭借其体积小、结构简单、成本低等优点在生产中得到了广泛的应用。

1) 主要技术参数

热继电器的主要技术参数如下:

① 额定电压:热继电器能够正常工作的最高电压值,一般为交流 220 V,380 V,660 V。

② 额定电流:热继电器能够稳定工作的最大电流值。

③ 额定频率:热继电器的额定频率一般为 50 Hz 或 60 Hz。

④ 整定电流范围:整定电流的范围由热继电器本身的特性决定。它描述的是在一定的电流条件下热继电器的动作时间和电流的二次方成反比。

热继电器主要用于电动机的过载保护,因此选用时必须了解电动机的情况,如工作环境、启动电流、负载性质、工作制和允许过载能力等。

2) 使用注意事项

选择和使用热继电器时应注意以下事项:

① 原则上应使热继电器的安-秒特性尽可能接近甚至重合电动机的过载特性,或者在电动机的过载特性之下,电动机短时过载和启动的瞬间,热继电器不受影响(不动作)。

② 当热继电器用于保护长期工作制或间断长期工作制的电动机时,一般按电动机的额定电流来选用。例如,热继电器的整定值可等于 0.95~1.05 倍的电动机的额定电流,或者取热继电器整定电流的中值等于电动机的额定电流,然后进行调整。

③ 当热继电器用于保护反复短时工作制的电动机时,热继电器仅有一定范围的适应性。如果短时间内操作次数很多,就要选用带速饱和电流互感器的热继电器。

④ 对于正反转和通断频繁的特殊工作制电动机,不宜采用热继电器作为过载保护装置,而应使用埋入电动机绕组的温度继电器或热敏电阻来保护。

由于热继电器是受热动作的，热惯性较大，因而即使通过发热元件的电流短时间内超过整流电流的几倍，热继电器也不会立即动作。只有这样，在电动机启动时热继电器才不会因启动电流大而动作，否则电动机将无法启动。反之，即使电流超过整定电流不多，但时间一长也会动作。由此可见，热继电器与熔断器的作用是不同的，热继电器只能作过载保护而不能作短路保护，而熔断器则只能作短路保护而不能作过载保护。在一个较完善的控制电路中，特别是在容量较大的电动机中，这两种保护都应具备。另外，热继电器动作后复位需要一定的时间，自动复位应在 5 min 内完成，手动复位要在 2 min 后才能按下复位按钮。

热继电器主要用于配合交流接触器启动运行的电路，热继电器动作时会跳开交流接触器，所以在选型时应首先确认交流接触器是否有配套型号系列的热继电器，这样在安装使用时会带来很大的便利。

(6) 固态继电器

常见的固态继电器如图 2-79 所示。

图 2-79　常见的固态继电器

固态继电器是用半导体器件代替传统电触点作为切换装置的具有继电器特性的无触点开关器件，它利用大功率晶体管、功率场效应晶体管、单向晶闸管和双向晶闸管等器件的开关特性，来实现无触点、无火花地接通和断开被控电路。固态继电器可通过输入的微小控制信号，实现直接驱动大电流负载的目的。例如，单相固态继电器为四端有源器件，其中有两个输入控制端、两个输出端，输入、输出间为光隔离，在输入端加直流或脉冲信号到一定电流值后，输出端就能从断态转变成通态。

固态继电器按负载电源类型可分为交流型和直流型；按开关形式可分为常开型和常闭型；按隔离形式可分为混合型、变压器隔离型和光隔离型，光隔离型使用最多。

1) 主要优点

固态继电器有如下优点：

① 寿命长，可靠性高。

② 灵敏度高，控制功率小，电磁兼容性好。

③ 可快速转换，切换速度可从几毫秒至几微秒。

④ 电磁干扰小。

2）主要缺点

固态继电器有如下缺点：

① 导通后的管压降大，单向晶闸管或双向晶闸管的正向压降可达 1～2 V，大功率晶体管的饱和压降也在 1～2 V 之间，一般功率场效应晶体管的导通电阻较机械触点的接触电阻大。

② 半导体器件关断后仍可能有数微安至数毫安的漏电流，因此不能实现理想的电隔离。

③ 由于管压降大，导通后的功耗和发热量也大。大功率固态继电器的体积远远大于同容量的电磁继电器，成本也较高。

④ 电子元器件的温度特性和电子线路的抗干扰能力较差，耐辐射能力也较差，如果不采取有效措施，则工作可靠性低。

⑤ 固态继电器对过载较敏感，必须用快速熔断器或 RC 阻尼电路对其进行过载保护。固态继电器的负载与环境温度的关系明显，温度升高，负载能力将迅速下降。

⑥ 存在通态压降、断态漏电流，交、直流不能通用，触点组数少等不足。另外，过电流、过电压及电压上升率、电流上升率等指标差。

2.7.12 变频器

变频器是应用变频技术与微电子技术，通过改变电机工作电源频率的方式来控制交流电动机的电力控制设备（图 2-80）。变频器主要由整流（交流变直流）、滤波、逆变（直流变交流）、制动单元、驱动单元、检测单元、微处理单元等组成。变频器靠内部绝缘栅双极晶体管的开断来调整输出电源的电压和频率，根据电机的实际需要提供电源电压，进而达到节能、调速的目的。另外，变频器还有很多的保护功能，如过流、过压、过载保护等。随着工业自动化程度的不断提高，变频器得到了非常广泛的应用。

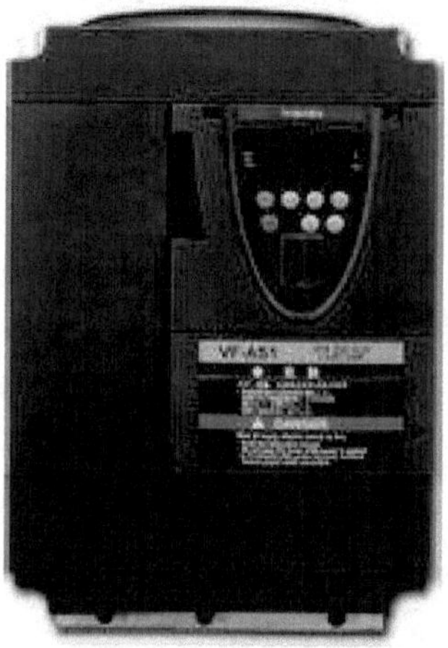

图 2-80　变频器

1. 变频器的基本组成

变频器通常分为四个部分：

① 整流单元：将工作频率固定的交流电转换为直流电。

② 高容量电容：存储转换后的电能。

③ 逆变器：由大功率开关晶体管阵列组成电子开关，将直流电转化成不同频率、宽度、幅度的方波。

④ 控制器：按设定的程序工作，控制输出方波的幅度与脉宽，使之叠加为近似正弦波的交流电，驱动交流电动机。

2. 变频器的作用与功能

(1) 作用

变频器是利用电力半导体器件的通断作用将工频电源变换为另一频率的电能控制装置，能实现对交流异步电机的软启动、变频调速、提高运转精度、改变功率因数、过流/过压/过载保护等功能。

变频器节能主要表现在风机、水泵的应用上。为了保证生产的可靠性，各种生产机械在设计配用动力驱动时都留有一定的富余量。当电机不能在满负荷下运行时，除达到动力驱动要求外，多余的力矩增加了有功功率的消耗，造成了电能的浪费。风机、水泵等设备传统的调速方法是通过调节入口或出口的挡板、阀门开度来调节给风量和给水量，其输入功率大，且大量的能源消耗在挡板、阀门的截流过程中。当使用变频器调速时，如果流量要求减小，通过降低水泵或风机的转速即可满足要求。

电动机使用变频器就是为了调速，并降低启动电流。为了产生可变的电压和频率，变频器首先要把电源的交流电(AC)变换为直流电(DC)，这个过程叫整流。把直流电(DC)变换为交流电(AC)的装置，其专业术语为“逆变器”。

使用变频器并不都可以省电。作为电子电路，变频器本身也有功率消耗(为额定功率的3%～5%)。变频器在工频下运行，具有节电功能，但前提条件是：

① 大功率并且为风机/泵类负载。

② 装置本身具有节电功能(软件支持)。

③ 长期连续运行。

(2) 功能

1) 功率因数补偿节能

无功功率不但会增加线损和设备的发热，更主要的是功率因数的降低会导致电网有功功率的降低，使设备使用效率低下，浪费严重。使用变频调速装置后，由于变频器内部滤波电容的作用，减少了无功损耗，增加了电网的有功功率。

2) 软启动节能

电机硬启动会对电网造成严重的冲击，且对电网容量要求很高，启动时产生的大电流和震动对挡板和阀门的损害极大，对设备、管路极为不利。使用变频节能装置后，利用变频器的软启动功能使启动电流从零开始增大，最大值不超过额定电流，不仅能减轻对电网的冲击并降低对供电容量的要求，还能延长设备和阀门的使用寿命，节省设备的维护费用。

从理论上讲，变频器可以用在所有带有电机的机械设备中。电机在启动时，电流会比额定的高 5～6 倍，不但会影响电机的使用寿命，而且会消耗较多的电量。系统设计时在电机选型上会留有一定的余量，并认为电机的速度是固定不变的，但在实际使用过程中，有时其要以较低或者较高的速度运行，因此进行变频调节是非常有必要的。变频器可实现电机软启动、补偿功率因数、通过改变设备输入电压频率节能调速的目的，而且能给设备提供过流、过压、过载等保护功能。

第3章

机械和电气识图

3.1 公差配合及标注方法

3.1.1 互换性

在机械工业中，互换性是指相同规格的零（部）件，在装配或更换时，不经挑选、调整或附加加工，就能进行装配，并且满足预定使用要求的性能。零（部）件的互换性应包括其几何参数、机械性能和理化性能等方面的互换性。

3.1.2 公差

零件的尺寸是保证零件互换性的重要几何参数，为了使零件具有互换性，并不要求零件的尺寸加工得绝对准确。由于设备、工夹具及测量误差等因素的影响，零件也不可能制造得绝对准确。为了保证零件的互换性，就必须对零件的尺寸规定一个允许的变动范围（最大极限尺寸和最小极限尺寸），这个变动范围就是通常所讲的尺寸公差，简称公差。

3.1.3 尺寸公差术语

1. 尺寸

尺寸是指以特定单位表示线性尺寸值的数值。

尺寸表示长度的大小，由数字和长度单位组成，包括直径、长度、宽度、高度、厚度及中心距等（不包括角度）。图样上标注尺寸时常以 mm 为单位，这时，只标数字，省去单位。当采用其他单位时，必须标注单位。

2. 基本尺寸（D，d）

基本尺寸是设计给定的尺寸。它的数值一般应按标准长度、标准直径的数值进行圆整。

基本尺寸标准化可减少定值刀具、量具、夹具的规格数量。通常大写字母 D 表示孔的基本尺寸,小写字母 d 表示轴的基本尺寸。

3. 实际尺寸(D_a,d_a)

通过测量获得的尺寸称为实际尺寸。

实际尺寸用两点法测量。由于测量误差是客观存在的,所以实际尺寸不是尺寸真值。又由于几何形状误差是客观存在的,因此工件的同一表面的不同部位的实际尺寸往往也是不等的。

4. 极限尺寸(D_{max},D_{min};d_{max},d_{min})

极限尺寸是允许孔和轴尺寸变动的两个界限值。

孔或轴允许的最大尺寸称为最大极限尺寸(D_{max},d_{max});孔或轴允许的最小尺寸称为最小极限尺寸(D_{min},d_{min})。

极限尺寸是根据设计要求以基本尺寸为基础给定的,是用来控制实际尺寸变动范围的,实际尺寸如果小于等于最大极限尺寸,且大于等于最小极限尺寸,则零件合格。

尺寸公差术语如图 3-1 所示。

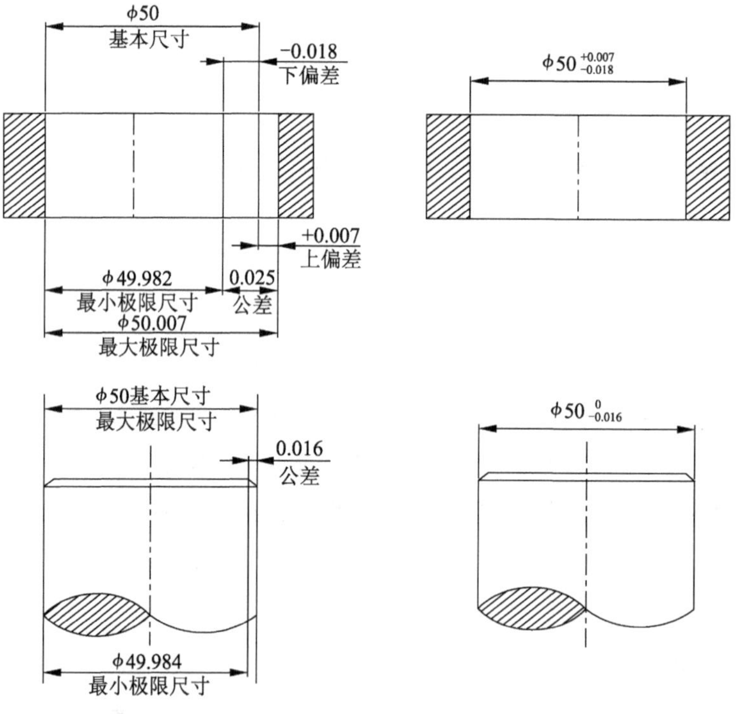

图 3-1 尺寸公差术语

3.1.4 标准公差和基本偏差

国标 GB/T 1800.1—2020 将确定尺寸精度的标准公差等级分为 18 级,分别用 IT1,IT2,…,IT18 表示。从 IT1 到 IT18 相应的公差数值依次加大、精度依次降低。

切削加工所获得的尺寸精度一般与使用的设备、刀具和切削条件等密切相关。尺寸精度愈高,零件的工艺过程愈复杂,加工成本也愈高。因此,在设计零件时,应在保证零件使用性能的前提下，尽量选用较低的尺寸精度。

在装配图上标注公差与配合时，配合代号一般用相互结合的孔与轴的公差带代号组合表示，即在基本尺寸的后面将代号写成分数的形式，分子为孔的公差带代号，分母为轴的公差带代号。孔和轴的公差带代号分别由基本偏差代号与公差等级两部分组成，如图 3-2 和图 3-3 所示。

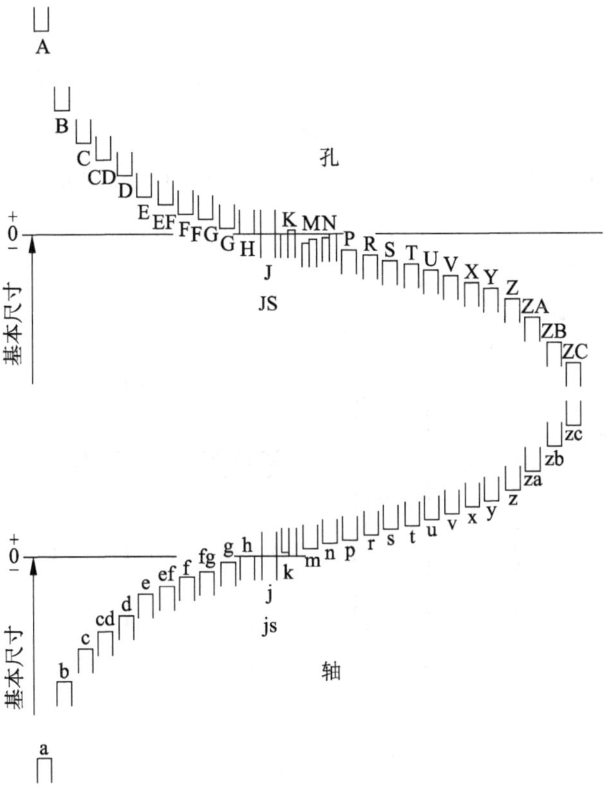

图 3-2　基本偏差代号

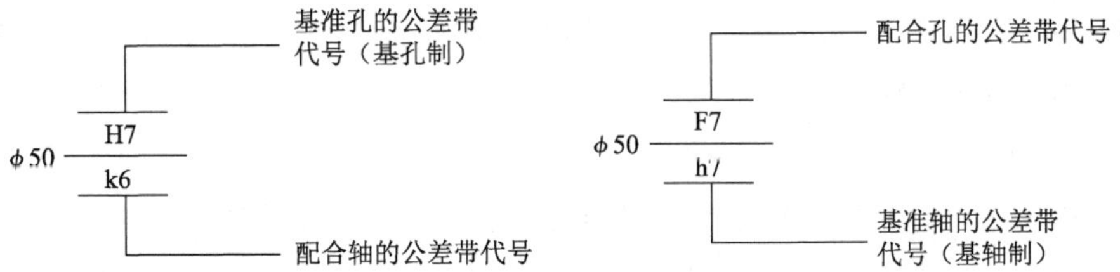

图 3-3　孔和轴的公差带代号

3.1.5　配合的概念

基本尺寸相同时，相互结合的孔和轴的公差带之间的关系称为配合。由于孔和轴的实际尺寸不同，装配后可能出现不同的松紧程度。当孔的实际尺寸减去轴的实际尺寸所得的代数差为正值时是间隙，为负值时是过盈。

根据使用要求不同，国家标准规定配合分为间隙配合、过盈配合、过渡配合三类。

① 间隙配合。具有间隙(包括最小间隙“零”)的配合称为间隙配合。此时，孔的公差带在轴的公差带之上，如图 3-4 所示。由于孔、轴的实际尺寸允许在各自的公差带内变动，所以孔、轴配合的间隙也是变动的。当孔为最大极限尺寸而轴为最小极限尺寸时，装配后的孔、轴处于最松的配合状态，此时的间隙称为最大间隙 X_{max}；当孔为最小极限尺寸而轴为最大极限尺寸时，装配后的孔、轴处于最紧的配合状态，此时的间隙称为最小间隙 X_{min}。

② 过盈配合。具有过盈(包括最小过盈“零”)的配合称为过盈配合。此时，孔的公差带在轴的公差带之下，如图 3-4 所示。在过盈配合中，孔的最大极限尺寸减轴的最小极限尺寸所得的差值为最小过盈 Y_{min}，此时孔、轴处于最松的配合状态；孔的最小极限尺寸减轴的最大极限尺寸所得的差值为最大过盈 Y_{max}，此时孔、轴处于最紧的配合状态。

③ 过渡配合。可能具有间隙或过盈的配合称为过渡配合。此时，孔的公差带与轴的公差带交叠，如图 3-4 所示。

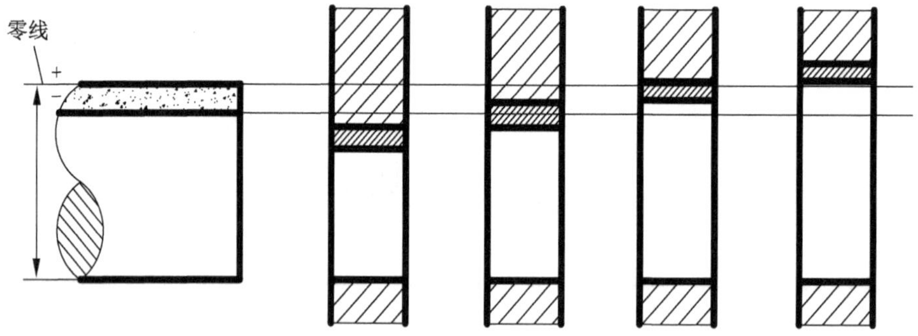

图 3-4 配合示意图

3.1.6 配合的基准制

当基本尺寸确定后，为了便于选择配合，减少零件加工的专用刀具和量具，国家标准对配合规定了两种基准制。

1. 基孔制

基本偏差为一定的孔的公差带，与不同基本偏差的轴的公差带构成各种配合的一种制度称为基孔制。这种制度在同一基本尺寸的配合中，将孔的公差带位置固定，通过变动轴的公差带位置，得到各种不同的配合，如图 3-5a 所示。

基孔制的孔称为基准孔。国标规定基准孔的下偏差为零，“H”为基准孔的基本偏差。

2. 基轴制

基本偏差为一定的轴的公差带，与不同基本偏差的孔的公差带构成各种配合的一种制度称为基轴制。这种制度在同一基本尺寸的配合中，将轴的公差带位置固定，通过变动孔的公差带位置，得到各种不同的配合，如图 3-5b 所示。

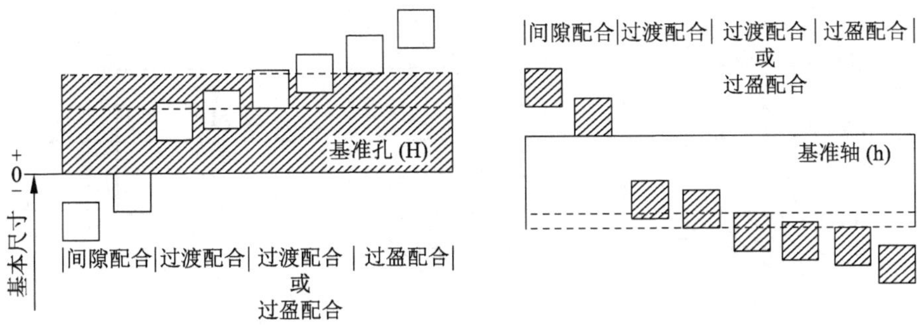

(a) 基孔制配合　　(b) 基轴制配合

图 3-5　配合的基准制

实际生产中选用基孔制还是基轴制，要综合考虑装配结构、工艺要求、经济性等因素。由于孔难加工，一般应优先采用基孔制配合。在非标准件与标准件配合时，应按标准件所用的基准制来确定，例如滚动轴承的内圈与轴的配合为基孔制，而外圈与机体孔的配合则为基轴制。

3.1.7　公差与配合的标注

1. 在装配图中的标注方法

配合的代号由两个相互结合的孔和轴的公差带的代号组成，用分数形式表示，分子为孔的公差带代号，分母为轴的公差带代号，标注的通用形式如图 3-6a 所示。

2. 在零件图中的标注方法

① 标注公差带的代号，如图 3-6b 所示。这种标注法可与采用专用量具检验零件统一起来，以适应大批量生产的要求。它不需要标注偏差数值。

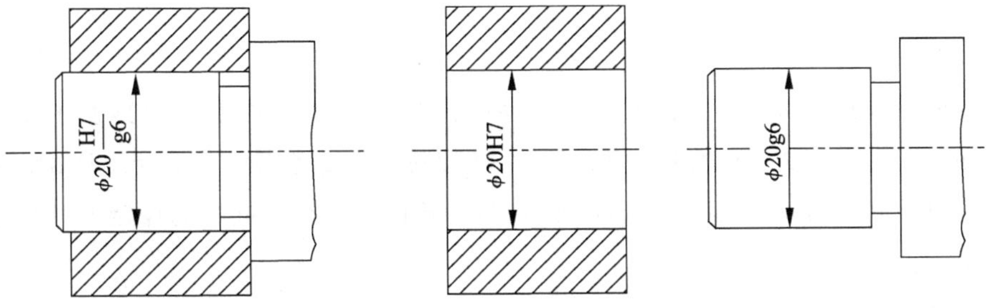

(a)　　(b)

图 3-6　标注公差带

② 标注偏差数值，如图 3-7b 所示。上(下)偏差注在基本尺寸的右上(下)方，偏差数字应比基本尺寸数字小 1 号。当上(下)偏差数值为零时，可简写为“0”，另一偏差仍标在原来的位置上，如图 3-7b 所示。如果上、下偏差的数值相同，则在基本尺寸数字后标注“±”符号，再写上偏差数值。这时数值的字体与基本尺寸字体同高，如图 3-8 所示。这种注法主要用于小量或单件生产的情况，以便加工和检验时减少辅助时间。

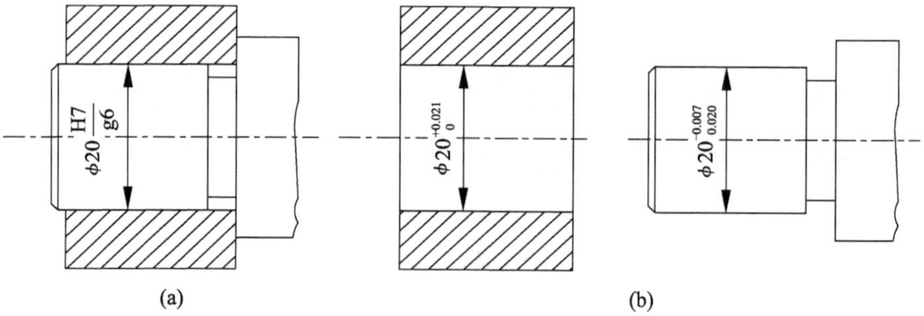

图 3-7　标注偏差数值

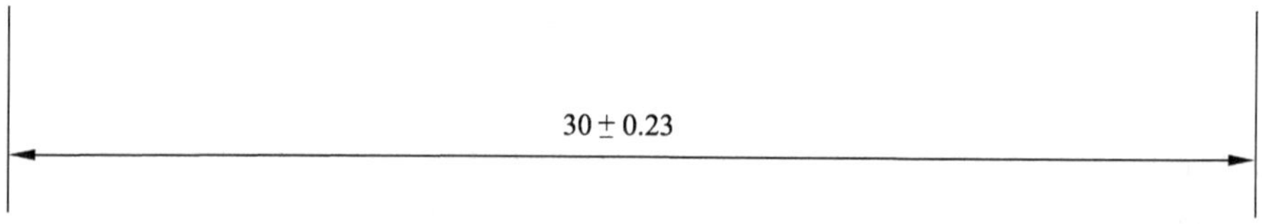

图 3-8　对称偏差的标注

③ 公差带代号和偏差数值同时标注，如图 3-9 所示。

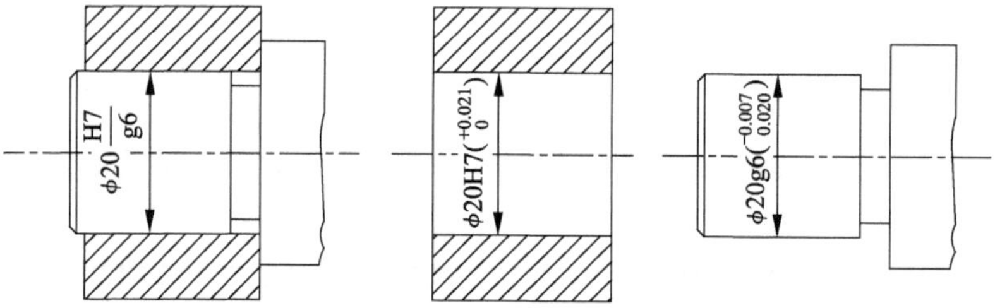

图 3-9　标注公差带代号和偏差数值

3.1.8　几何公差

几何公差包括形状和位置公差。机械零件在加工中的尺寸误差，根据使用要求用尺寸公差加以限制。而加工中零件的几何形状和相对几何要素的位置误差，则由形状和位置公差加以限制。因此，几何公差和表面粗糙度、极限与配合共同成为评定产品质量的重要技术指标。

1. 几何公差的概念

(1) 形状误差和公差

形状误差是指实际形状相对理想形状的变动量。测量时，理想形状相对于实际形状的位置，应按最小条件来确定。

形状公差是指实际要素的形状所允许的变动全量。

(2) 位置误差和公差

位置误差是指实际位置相对理想位置的变动量。理想位置是相对于基准的理想形状的位置而言的。测量时，确定基准的理想形状的位置应符合最小条件。

位置公差是指实际要素的位置对基准所允许的变动全量。

几何公差的类型和特征符号如表 3-1 所示。

表 3-1　几何公差的类型和特征符号(GB/T 1182—2018)

公差类型	几何特征	符号	有无基准	参见条款
方向公差	平行度	//	有	17.10
	垂直度	⊥	有	17.11
	倾斜度	∠	有	17.12
	线轮廓度	⌒	有	17.7
	面轮廓度	⌓	有	17.8
位置公差	位置度	⌖	有或无	17.13
	同心度(用于中心点)	◎	有	17.14
	同轴度(用于轴线)	◎	有	17.14
	对称度	⌯	有	17.15
	线轮廓度	⌒	有	17.7
	面轮廓度	⌓	有	17.8
跳动公差	圆跳动	↗	有	17.16
	全跳动	⌰	有	17.17

(3) 公差带及其形状

公差带的形状是由要素本身的特征和设计要求确定的。常用的公差带有以下 11 种形状:圆内区域、两同心圆间的区域、两同轴圆柱面间的区域、两平行直线之间的区域、两等距曲线之间的区域、两平行平面之间的区域、两等距曲面之间的区域、圆柱内区域、球内区域、一段圆柱面和一段圆锥面。公差带呈何种形状,取决于被测要素的形状特征、公差项目和设计时表达的要求。

在某些情况下,被测要素的形状特征就确定了公差带形状。例如,被测要素是平面,则其公差带形状只能是两平行平面;被测要素是非圆曲面或曲线,则其公差带形状只能是两等距曲面或两等距曲线。必须指出,被测要素要由所检测的公差项目确定,如在平面、圆柱面上要求检测直线度公差项目,则要作一截面得到被测要素,被测要素此时为平面(截面)内的直线。

在多数情况下,除被测要素的特征外,设计要求也对公差带形状起着重要的决定作用。如对于轴线,其公差带可以是两平行直线、两平行平面或圆柱面,具体视设计给出的是给定平面内、给定方向上还是任意方向上的要求而定。

有时,形位公差的项目就已决定了形位公差带的形状。如同轴度,由于零件孔或轴的轴线是空间直线,同轴要求必是指任意方向的,其公差带只有圆柱形一种。圆度公差带只可能是两同心圆,而圆柱度公差带则只有两同轴圆柱面一种。

1）公差带的大小

公差带的大小是指公差标注中公差值的大小，它是指允许实际要素变动的全量，它的大小表明形状位置精度的高低，按上述公差带的形状不同，可以指公差带的宽度或直径，这取决于被测要素的形状和设计的要求，设计时可在公差值前加或不加符号ϕ加以区别。

对于同轴度和任意方向上的轴线直线度、平行度、垂直度、倾斜度和位置度等公差项目，所给出的公差值应是直径值，公差值前必须加符号ϕ。对于空间点的位置控制，有时要求任意方向控制，则要用到球状公差带，符号为 $S\phi$。

对于圆度、圆柱度、轮廓度（包括线和面）、平面度、对称度和跳动等公差项目，公差值只可能是宽度值。对于在一个方向上、两个方向上或一个给定平面内的直线度、平行度、垂直度、倾斜度和位置度等公关项目，所给出的一个或两个互相垂直方向的公差值也均为宽度值。

公差带的宽度或直径值是控制零件几何精度的重要指标。一般情况下，应根据 GB/T 1184—1996 来选择标准数值，如有特殊需要，也可另行规定。

2）公差带的方向

在评定形位误差时，形状公差带和位置公差带的放置方向直接影响到误差评定的正确性。

对于形状公差带，其放置方向应符合最小条件（见形位误差评定）。

对于定向位置公差带，由于控制的是正方向，故其放置方向要与基准要素成绝对理想的方向关系，即平行、垂直或理论准确的其他角度关系。

对于定位位置公差，除点的位置度公差外，其他控制位置的公差带都有方向问题，其放置方向由相对于基准的理论正确尺寸来确定。

3）公差带的位置

对于形状公差带，强调的是限制被测要素的形状误差，其本身不作位置要求，如圆度公差带限制被测截面圆的实际轮廓圆度误差，至于该圆轮廓在哪个位置上、直径多大都不属于圆度公差控制之列，它们是由相应的尺寸公差控制的。实际上，形状公差带只要在尺寸公差带内便可，允许其在此范围内任意浮动。

对于定向位置公差带，强调的是相对于基准的方向关系，其对实际要素的位置是不作控制的，而是由相对于基准的尺寸公差或理论正确尺寸控制。如机床导轨面对床脚底面的平行度要求，它只控制实际导轨面对床脚底面的平行性是否合格，至于导轨面离地面的高度，由其对床脚底面的尺寸公差控制，被测导轨面只要位于尺寸公差内，且不超过给定的平行度公差带，就视为合格。因此，导轨面高于平行度公差带可移到尺寸公差带的上部位置，依被测要素离基准的距离不同，平行度公差带可以在尺寸公差带内上或下浮动变化。如果由理论正确尺寸定位，则形位公差带的位置由理论正确尺寸确定，其位置是固定不变的。

对于定位位置公差带，强调的是相对于基准的位置（其必包含方向）关系，公差带的位置由相对于基准的理论正确尺寸确定，公差带是完全固定位置的。其中同轴度、对称度的公差带位置与基准(或其延伸线)位置重合,即理论正确尺寸为 0,而位置度则应在 x,y,z 坐标上分别给出理论正确尺寸。

2. 标注形状公差和位置公差的方法

标注形状公差和位置公差时,标准中规定应用框格标注。

公差框格用细实线画出,可画成水平的或垂直的,框格高度是图样中尺寸数字高度的两倍,它的长度视需要而定。框格中的数字、字母、符号与图样中的数字等高。图 3-10 给出了形状公差和位置公差的框格形式。

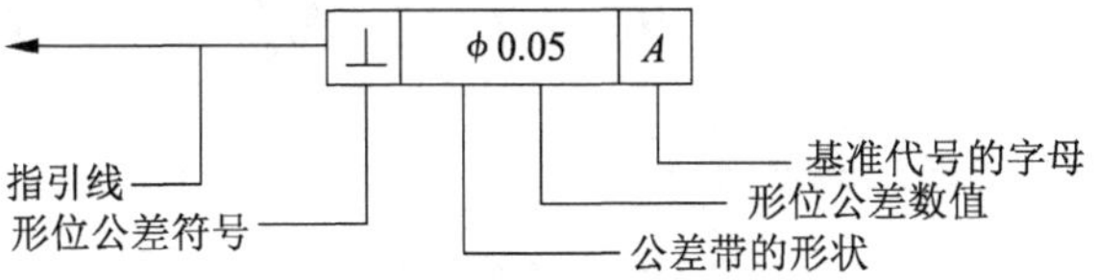

图 3-10 公差框格标注

图 3-11 为一张零件图上标注形状公差和位置公差的实例。

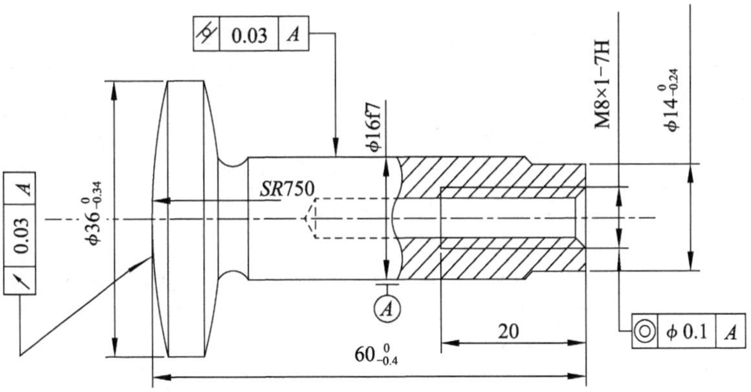

图 3-11 标注举例

3.1.9 表面粗糙度

1. 表面粗糙度的概念

由于加工过程中刀具和零件间的摩擦、工艺系统的高频振动等因素的影响,经过机械加工之后的零件表面总是存在由较小间距的峰、谷形成的微量高低不平的痕迹。表述这些峰、谷的高低程度和间距状况的微观几何形状特性的术语,称为表面粗糙度。

表面粗糙度反映的是实际零件表面几何形状误差的微观特征,而几何形状误差反映的则是零件几何要素的宏观特征,介于两者之间的是表面波纹度。这三种误差通常以一定的波距 λ 与波高 h 之比来划分,一般比值大于 1000 的为形状误差,小于 40 的为表面粗糙度,介于两者之间的为表面波纹度(目前还没有成熟的标准)。

2. 表面粗糙度的评定参数

表面粗糙度是衡量零件质量的标志之一,它对零件的配合、耐磨性、抗腐蚀性、接触刚度、抗疲劳强度、密封性和外观都有影响。目前在生产中评定零件表面质量的主要参数是轮廓算术平均偏差，它是在取样长度 l 内，轮廓偏距 y 绝对值的算术平均值，用 Ra 表示，如图 3-12 所示。

$$Ra=\frac{1}{n}\sum_{i=1}^{n}|y_i|$$

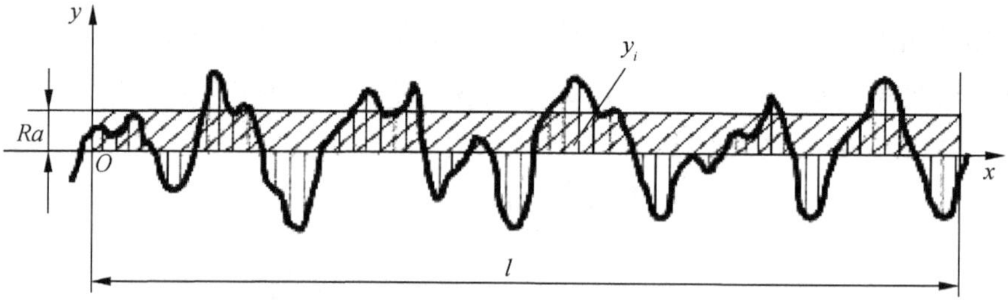

图 3-12　表面粗糙度

3. *表面粗糙度符号及其参数值的标注方法*

表面粗糙度符号及其意义见表 3-2。

表 3-2　表面粗糙度符号及其意义

符号	意义
	基本符号，表示表面可用任何方法获得。当不加注粗糙度参数值或有关说明（如表面处理、局部热处理状况等）时，仅适用于简化代号标注
	基本符号加一短划，表示表面是用去除材料的方法获得的。如车、铣、钻、磨、剪切、抛光、腐蚀、电火花加工、气割等
	基本符号加一小圆，表示表面是用不去除材料的方法获得的。如铸、锻、冲压变形、热轧、冷轧、粉末冶金等，或者是用于保持原供应状况的表面（包括保持上道工序的状况）
	在上述三个符号的长边上均可加一横线，用于标注有关参数和说明
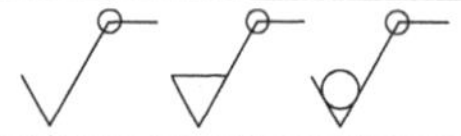	在上述三个符号上均可加一小圆，表示所有表面具有相同的表面粗糙度要求

表面粗糙度 Ra 值的标注见表 3-3。

表 3-3　表面粗糙度 *Ra* 值的标注

符号	意义	符号	意义
 3.2	用任何方法获得的表面粗糙度，Ra 的上限值为 3.2 μm	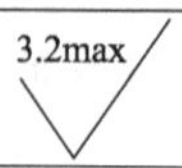 3.2max	用任何方法获得的表面粗糙度，Ra 的最大值为 3.2 μm
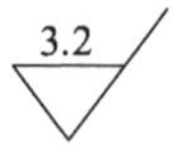 3.2	用去除材料的方法获得的表面粗糙度，Ra 的上限值为 3.2 μm	 3.2max	用去除材料的方法获得的表面粗糙度，Ra 的最大值为 3.2 μm
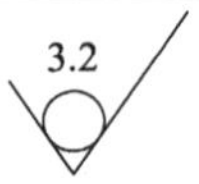 3.2	用不去除材料的方法获得的表面粗糙度，Ra 的上限值为 3.2 μm	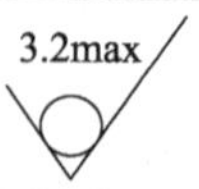 3.2max	用不去除材料的方法获得的表面粗糙度，Ra 的最大值为 3.2 μm

续表

符号	意义	符号	意义
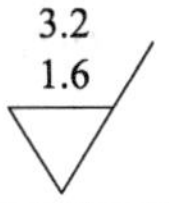	用去除材料的方法获得的表面粗糙度，*Ra* 的上限值为 3.2 μm，*Ra* 的下限值为 1.6 μm	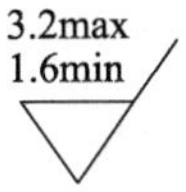	用去除材料的方法获得的表面粗糙度，*Ra* 的最大值为 3.2 μm，*Ra* 的最小值为 1.6 μm

3.2　识读简单机械零件图和装配图的方法

3.2.1　装配图和零件图的定义

机械图样是在机械产品设计、制造、检验、安装、调试过程中使用的，用以反映产品的形状、结构、尺寸、技术要求等内容的工程图样。根据其功能和表达内容的不同，分为装配图和零件图。根据其表达内容的范围及作用不同可再细分。其中，装配图可分为总装图和部装图。前者是表达整台机器的工作原理、部件间的装配关系和安装关系、机器外形、安装和使用机器所需要的技术要求，以及机器的主要性能指标和用以指导机器的总装、调试、检验、使用、维护等的有关信息的图样。后者是表达部件的外形和安装关系，以及装配、检验、安装所需要的尺寸和技术要求等信息的图样，用以指导装配、调试、安装、检验和拆画零件图。

零件图是表达单个零件的结构形状、尺寸、材料、加工制造、检验所需要的全部技术要求等信息的图样，是指导加工、检验的依据。

3.2.2　识读零件图和装配图的方法

在人类的生产活动和日常生活中，到处可遇到各种各样的机械产品，而任何机械产品的设计、制造、安装、调试、使用、维护，以及技术革新、发明创造等都离不开图样。

机械产品从规划直到销售，历经产品问题的提出与认识（市场调研、可行性分析、确定任务），初步设计方案（列出各种方案、画出草图、形成概念设计、提出新方法和注意点、进行方案评审），对初步设计方案进行分析后确定设计方案（功能分析、原理设计、运动及动力设计、确定设计方案），详细设计（对确定的设计方案进行详细的结构和技术设计、绘制装配示意图和装配草图、根据功能要求研究设计零件结构并绘制零件草图、由零件草图绘制装配图、由装配图拆画零件图、编写设计说明书及使用说明书），加工制造（包括工艺设计、夹具设计、加工制造零件、检验零件、将合格零件按装配工艺和图样上的技术要求进行装配和调试、样机鉴定、改进和完善设计方案、小批量生产、投入试用、信息反馈、完善定型、决策、批量生产），销售（销售过程中，根据市场信息反馈，再进一步设计完善，在不断地完善中雕琢精品）六个环节。而机械图样在各环节中都起着表达设计思想，承载加工、制造、检验、装配等诸多信息的功能。

因此，机械图样是技术人员工程思维、创新设计的载体，是机械产品设计最终成果的体现，是机械产品制造、检验、装配的主要技术依据，是组织生产的重要技术文件，也可能是出现经济纠纷时的法律证据。

1. 零件图的作用

零件图主要表达单个零件的结构形状、尺寸、材料、加工制造、检验所需要的全部技术要求等信息，是指导加工、检验的依据。

2. 零件图的内容

一张完整的零件图一般应具有下列内容：

① 视图：根据有关标准和规定，用正投影法表达零件内、外结构的一组图形。

② 尺寸：零件图上应正确、完整、清晰、合理地标注零件制造、检验时所需的全部尺寸。

③ 技术要求：标注或说明零件制造、检验或装配过程中应达到的各项要求，如表面结构、尺寸公差、几何公差、热处理、表面处理等要求。

④ 标题栏：画在图框的右下角，需填写零件的名称、材料、数量、比例，以及设计单位名称，制图、描图、审核人员的姓名，日期等内容。

3. 识读零件图的要求

识读零件图时，应达到如下要求：

① 从标题栏中了解零件的名称、材料和功用。

② 了解组成零件的各部分结构形状的特点、功用，以及它们之间的相对位置关系。

③ 从技术要求中了解零件的制造、检验和装配要求。

4. 识读零件图的方法

(1)了解零件在机器中的作用

① 看标题栏。从标题栏中了解零件的名称、材料和功用，根据画图比例了解零件的实际大小。

② 了解零件的作用。

③ 看其他技术资料。看其他技术资料时，尽可能参照装配图及其相关的零件图等技术文件，进一步了解该零件的功用以及它与其他零件的关系。

(2) 分析视图，想象零件形状

① 找出主视图。

② 分析有多少视图、剖视、断面等，找出它们的名称、相互位置和投影关系。

③ 凡有剖视、断面处都要找到剖切平面位置。

④ 有局部视图和斜视图的地方必须找到表示投影部位的字母和表示投影方向的箭头。

⑤ 看有无局部放大图及简化画法。

⑥ 进行形体分析和线面分析：

a. 先看大致轮廓，再分几个较大的独立部分进行形体分析，逐一看懂。

b. 对外部结构逐个分析。

c. 对内部结构逐个分析。

d. 对不便于形体分析的部分进行线面分析。

⑦ 进行尺寸分析：

a. 根据形体分析和结构分析，了解定形尺寸和定位尺寸。

b. 根据零件的结构特点，了解基准和尺寸标注形式。

c. 了解功能尺寸与非功能尺寸。

d. 了解零件总体尺寸。

把零件的结构形状、尺寸标注、工艺和技术要求等内容综合起来，就能了解零件的全貌，也就看懂了零件图。

5. 装配图的作用

装配图主要表达机器或部件的工作原理，零件之间的装配关系，各零件的主要结构形状及装配、检验、安装时所需的尺寸和技术要求。在产品设计中，一般先画装配图，然后根据装配图画零件图。在产品制造中，是根据装配图表达的装配要求将各零部件按一定的顺序进行装配的。在机器管理和维修中，是通过装配图来了解机器的结构、性能和工作原理的。因此，装配图是设计和绘制零件图的主要依据，是装配生产、调试、安装、维修的主要技术文件。

6. 装配图的内容

一张完整的装配图主要包括以下四方面的内容：

(1) 一组视图

用一组视图来表达机器或部件的工作原理、装配关系、连接及安装方式和主要零件的结构形状。应注意的是，装配图只是装配机器和部件的依据，不是加工零件的依据。所以，装配图不需要将所有零件的形状都表达清楚，以免视图数量过多。

(2) 必要的尺寸

只标注表示部件或机器的规格、性能以及装配、安装、检验、运输等方面所需要的主要尺寸。它与零件图标注尺寸的要求不同。

(3) 技术要求

用文字或符号说明装配体装配、检验、调试及使用等方面的要求。装配图上的技术要求一般包括以下几方面：

① 对机器或部件在装配和检验时的具体要求。

② 关于机器性能指标方面的要求。

③ 安装、运输及使用方面的要求。

④ 有关试验项目的规定。

(4) 零件的序号、明细表和标题栏

为了便于看图和生产管理，装配图中对每种零件都要编写序号，并编制明细表，注写出零件的序号、名称、规格、数量、材料等内容。标题栏用来注明机器或部件的名称、规格、比例、图号及设计者、设计单位等内容。

7. 识读装配图的方法

识读装配图的目的主要是弄清楚机器或部件的用途、工作原理和各零件间的装配关系，进而了解机器或部件的装配或拆卸顺序，以便在进行装配、维修和使用时，对机器的结构做到心中有数。因此，工程技术人员必须具有正确、熟练地识读装配图的能力。

识读装配图的方法和步骤：

① 概括了解。先看标题栏、明细表，从中了解装配体的名称和组成该装配体的各零件的名称、数量；了解装配图的视图表达，分析视图、剖视、断面的相互关系；分析各视图所表达的重点，为进一步读图做好准备。

② 分析零件。在装配图中划清各零件的视图轮廓，是弄清装配关系和工作原理的基础，也是识读装配图的关键工作。方法是：根据序号沿指引线找各零件轮廓，结合装配图的画法特点（如不同零件的剖面线等）进行分析判断。读图时应以反映装配关系比较明显的视图为主，配合其他视图，首先分清装配主干线上各零件，然后逐步扩大分析识读的范围。

③ 分析装配关系。分清零件后可以进一步分析零件间的装配关系及机器或部件的工作原理。对于复杂的装配体，只靠其装配图有时并不能完全完成上述工作，还必须参考有关资料才能清楚地了解其工作原理。

④ 综合归纳，想象总体形状。在弄清各零件的位置及主要轮廓后，对装配体的工作原理、装配关系、拆装顺序及装配图中的全部尺寸和技术要求进行综合分析，以便对装配体的总体形状结构有比较深入的了解。

3.3 识读电气图的方法

3.3.1 电气图基础知识

1. 电气图的内容

电气图一般由电路图、技术说明、主要电气设备（或元器件）明细表和标题栏等部分组成。根据不同的方法，其有不同的分类。

(1) 电气图的组成

1) 电路图

电路：由电源、负载、控制元件和连接导线组成的能实现预定功能的闭合回路。电路通常分为主电路和副电路（又称一次回路和二次回路）两类。

主电路是电源向负载输送电能的电路，即发、输、变、配、用电能的电路。它通常包括发电机、电力变压器、各种开关、互感器、接触器、母线、导线及电力电缆、熔断器、负载（如电动机、照明及电热设备）等。副电路是为保证主电路安全、正常、经济合理地运行而装设的控制、保护、测量、监视、指示电路。它一般包括控制开关、继电器、脱扣器、测量仪表、指示灯、音响灯光信号设备等。

主、副电路中的电气设备分别称作一次设备和二次设备。电流互感器和电压互感器的一次侧装接在主电路，二次侧接继电器和测量仪表，因此，它们属于一次设备，但在主、副电路图中应分别画出一、二次侧接线。熔断器在主、副电路中都有应用，按其所装设的电路不同，分别归属于一、二次设备。避雷器虽然是保护（防雷）设备，但由于并联在主电路中，因此它属于一次设备。

电路图：用国家统一规定的电气图形符号和文字符号表示电路中电气设备（或元器件）相互连接顺序的图形。

2）技术说明

技术说明或技术要求用以注明电气接线图中有关要点、安装要求及未尽事项等。通常，其书写位置如下：在主电路（一次回路）图中，位于图面的右下方，标题栏的上方；在副电路（二次回路）图中，位于图面的右上方或下方。

3）主要电气设备（或元器件）明细表

主要电气设备（或元器件）明细表用以注明电气接线图中电路主要电气设备（或元器件）的代号、名称、型号、规格、数量和说明等，它不仅便于识图，而且是订货、安装时的重要依据。

通常，明细表的书写位置如下：在主电路图中，位于图面的右上方，由上而下逐项列出；在副电路图中，位于图面的右下方，紧接标题栏之上，自下而上逐项列出。

4）标题栏

标题栏又称“图标”，具有图样简要说明书的作用。标题栏在图面的右下角，用于标注电气工程名称、设计类别、设计单位、图名、图号、比例、尺寸单位，以及设计人、制图人、描图人、审核人、批准人的签名和日期等。

标题栏是电气设计图的重要技术档案，各栏目中的签名人对图中的技术内容承担相应责任。识图时首先应看标题栏。

此外，有些涉及相关专业的电气图样，紧接在标题栏左下侧或图框线以外的左上方列有会签表，由相关专业（如电气、土建、管道等）技术人员会审认可后签名，以便互相统一协调，明确分工及责任。

（2）电气图的分类

对于用电设备来说，电气图主要是主电路图和控制电路图；对于供配电设备来说，电气图主要是一次回路和二次回路的电路图。但要表示清楚一项电气工程或一种电气设备的功能、用途、工作原理、安装和使用方法等，光有这两种图是不够的。电气图的种类很多，下面分别介绍常用的几种：

1）系统图或框图

系统图或框图就是用符号或带注释的框概略表示系统或分系统的基本组成、相互关系及其主要特征的一种简图。

2）电路图

电路图就是按工作顺序用图形符号从上到下、从左到右排列，详细表示电路、设备或成套装置的全部组成和连接关系，而不考虑其实际位置的一种简图。其目的是便于详细理解设备工作原理、分析和计算电路特性及参数，所以这种图又称为电气原理图或原理接线图。

3）接线图

接线图主要用于表示电气装置内部元件之间及其与外部其他装置之间的连接关系，它是便于制作、安装及维修人员接线和检查的一种简图或表格。

画电气接线图时应遵循的原则：

① 电气接线图必须保证电气原理图中各电气设备和控制元件动作原理的实现。

② 电气接线图只标明电气设备和控制元件之间的相互连接线路而不标明电气设备和控制元件的动作原理。

③ 电气接线图中控制元件的位置要依据它所在的实际位置绘制。

④ 电气接线图中各电气设备和控制元件要按照国家标准规定的电气图形符号绘制。

⑤ 电气接线图中各电气设备和控制元件的具体型号可标在每个控制元件电气图形旁边，或者画表格说明。

⑥ 实际电气设备和控制元件结构都很复杂，画接线图时，只画出接线部分电气图形符号。

当一个装置比较复杂时，接线图又可分解为以下几种：

① 单元接线图。它是表示成套装置或设备中一个结构单元内各元件之间连接关系的一种接线图。这里所指的“结构单元”是在各种情况下可独立运行的组件或某种组合体，如电动机、开关柜等。

② 互连接线图。它是表示成套装置或设备的不同单元之间连接关系的一种接线图。

③ 端子接线图。它是表示成套装置或设备的端子及接在端子上的外部接线（必要时包括内部接线）的一种接线图。

④ 电线电缆配置图。它是表示电线电缆两端位置，必要时还包括电线电缆功能、特性和路径等信息的一种接线图。

4）电气平面图

电气平面图是表示电气工程项目的电气设备、装置和线路的平面布置图。

除此之外，为了表示电源、控制设备的安装尺寸、安装方法、控制设备箱的加工尺寸等，还必须有其他一些图。不过，这些图与一般按正投影法绘制的机械图没有多大区别，通常可不列入电气图。

5）设备元件和材料表

设备元件和材料表就是把成套装置、设备中各组成部分和相应数据列成表格，来表示各组成部分的名称、型号、规格和数量等，以便于读图者阅读，了解各元器件在装置中的作用和功能，从而读懂装置的工作原理。设备元件和材料表是电气图的重要组成部分，它可置于图中的某一位置，也可单列一页。

6）产品使用说明书上的电气图

生产厂家往往在提供产品使用说明书时附赠电气图，供用户了解该产品的组成、工作过程及注意事项，以达到帮助用户正确使用、维护和检修产品的目的。

7）其他电气图

上述电气图是常用的主要电气图，对于较为复杂的成套装置或设备，为了便于制造，还有局部的大样图、印刷电路板图等；而为了装置的技术保密，有时只给出装置或系统的功能图、流程图、逻辑图等。

所以，电气图虽种类很多，但并不意味着所有的电气设备或装置都应完整具备这些图纸。表达的对象、目的和用途不同，所需图的种类和数量也不一样。对于简单的装置，可把电路图和接线图合二为一；对于复杂的装置或设备，应将其分解为几个系统，每个系统有以上若干类型的图。总之，电气图作为一种工程语言，在表达清楚的前提下，越简单越好。

2. 电气图的特点

① 电气图的主要表述形式是简图。图 3-15 所示是某 10 kV 变电所结构布置图和电气系统图。

② 元件和连接线是电气图描述的主要内容。对元件和连接线描述方法的不同，构成了电气图的多样性。图 3-16 所示是 Y -△启动器的主电路图，图中分别采用多线、单线、混合三种表示方法。

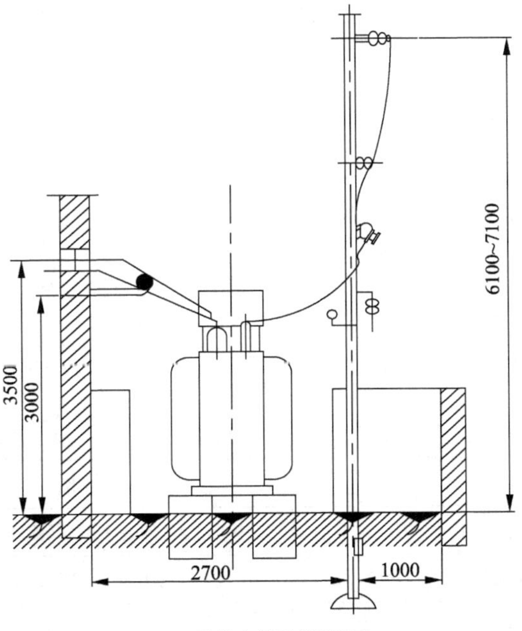

(a) 结构布置图(机械图)

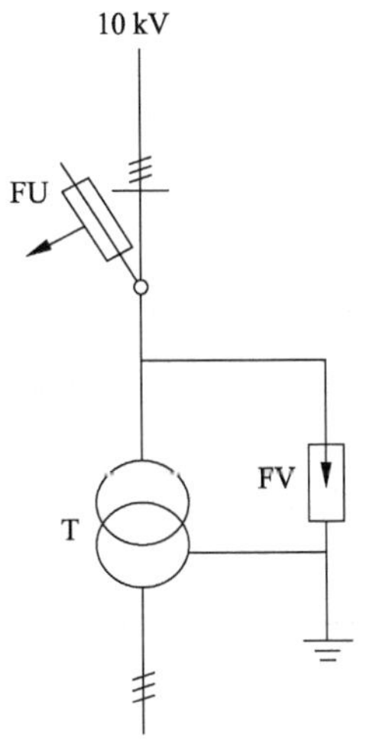

(b) 电气系统图(简图)

FU—跌开式熔断器；FV—避雷器；T—配电变压器。

图 3-15　某 10 kV 变电所结构布置图和电气系统图(单位：mm)

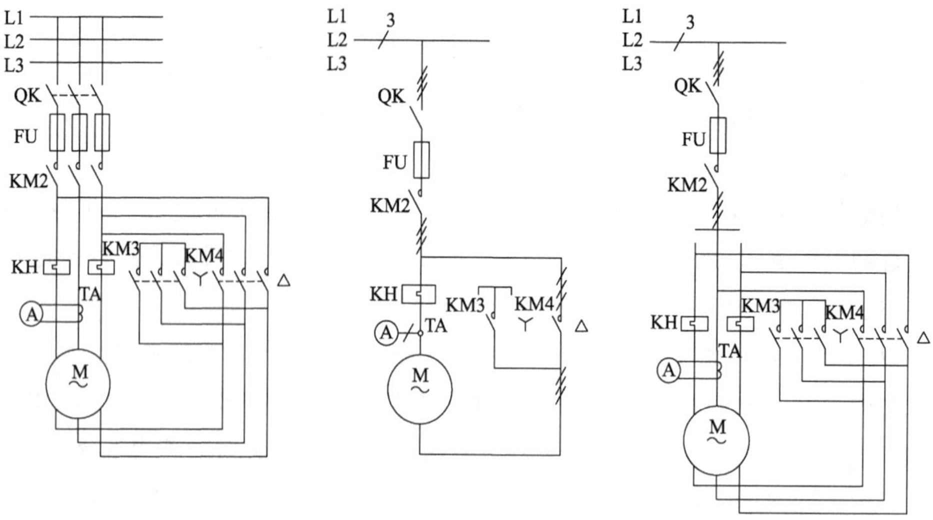

(a) 多线表示法　(b) 单线表示法　(c) 混合表示法

QK—刀开关；FU—跌开式熔断器；KM2，KM3，KM4—交流接触器；

KH—热继电器；TA—电流互感器；A—电流表；M—异步电动机。

图 3-16　在主电路图中连接线的表示方法

③ 功能布局法和位置布局法是电气图两种基本的布局方法。功能布局法是指电气图中元件符号的布置只考虑便于看出它们所表示的元件之间的功能关系而不考虑其实际位置的一种布局方法。

④ 图形符号、文字符号和项目代号是构成电气图的基本要素，如图 3-17 所示。

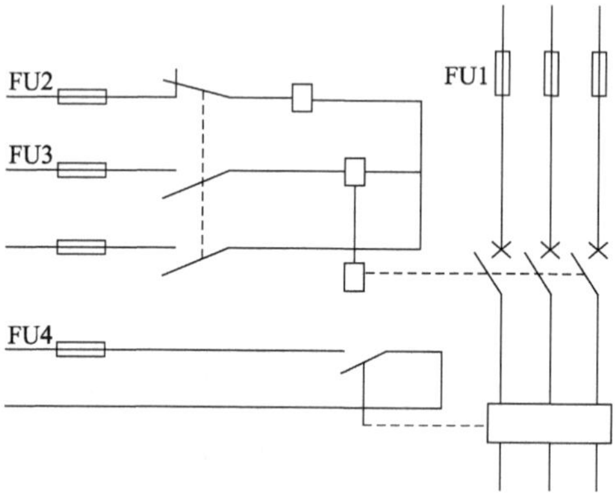

代号	名称	型号规格
FU1	垫料式熔断器	RT1－100/75A
FU2	螺旋式熔断器	RL－15/15A
FU3	螺旋式熔断器	RL－10/5A
FU4	瓷插式熔断器	RC－5/3A

图 3-17　图形符号、文字符号应用实例

⑤ 对能量流、信息流、逻辑流、功能流的不同描述方法同样构成了电气图的多样性，如图 3-18 所示。

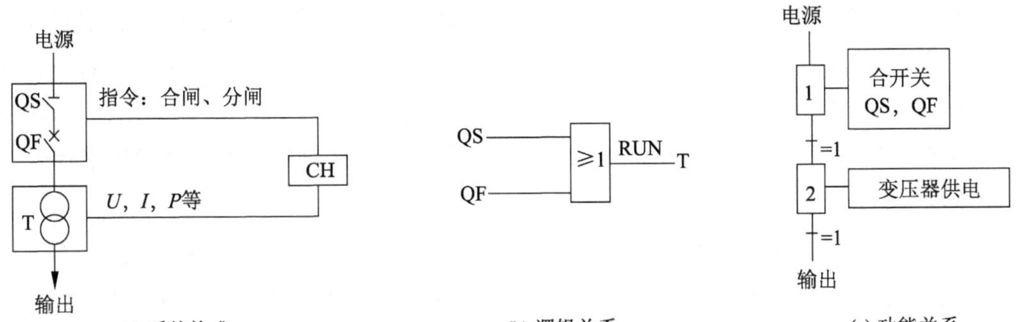

(a) 系统构成　　(b) 逻辑关系　　(c) 功能关系

图 3-18　变压器供电系统各单元的关系

3.3.2　电气图

使用国家规定的统一的电工图形、符号，按照国家颁布的相关电气技术标准绘制的，表示电气装置中的各元件及其相互联系的线路，称为电气线路图。按其在系统中的作用，可分为一次接线图和二次接线图。下面以泵站系统为例进行说明。

电力系统中的电气设备按作用不同可分为一次设备和二次设备。一次设备是指直接进行电能的生产、输送、分配的电气设备，包括发电机、变压器、母线、架空线路、电力电缆、断路器、隔离开关、电流互感器、电压互感器、避雷器等。二次设备对一次设备起检测、控制、调节和保护作用，包括各种测量仪表、控制和信号器具、继电保护和安全装置等。由一次设备连接组成的电路称为一次接线或主接线。描述一次接线的图纸就称为一次接线图或主接线图，通常用单线表示。泵站系统中与主接线相连的设备有电动机、断路器、隔离开关、母线、变压器以及与供电系统相连的设备，供给站内辅助设备的回路。在主接线图上，还需标有各种测量、计量、保护等回路，并详细注明各元件的型号、规格、数量、接线方式、回路编号等，以便在安装、运行、维护时检查。

主接线图是泵站运行人员进行各种操作和事故处理的主要依据之一。泵站运行人员必须熟悉主接线图，熟练掌握泵站电气系统中各种电气设备的用途、性能，运行、检查、维护方法以及巡视项目和操作程序，以保证设备安全运行。

由二次设备按一定要求构成的电路称为二次接线或二次回路，二次回路一般包括控制回路、继电保护回路、测量回路、信号回路、自动装置回路、计算机监控回路等。描述二次回路的图纸就称为二次接线图或二次回路图。

通常，二次接线图涉及的设备数量较多，内容较复杂，为便于安装与查对，常在各回路上采用编号的形式注明回路号。具体表示方法：在设备安装接线图上，设备之间的连接不是以线条直接相连的，而是采用一种“相对编号法”来表示的。例如，要将两个不同屏内设备用电缆连接起来，常表示为甲设备端子排（某根电缆）标出乙设备端子排的编号。简单地说，就是“甲设备端编乙的号，乙设备端编甲的号”，两端相互对应。

屏内设备与屏外设备相连接时，用一些专门的接线端子作为中间过渡连接，这些接线端子组合在一起，便称为端子排。接线端子一般分为普通端子、连接端子、试验端子和终端端子等。其功能分别是：① 普通端子用来连接屏外至屏内或屏内至屏外的导线；② 连接端子用来连接有分支的二次回路导线，带有横向连接排，可与邻近端子板相连；③ 试验端子用来在不断开二次回路的情况下对仪表、断路器进行试验；④ 终端端子用来固定或分割不同安装项目。

端子排常位于屏后左右两侧。为便于查找与安装，端子排在屏后排列，从左往右依次按下列回路排列：① 交流电流回路；② 交流电压回路；③ 信号回路；④ 直流回路；⑤ 其他回路；⑥ 转接回路。现在有的厂家为避免强弱电产生的磁场相互干扰，将通信接线端子与交直流端子分置于柜内不同的间隔中。

泵站中常用的电气图有一次系统图、二次系统图、设备平面布置图、电缆走向布置图及安装图（屏内设备布置图、屏内设备接线图、屏后设备布置图、端子图等）。运行人员工作中常使用一、二次系统接线图和端子图等查对线路以排除故障。

3.3.3 电气图常用的图形符号

电气图中常用的图形符号及文字符号（表 3-5）由国家制定的统一标准规定。目前有两个标准在使用，一个是《电气简图用图形符号》（GB/T 4728）；一个是《电气设备用图形符号》（GB/T 5465）。GB/T 5465 除适用于电气设备及部件，还可以在各电气设计图中直接应用，补充说明内容。

表 3-5 电气图中常用的图形符号及文字符号

<table>
<tr><th colspan="2">名称</th><th>图形符号</th><th>文字符号</th><th colspan="2">名称</th><th>图形符号</th><th>文字符号</th><th>名称</th><th>图形符号</th><th>文字符号</th></tr>
<tr><td colspan="2">一般三极电源开关</td><td>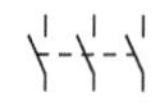</td><td>Q</td><td rowspan="5">时间继电器</td><td>线圈</td><td></td><td rowspan="5">KT</td><td>接插件</td><td>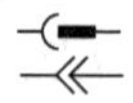</td><td>X</td></tr>
<tr><td colspan="2">低压断路器</td><td>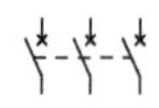</td><td>QF</td><td>延时闭合动合触点</td><td></td><td>电磁铁</td><td>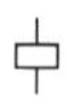</td><td>YA</td></tr>
<tr><td rowspan="3">行程开关</td><td>动合触点</td><td></td><td rowspan="3">SQ</td><td>延时断开动断触点</td><td></td><td>电磁吸盘</td><td>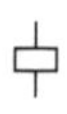</td><td>YH</td></tr>
<tr><td>动断触点</td><td></td><td>延时闭合动断触点</td><td></td><td>三相笼型感应电动机</td><td></td><td>M</td></tr>
<tr><td>复合触点</td><td></td><td>延时断开动合触点</td><td></td><td>三相感应型感应电动机</td><td>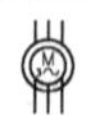</td><td>M</td></tr>
</table>

续表

名称		图形符号	文字符号	名称		图形符号	文字符号	名称	图形符号	文字符号
熔断器			FU	热继电器	热元件		FR	单相变压器 整流变压器 照明变压器	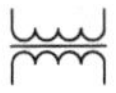	T
					动断触点					
接触器	线圈		KM	转换开关		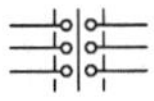	SA	控制变压器		TC
	主触点			继电器	中间继电器		KA	制动电磁铁		YB
	动合辅助触点				欠压继电器		KV	电磁离合器		YC
	动断辅助触点				动合触点		相应断电器符号	电位器	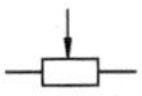	RP
按钮	动合按钮		SB		动断触点			桥式整流器		VC
	动断按钮			二极管		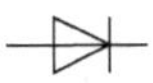	VD	照明灯		EL
	复合按钮			三极管（晶体管）			VT	信号灯	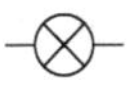	HL

3.3.4　电气图识读方法

1. 识读电气图的基本要求

(1) 掌握电气图用图形符号和文字符号

电气图用图形符号和文字符号以及项目代号、电气接线端子标志等是电气图的“象形文字”。电气图用图形符号、文字符号很多，必须能熟记会用。可以先根据个人所从事的工作和专业，识读各专业共用和本专业专用的电气符号，再逐步扩大范围。

(2) 掌握电气图的绘制特点

各类电气图都有各自的绘制方法和绘制特点，掌握了这些特点就能提高识读效率。由于电气图不像机械图、建筑图那样直观形象、信息集中，因此识读时要将各种有关的图纸联系起来，对照阅读。如通过系统图、电路图找联系，通过接线图、位置图找位置，交错阅读，可收到事半功倍的效果。

(3) 将电气图与其他图对应识读

电气工程往往与主体工程及其他工程如工艺管道、采暖通风管道、通信线路、机械设备等安装工程配合进行。如电气设备布置与土建平面布置、立面布置有关；电气线路走向不仅与建筑结构的梁、柱、门窗、楼板的位置等有关，还与管道的规格、用途、走向有关；电气设备安装方法与墙体结构、楼板材料等有关；一些暗敷线路、电气设备基础及各种电气预埋件布设与土建工程有关，这些均要求人们将电气图与其他图对应起来识读。

(4) 掌握涉及电气图的有关标准和规程

识读电气图的主要目的是指导设备的安装、运行、维修和管理,然而一些技术要求不能在图纸上反映出来,也不能一一标注清楚,因而在识读电气图时,还必须了解有关标准、规程,这样才能正确识读。

2. 识读电气图的基本步骤

要想看懂电气图,首先必须熟记电气图形符号所代表的电气设备、装置和控制元件。由于电气项目类别、规模大小、应用范围的不同,电气图的种类和数量相差很大。电气图的识读应按照一定步骤进行。

(1) 了解说明书

了解电气设备说明书,目的是了解电气设备总体概况及设计依据,了解图纸中未能表达清楚的各有关事项,了解电气设备的机械结构、电气传动方式、对电气控制的要求、设备和元器件的布置情况,以及电气设备的使用操作方法和各种开关、按钮等的作用。

(2) 理解图纸说明

看图纸说明,弄清设计的内容和安装要求,就能了解图纸的大体情况,抓住看图的要点。图纸说明包括图纸目录、技术说明、电气设备材料明细表、元件明细表、设计和安装说明书等,由此可以从整体上了解电气设备的概况。

(3) 掌握系统图和框图

系统图和框图多采用单线图,只有某些 380/220 V 低压配电系统图才部分地采用多线图。由于系统图和框图只是概略表示系统或分系统的基本组成、相互关系及主要特征,因此紧接着就要详细看电路图,只有这样才能清楚电气系统的工作原理。

(4) 熟悉电路图

电路图是电气图的核心,也是内容最丰富、最难识读的部分。看电路图时,要先分清主电路和辅助电路、交流回路和直流回路,再按照先看主电路、后看辅助电路的顺序识读。

看主电路时,通常从下往上看,即从用电设备开始,经控制元件依次往电源端看。当然也可按绘图顺序从上往下看,即由电源经开关设备及导线向负载方向看,看清楚电源是怎样给负载供电的。看辅助电路时,要从上往下、从左向右看,即先看电源,再依次看各条回路,分析各条回路元件的工作情况及其与主电路的控制关系。

通过看主电路,要弄清楚电气负载是怎样获取电能的,电源线都经过哪些元件到达负载,以及这些元件的作用、功能。通过看辅助电路,应弄清辅助电路的回路构成、各元件之间的相互联系和控制关系及其动作情况等。同时,还要了解辅助电路与主电路之间的相互关系,进而弄清整个电路的工作原理。

(5) 清楚电路图与接线图的关系

接线图是以电路为依据绘制的,因此要对照电路图来看接线图。看接线图时要根据端子标志、回路标号从电源端依次查下去,弄清线路走向和电路的连接方法,弄清每个回路是怎样通过各个元件构成闭合回路的。看安装接线图时,先看主电路,后看辅助回路。

看主电路时，从电源引入端开始，经开关设备、线路到负载(用电设备)。看辅助电路时，从电源的一端到电源的另一端，按元件连接顺序对每一个回路进行分析。接线图中的线号是电气元件间导线连接的标记，线号相同的导线原则上都可以接在一起。由于接线图多采用单线表示，因此对导线的走向应加以辨别，并弄清端子板内外电路的连接。配电盘内外线路相互连接必须通过接线端子板，因此看接线图时，要把配电盘内外的线路走向弄清楚，就必须注意弄清端子板的接线情况。

阅读图纸的顺序没有统一的规定，自己可以根据需要灵活掌握，并有所侧重。有时一幅图纸需反复阅读多遍，实际读图时，要根据图的种类做相应调整。

3. 识读电气图的方法

(1) 掌握理论知识

要想看懂电气图，必须具备一定的电工、电子技术理论知识。如三相电动机的正反转控制是利用电动机的旋转磁场方向由三相交流电的相序决定的原理，采用倒顺开关或两个接触器实现切换，从而改变接入电动机的三相交流电相序，实现电动机正反转的。

(2)熟悉电气元器件

电路是由各种电气设备、元器件组成的，如电力供配电系统中有变压器、各种开关、接触器、继电器、熔断器、互感器等，电子电路中有电阻器、电感器、电容器、二极管、三极管、晶闸管及各种集成电路等。因此，熟悉这些电气设备、装置和控制元器件的结构、动作原理、用途和它们与周围元器件的关系，以及它们在整个电路中的地位和作用，有利于电气原理图的识读。

(3) 结合典型电路识读图

所谓典型电路，就是常用的基本电路，如三相感应电动机的启动、制动、正反转、过载保护、联锁电路等，供配电系统中电气主接线常用的单母线主接线，电子电路中的三极管放大电路、整流电路、振荡电路等，都是典型电路。

无论多么复杂的电路图，都是由若干典型电路所组成的。因此，熟悉各种典型电路，对于看懂复杂的电路图有很大帮助，如看图时能很快分清主次环节、信号流向，抓住主要矛盾，不易弄错。

(4) 根据电气制图要求识读图

电气图的绘制有一定的基本规则和要求，按照这些规则和要求画出的图，具有规范性、通用性和示意性。例如，电气图的图形符号和文字符号的含义，图线的种类，主辅电路的位置、表达形式和方法等，都有基本的规则和要求，熟悉并掌握这些内容对识读图有很大的帮助。

(5) 分清控制线路的主辅电路

分析主电路的关键是弄清楚主电路中用电器的工作状态是由哪些控制元件控制的。弄清了控制与被控制关系，可以说电气图基本也就读懂了。分析控制电路就是弄清楚控制电路中各个控制元件之间的关系，弄清楚控制电路中哪些控制元件控制主电路中的用电负载状态。分析控制电路时最好是按照每条支路中串联的控制元件的相互制约关系去分析，然后看该支路控制元件动作对其他支路中的控制元件有什么影响，采取逐渐推进法分析是比较好的选择。控制电路比较复杂时，最好先将控制电路分为若干个单元电路，然后对各个单元电路进行分析，以便抓住核心环节，使复杂问题简化。

第4章

计算机及自动化基础

电子计算机(electronic computer)又称电脑(computer),诞生于20世纪40年代。自第一台电子计算机问世以来,计算机科学与技术已成为发展最快的一门学科,尤其是微型计算机的出现和计算机网络的发展,使计算机的应用渗透到社会的各个领域,有力地推动了信息社会的发展。21世纪,计算机技术发展十分迅速,产品不断更新换代。未来的计算机将向巨型化、微型化、网络化、智能化等方向发展,将更加广泛地应用于人们的工作和生活中。

4.1 计算机系统基础知识

4.1.1 计算机系统的组成

一个完整的计算机系统由硬件系统和软件系统两部分组成,如表4-1所示。硬件系统是计算机系统的物质基础,软件系统是计算机发挥功能的必要保证。

硬件是指计算机装置,即物理设备;硬件系统则是组成计算机系统的各种物理设备的总称,是计算机完成各项工作的物质基础。软件是指用某种计算机语言编写的程序、数据和相关文档的集合,软件系统则是在计算机上运行的所有软件的总称。硬件是软件建立和依托的基础,软件指示计算机完成特定的工作任务,是计算机系统的灵魂。仅由硬件组成,没有软件的计算机称为“裸机”,“裸机”只能识别由0和1组成的机器代码,没有软件系统的计算机几乎是没有用的。实际上,用户所面对的是经过若干层软件“包装”的计算机,计算机的功能不仅仅取决于硬件系统,更大程度上是由所安装的软件系统决定的。

但是,在计算机系统中,软件和硬件的功能没有一条明确的分界线。软件实现的功能可以用硬件来实现,称为硬化或固化。例如,微机的ROM芯片中就固化了系统的引导程序。同样,硬件实现的功能也可以用软件来实现,称为硬件软化。例如,在多媒体计算机中,采用视频卡对视频信息进行处理(包括获取、编码、压缩、存储、解压缩和回放等),而现在的计算机一般通过软件(如播放软件)来实现此类操作。

表 4-1　计算机系统的组成

- 计算机系统
  - 硬件系统
    - 主机
      - 中央处理器(CPU)
        - 运算器
        - 控制器
      - 内存储器
        - 只读存储器(ROM)
        - 随机存储器
    - 外部设备
      - 输入设备（键盘、鼠标、扫描仪等）
      - 输出设备（显示器、打印机、绘图仪等）
      - 外存储器（硬磁盘、软磁盘、磁带、光盘等）
  - 软件系统
    - 系统软件
      - 操作系统
        - DOS
        - Windows
        - UNIX、NetWare
      - 语言处理系统
        - 编译程序
        - 解释程序
        - 汇编程序
      - 系统服务程序
        - 监控、检测程序
        - 连接编辑程序
        - 连接装配程序
        - 调试程序
        - 其他服务程序
      - 数据库管理系统
        - Oracle
        - Sybase
        - IBM DB2
    - 应用软件
      - 文字处理软件
      - 表格处理软件
      - 辅助设计软件
      - 实时控制软件

对某些功能,是用硬件还是用软件实现,与价格、速度、所需存储容量及可靠性等诸多因素有关。一般来说,同一功能用硬件实现,速度快,可减少所需存储容量,但灵活性和适应性差,且成本较高;用软件实现,可提高灵活性和适应性,但通常是以降低速度来换取的。

4.1.2　计算机的硬件系统

1. 冯·诺依曼计算机模型

以美国著名的数学家冯·诺依曼为代表的研究组提出的计算机设计方案，为现代计算机的基本结构奠定了基础(图 4-1)。

迄今为止，绝大多数实际应用的计算机都属于冯·诺依曼计算机模型。它的基本要点包括：采用二进制形式表示数据和指令；采用"存储程序"工作方式；计算机硬件部分由五大部件组成，即运算器、控制器、存储器、输入设备和输出设备。

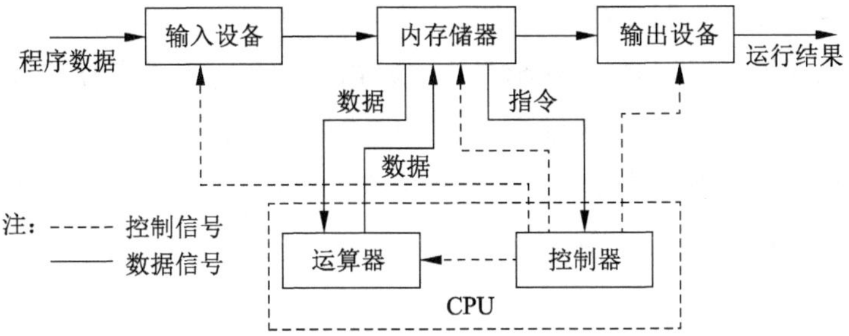

图 4-1　计算机基本结构

(1) 运算器

运算器又称算术逻辑单元(arithmetic logic unit，ALU)，是计算机对数据进行加工处理的部件，它的主要功能是对二进制数进行加、减、乘、除等算术运算和与、或、非等基本逻辑运算，实现逻辑判断。运算器在控制器的控制下实现其功能，运算结果由控制器指挥送到内存储器中。

(2) 控制器

控制器主要由指令寄存器、译码器、程序计数器和操作控制器等组成。控制器用来控制计算机各部件协调工作，并使整个处理过程有条不紊地进行。它的基本功能就是获取指令和执行指令，即控制器按程序计数器给出的指令地址从内存储器中取出该指令进行译码，然后根据该指令功能向有关部件发出控制命令，执行该指令。另外，控制器在工作过程中还要接收各部件反馈回来的信息。

(3) 存储器

存储器具有记忆功能，用来保存信息，如数据、指令和运算结果等。存储器可分为两种：内存储器与外存储器。

1) 内存储器(简称内存或主存)

内存储器也称主存储器(简称主存)，它直接与 CPU 相连接，存储容量较小，但存储速度快，用来存放当前运行程序的指令和数据，并直接与 CPU 交换信息。内存储器由许多存储单元组成，每个单元能存放一个二进制数，或一条由二进制编码表示的指令。存储器的存储容量以字节为基本单位，每个字节都有自己的编号，称为"地址"，如要访问存储器中的某个信息，就必须知道它的地址，按地址存入或取出信息。为了度量信息存储容量，将8位二进制码(8 bits)称为1个字节(byte,B),字节是计算机中数据处理和存储容量的基本单位。1024个字节称为1千字节(1 KB),1024千字节称为1兆字节(1 MB),1024兆字节称为1吉字节(1 GB),1024吉字节称为1太字节(1 TB),现在微型计算机主存容量大多数在兆字节以上。计算机处理数据时,一次可以运算的数据长度称为一个"字"(word)。字的长度称为字长,一个字可以是一个字节,也可以是多个字节。常用的字长有8位、16位、32位、64位等。如某一类计算机的字由4个字节组成,则字的长度为32位,相应的计算机称为32位机。

2) 外存储器(简称外存或辅存)

外存储器又称辅助存储器(简称辅存),它是内存的扩充。外存存储容量大,价格低,但存储速度较慢,一般用来存放大量暂时不用的程序、数据和中间结果,需要时可成批地和内存储器进行信息交换。外存只能与内存交换信息,不能被计算机系统的其他部件直接访问。常用的外存有磁盘、磁带、光盘等。

(4) 输入/输出设备

输入/输出设备简称I/O(input/output)设备。用户通过输入设备将程序和数据输入计算机,输出设备将计算机处理的结果(如数字、字母、符号和图形)显示或打印出来。常用的输入设备有键盘、鼠标、扫描仪、数字化仪等。常用的输出设备有显示器、打印机、绘图仪等。

人们通常把内存储器、运算器和控制器合称为计算机主机,其中运算器、控制器做在一个大规模集成电路块上,称为中央处理器,又称CPU(central processing unit)。因此,也可以说主机是由CPU与内存储器组成的。主机以外的装置称为外部设备,外部设备包括输入/输出设备、外存储器等。

2. 微型计算机的硬件系统

一般来说,一台基本配置的微型计算机从物理结构上可分为主机、显示器、键盘和鼠标。有些使用者对计算机的使用要求比较高,会配备外部扩展设备,如打印机、扫描仪、摄像头等数字设备和主机性能的加速部件。

(1) CPU

CPU是计算机的核心,其重要性好比大脑对于人一样,它负责处理、运算计算机内部的所有数据,而与CPU协同工作的芯片组则控制着数据的交换。

(2) 内存储器

目前,微型计算机的内存由半导体器件构成。内存按功能可分为两种:只读存储器(read only memory,ROM)和随机(存取)存储器(random access memory,RAM)。

(3) 外存储器

外存储器主要由磁表面存储器和光盘存储器等设备组成,其中磁表面存储器可分为磁盘、磁带两大类。

(4) 主板

如果说CPU是微型计算机的大脑，那么主板可以说是微型计算机的骨架系统。主板部件主要有CPU插座、内存插槽、主板芯片组、硬盘插槽、PCI插槽、PCI Express插槽、ATX电源插口、基本输入/输出系统(BIOS)、后面板I/O接口、系统控制面板插针(前面板控制和指示接口)、CMOS芯片及CMOS芯片电源等。

(5) 基本输入输出设备

基本输入输出设备包括键盘、鼠标、显示器、打印机等。

4.1.3 计算机的软件系统

计算机的软件分为系统软件和应用软件两大类。实际上，系统软件和应用软件的界限并不十分明显，有些软件既可以认为是系统软件，也可以认为是应用软件，如数据库管理系统。下面简单介绍微型计算机软件的基本配置。

1. 操作系统OS(operating system)

操作系统是最基本、最重要的系统软件。它负责管理计算机系统的全部软件资源和硬件资源，合理地组织计算机各部分协调工作，为使用者提供操作和编程界面。

2. 语言编译程序

使用者和计算机交流信息使用的语言称为计算机语言或程序设计语言。计算机语言通常分为机器语言、汇编语言和高级语言三类。

3. 数据库管理系统

数据库管理系统(database management system，DBMS)的作用是管理数据库。数据库管理系统是有效地进行数据存储、处理和共享的工具。

4. 联网及通信软件

网络上的信息和资料管理比单机上要复杂得多，因此出现了许多专门用于联网和网络管理的系统软件。

5. 应用软件

应用软件包括文字处理软件、表格处理软件、实时控制软件等。

4.1.4 计算机系统的总线技术

系统总线技术(system bus)是指用一个单独的计算机总线来连接计算机系统主要组件的技术。这一技术的开发是为了降低成本和促进模块化。系统总线结合数据总线的功能来搭载信息，地址总线来决定将信息送往何处，控制总线来决定如何动作。

数字计算机是由若干系统部件构成的，这些系统部件在一起工作才能形成一个完整的计算机系统。通常将同一台计算机系统的各部件，如CPU、内存、通道和各类I/O接口间互相连接的总线技术，称为系统总线技术。常见的系统总线技术有PC总线、AT总线(ISA总线)、PCI总线。

按照数据传输方式，总线可分为串行总线和并行总线。在串行总线中，二进制数据逐位通过一根数据线发送到目的部件(或设备)。常见的串行总线有 RS232,PS/2,USB 等。在并行总线中,数据线有许多根,故一次能发送多个二进制数据位。常见的并行总线有 FSB 总线等。

从表面上看,并行总线似乎比串行总线快,但其实在高频率的条件下串行总线比并行总线更好。在高频率的条件下,并行总线中传输数据的各个位必须处于一个时钟周期内的相同位置,对器件的传输性能和电路结构要求严格,系统设计难度大,致使系统成本高,可靠性低。相比之下,串行总线中传输数据的各个位是串行传输的,比较容易处理,从而降低了设计难度和系统成本。一般来说,并行总线适用于短距离、低频率的数据传输,而串行总线在低速数据传输和高速数据传输方面都有应用。

4.2 计算机自动控制系统在泵站的应用

泵站在水利建设中起着十分关键的作用,泵站的运行管理与当地抗旱排涝等任务具有十分紧密的关系。此外,泵站的运行对当地人民的生活与周围的环境具有直接的影响。为了确保泵站高效运行,水利部门通过计算机自动控制系统来管理泵站的运作。泵站建立独立的计算机自动控制系统,可以满足“无人值班、少人值守”的要求。

4.2.1 泵站设备的控制类型

一般情况下,泵站设备控制分为就地控制、基本控制和中央控制。

1. 就地控制及其特点

就地控制通过可编程控制器(PLC)自身的逻辑控制功能,实现设备的自动、远动控制和关联设备的联动、连续控制。就地控制系统配置了操作界面 MD,利用操作界面能控制或者调整设备。相比于中央控制,就地控制比较理想,包括就地自动和就地手动两种模式。处在就地手动模式下,在操作界面上,通过手动操作管理设备的运行;处于就地自动模式下,泵站控制系统依据泵站运行参数、设备状态等,自动操作泵站设备,无须人工操作。就地控制就是在现场实现控制。它通常利用界面就可以针对性地修改或调整设备的控制和部分有效数据,最终实现控制的有效性。就地控制也即直接控制泵站具体设备,它的优先级别比中央控制高,这一点理解起来也比较容易。

2. 基本控制及其特点

基本控制在设备控制箱中融入了最高有限级别。当设备控制箱面板上的控制方式是手动操作时,便屏蔽了泵站控制系统中的控制。现场设备能在设备控制箱的面板上进行手动操作和检查。此种设备控制箱兼具基础性的控制连动或控制连锁功能,在设备控制箱内,基本控制内容便可以实现。基本控制通过控制箱来具体实现,因为设备控制箱与全部设备的最高级别的控制存在关系。主控制箱的界面显示“手动控制”后,便表明泵站的整个控制系统处在待机的状态,屏蔽了整个自动控制系统。

3. 中央控制及其特点

中央控制室包含主机、硬盘与录像机,利用网络交换机,通过 100 M 的以太网控制各

PLC。中央控制对系统的宏观调度负责，协助所属泵站运转，应对局部出现的停机或者突发事故，确保系统的安全运行。中央控制室主要包括两部分——主机室与具有记忆功能的硬盘录像监控室，两者运行的工作原理为通过网络交换机将机组与泵站有效结合在一起，并将该过程依靠硬盘的记录功能记录下来，最终实现实时监控。中央控制结合现代信息技术进行实时监控，对出现的突发状况可有效应对，减少了人力的配置，是一种优化的管理。

4.2.2　计算机自动控制系统的性能

1. 进入优先级别

泵站的控制与一个地区的水资源有密切的关系，不能随意被人为控制。因此，操作人员进入自动控制系统前，必须输入有关密码，这个密码被密码管理系统自动分为不同的级别，也即是说不同级别的操作人员一定要具有和自己相配的密码，否则便进不去所属的操作区间，也就不能操作与管理泵站的运行。这便是计算机系统自动识别的过程，最终实现进入泵站运行管理优先级别控制。

2. 基础数据的处理

首先，处理开关信号。开关的使用与泵站的实际运行情况有必然的联系。当开关按钮被按下时，整个所属的机组是否接通开关来运行，需要一个自动识别的过程。如果操作人员因为自身或者外界的原因，不小心触动了开关按钮，且及时发现了这个问题，就需要做出纠正处理。如果机组还是依照最开始的操作来实现运行，就会造成重大的操作失误，严重影响各个泵站的运行，这种损失是难以估计的。因此，当开关按钮被按下时，计算机会通过分析按钮按下的时间和力度，确定是否打开开关，其间会出现一个延迟的过程，这为开关是否接通上了双保险。这即是计算机自动识别与管理的过程。但是，处理模拟数据就如同处理开关的信号，通常的处理是将模拟数据放置到设定好的信号缓冲地带，如分析限定水位的液位数据，当水位感应器通过模拟信号把水位的数值逐渐传送到泵站水位控制系统时，利用数据分析，确定是否开启水位预警报警装置。

4.2.3　计算机自动控制系统在泵站设备控制中的应用

1. 系统操作的应用

最原始的泵站管理工作要靠大量的人力来完成，如当一个泵站机组出现问题时，主控制系统操作人员就会向有关站点的人员发出指令，并要求他们负责维修。现在使用了计算机自动控制系统，操作变得十分简单。主控制室的操作人员只需通过计算机自动控制系统的页面显示就可以将工作完成，提升了效率，也在一定程度上节约了人力。另外，泵站运行过程中如果出现故障，各区域对应的报警灯就会发出指示。操作人员可以依据故障解除指南解除相应故障。整个故障解除过程迅速而准确，节省了时间，简化了操作步骤，降低了操作人员在操作过程中出现错误的概率。

2. 过程显示的应用

过程显示，本质上应在计算机的控制下完成，如当显示每一泵站运行状况时，要处理画面，显现实时出现的情况及发生的问题。因为一个观察室有可能产生多个实时画面，要想兼顾所有画面，不漏掉一个问题点，就要求计算机在显示信息时进行一定的处理。最基本的是显示过去出现的报警信息，把现在出现的报警信息存放到数据缓冲区，当解除前面的重要警报后，才能显示较为重要的信息。每一个处理过程将二次呈现或者缓存在控制系统中，最终显示整个过程。这些都需要通过计算机来完成，并且计算机自动完成该过程不受人为的干预。原来这个过程十分复杂、烦琐，现在有了计算机自动控制系统，这个过程变得十分简单。

4.3 PLC的基础知识

可编程控制器(PLC)是在继电器控制和计算机控制的基础上开发出来的，并逐渐发展成以微处理器为核心，把自动控制技术、计算机技术和通信技术融于一体的新型工业自动控制装置。和普通计算机一样，可编程控制器也由硬件及软件构成。可编程控制器工作时采用应用软件逐行扫描的执行方式，这和普通计算机等待命令的工作方式有所不同。从时序上说，可编程控制器指令的串行工作方式和继电接触器逻辑判断的并行工作方式也是不同的。

可编程控制器近几十年来得到了迅猛的发展，至今已经成为工业自动化领域中最重要、应用最多的控制装置，居工业生产自动化三大支柱(可编程控制器、机器人、计算机辅助设计与制造)的首位。

4.3.1 PLC的产生和发展

1. PLC的产生

早期的工业生产中广泛使用的电气自动控制系统是继电器-接触器控制系统。它具有结构简单、价格低廉、操作容易和对维护技术要求不高的优点，特别适用于工作模式固定、控制要求比较简单的场合。随着工业生产的迅速发展，继电控制系统的缺点日益突出。由于其线路复杂，系统的可靠性难以提高且检查和修复相当困难。当产品更新时，生产机械加工规范和生产加工线也必须随之改变，而这种变动的工作量很大，造成的经济损失也是相当大的。1968年，美国通用汽车公司(GM)为适应汽车工业激烈的竞争，满足汽车产品不断更新的要求，向制造商公开招标，寻求一种取代传统继电器-接触器控制系统的新型控制装置。通用汽车公司对新型控制装置提出的十大条件是：

① 编程简单，可在现场修改程序。

② 维护方便，采用插件式结构。

③ 可靠性高于继电器-接触器控制系统。

④ 体积小于继电器-接触器控制系统。

⑤ 成本可与继电器控制柜竞争。

⑥ 可将数据直接输入计算机。

⑦ 输入是 15 V(AC)(美国标准系列电压值)。

⑧ 输出为 115 V(AC),2 A 以上,能直接驱动电磁阀、交流接触器、小功率电机等。

⑨ 通用性强,能扩展。

⑩ 能存储程序,存储器容量至少能扩展到 4 KB。

由此可见,美国通用汽车公司在寻找一种新型控制装置,要求它尽可能减少重新设计控制系统和接线,降低生产成本,缩短生产时间,并设想把计算机的功能完备、灵活、通用等优点和继电器控制系统的简单易懂、操作方便、价格便宜等优点有机地结合起来,制造成一种通用控制装置,把计算机的编程方法和程序输入方式加以简化,用面向控制对象、面向控制过程、面向用户的"自然语言"编写独特的控制程序,使不熟悉计算机的人员也能方便地使用。

根据上述要求,美国数字设备公司(DEC)在 1969 年首先研制出第一台可编程控制器 PDP－14,在汽车装配线上使用,取得了成功。接着,美国 MODICON 公司也开发出了可编程控制器。从此,这项新技术迅速在世界各国得到推广应用。1971 年日本从美国引进了这项新技术,很快研制出日本第一台可编程控制器 DSC－18。1973 年西欧国家也研制出它们的第一台可编程控制器。我国从 1974 年开始研制,1977 年开始工业推广应用。

早期的可编程控制器是为了取代继电器控制线路,其功能基本上限于开关量逻辑控制,仅有逻辑运算、定时、计数等顺序控制功能,一般称为可编程逻辑控制器。这种 PLC 主要由分立元件和中小规模集成电路组成,在硬件设计上特别注重适应工业现场恶劣环境的应用,但编程需要由受过专门训练的人员来完成,这是第一代可编程控制器。

进入 20 世纪 70 年代,随着微电子技术的发展,尤其是 PLC 采用通用微处理器之后,可编程逻辑控制器就不再局限于当初的逻辑运算了,功能得到增强。进入 20 世纪 80 年代,随着大规模和超大规模集成电路等微电子技术的迅猛发展,以 16 位和少数 32 位微处理器构成的微机化 PLC,功能进一步增强,工作速度加快,体积减小,可靠性提高,成本下降,编程和故障检测更为灵活方便。现代的 PLC 不仅能实现开关量的顺序逻辑控制,而且具有数字运算、数据处理、运动控制及模拟量控制,以及远程 I/O、网络通信和图像显示等功能,已成为实现生产自动化、管理自动化的重要支柱。

我国有不少的厂家研制和生产过 PLC,但是还没有出现有影响力和较大市场占有率的产品。在全世界有上百家 PLC 制造厂商,其中著名的厂商有美国 Rockwell 自动化公司所属的 A－B(Allen & Bradley)和 GE Fanuc 公司、德国的西门子(SIEMENS)公司、法国的施耐德(SCHNEIDER)自动化公司、日本的欧姆龙(OMRON)和三菱公司等。这几家公司控制着全世界 80%以上的 PLC 市场,它们的系列产品有其技术广度和深度,从微型 PLC 到上万个 I/O 点的大型 PLC 应有尽有。

PLC 技术从诞生之日起,就不断地发展,PLC 的定义也经过多次变动。1987 年,国际电工委员会 IEC 颁布了 PLC 的最新定义:PLC 是一种专门为在工业环境下应用而设计的数字运算操作的电子装置。它采用可以编制程序的存储器,用来在其内部存储执行逻辑运算、顺序运算、计时、计数和算术运算等操作的指令，并能通过数字式或模拟式的输入和输出，控制各类的机械或生产过程。PLC 及其有关的外围设备都应按照易于与工业控制系统形成一个整体、易于扩展其功能的原则设计。

可见，PLC 的定义实际是随 PLC 的硬件和软件技术发展而发展的。这些发展不仅改进了 PLC 的设计，也改变了控制系统的设计理念。

2．PLC 硬件的发展

① 采用新的先进的微处理器和电子技术达到快速扫描的目的。

② 小型的、低成本的 PLC，可以代替 4～10 个继电器，获得更大的发展动力。

③ 高密度的 I/O 系统，以较低成本提供了节省空间的接口。

④ 基于微处理器的智能 I/O 接口扩展了分布式控制能力，典型的接口有 PID、网络、CAN 总线、现场总线、ASCII 通信、定位、主机通信模块和语言模块（如 BASIC，PASCAL）等。

⑤ 包括输入输出模块和端子的结构设计改进，使端子更加集成。

⑥ 特殊接口允许某些器件直接接到控制器上，如热电偶、热电阻等。

⑦ 改进了操作员界面技术，系统文档功能成为 PLC 的标准功能。

以上这些硬件的改进，使 PLC 的产品系列得到丰富和发展，PLC 从最小的只有 10 个 I/O 点的微型 PLC，发展到可以达到 8000 个 I/O 点的大型 PLC。这些产品系列通过普通的 I/O 系统和编程外部设备，可以组成局域网，并与办公网络相连。整个 PLC 的产品系列概念对于用户来说，是一个注重节约成本的控制系统概念。

3．PLC 软件的发展

① PLC 引入了面向对象的编程工具，并根据国际电工委员会的 IEC 61131－3 标准形成了多种语言。

② 小型 PLC 也提供了强大的编程指令，并且拓展了应用领域。

③ 高级语言如 BASIC 和 C 语言在某些控制器模块中已经可以实现，并在与外部通信和处理数据时提供了更大的编程灵活性。

④ 梯形图逻辑中可以实现高级的功能块指令，使用户用简单的编程方法实现复杂的软件功能。

⑤ 诊断和错误检测功能从简单的系统控制器的故障诊断扩大到对所控制的机器和设备的过程和设备诊断。

⑥ 浮点算术可以进行控制应用中计量、平衡和统计等所牵涉的复杂计算。

⑦ 数据处理指令得到简化和改进，可以实现涉及大量数据存储、跟踪和存取的复杂控制和数据采集及处理功能。

尽管 PLC 比原来复杂了很多，但是它依然保持着令人吃惊的简单性，对操作员来说，今天具有超强功能的 PLC 与以前一样容易操作。

4.3.2　PLC 的特点

PLC 发展如此迅速是因为它具有一些其他控制系统[如集散型控制系统(distributed control system,DCS)和通用计算机等]所不具有的特点。

1. 可靠性

可靠性包括产品有效性和可维修性。PLC 的可靠性高,表现在下列四个方面:

① PLC 不需要大量的活动部件和电子元件,接线大大减少,与此同时,系统的维修简单,维修时间缩短,使可靠性得到提高。

② PLC 采用一系列可靠性设计方法进行设计,如冗余设计、掉电保护、故障诊断和报警、运行信息显示、信息保护及恢复等,使可靠性得到提高。

③ PLC 有较强的易操作性,它具有编程简单且出错率大大降低、操作方便及为工业恶劣操作环境而设计的硬件,使可靠性大大提高。

④ PLC 在硬件设计方面,采用了一系列提高可靠性的措施。例如,采用可靠性高的工业级元件和先进的电子加工工艺(SMT)制造,采用屏蔽、隔离和滤波等防干扰措施,采用看门狗和自诊断措施,采用便于维修的设计等。

2. 易操作性

PLC 的易操作性表现在下列三个方面:

① 操作方便。对 PLC 的操作包括程序的输入和更改,大多数 PLC 采用编程器进行程序输入和更改操作。现在 PLC 的编程大部分可以用计算机直接进行,更改程序也可根据所需地址编号、继电器编号或接点号等直接进行搜索或按顺序寻找,然后在线或离线更改。

② 编程方便。PLC 有多种程序设计语言可以使用,对现场电气人员来说,由于梯形图与电气原理图相似,因此梯形图很容易理解和掌握。采用语句表编程时,由于编程语句是功能的缩写,便于记忆,并且与梯形图有一一对应的关系,所以有利于编程人员的编程操作。功能图表语言以过程流程进展为主线,有利于设计人员与工艺专业人员设计思想的沟通。功能模块图和结构化文本语言编程方法具有功能清晰、易于理解等优点,而且与 DCS 组态语言统一,受到了广大技术人员的重视。

③ 维修方便。PLC 所具有的自诊断功能降低了系统对维修人员技术的要求,当系统发生故障时,通过硬件和软件的自诊断,维修人员可以根据故障代码和故障信号灯等提示的信息或通过编程器和人机界面的设定,直接找到故障所在的部位,为迅速排除故障和修复系统节省了时间。

为便于维修工作的开展,有些 PLC 制造商提供维修用的专用仪表或设备,以及故障维修用的资料;有些厂商还提供维修用的智能卡件或插件板。此外,PLC 的面板和结构设计也考虑了维修的方便性。例如,将需要维修的部件设置在便于维修的位置,信号灯设置在易于观察的位置,接线端子采用便于接线和更换的类型等,这些设计使维修工作能方便地进行，大大缩短了维修时间。采用标准化元件和标准化工艺生产流水作业，使维修用的备用品、备用件简化等，也使维修工作变得方便。

3. 灵活性

PLC的灵活性主要表现在下列三个方面：

① 编程的灵活性。PLC采用的标准编程语言有梯形图、指令表、功能图表、功能模块图和结构化文本编程语言等。使用者只要掌握其中一种编程语言就可进行编程，编程方法的多样性使编程更方便。由于PLC内部采用软连接，因此，在生产工艺流程更改或者生产设备更换后，可不必改变PLC的硬件设备，通过程序的编制与更改就能适应生产的需要。这种编程的灵活性是继电器控制系统和数字电路控制系统所不能比拟的，正是由于编程的柔性特点，PLC成为工业控制领域的重要控制设备，在计算机集成制造系统CIMS和计算机流程工业系统CIPS中得到广泛的应用。

② 扩展的灵活性。PLC扩展的灵活性是指可以根据应用的规模不断扩展，即进行容量的扩展、功能的扩展、应用和控制范围的扩展。它不仅可以通过增加输入输出卡件来增加点数，通过扩展单元扩展容量和功能，也可以通过多台PC的通信来扩展容量和功能，甚至可以通过与其他的控制系统如DCS或上位机的通信来扩展其功能，并与外部的设备进行数据交换。这种扩展的灵活性大大方便了用户。

③ 操作的灵活性。PLC操作的灵活性是指设计工作量、编程工作量和安装施工工作量的减少使操作变得十分方便和灵活，监视和控制变得很容易。在继电器控制系统中所需的一些操作得到简化，不同生产过程可采用相同的控制台和控制屏等。

4. 机电一体化

为了使工业生产过程更平稳可靠，向优质高产低耗要效益，人们对过程控制设备和装置提出了机电一体化的要求，即将仪表、电子及计算机综合起来，而PLC正是这一要求的产物。它是专门为工业过程而设计的控制设备，具有体积小、功能强、抗干扰性好等优点，它将机械与电气部件有机地结合在一个设备内，把仪表、电子和计算机的功能综合集成在一起，现已经成为当今数控技术、工业机器人、离散制造和过程流程等领域的主要控制设备。

4.3.3 PLC与各类控制系统的比较

1. PLC与继电器控制系统的比较

传统的继电器控制系统是针对一定的生产机械、固定的生产工艺而设计的，采用硬接线方式安装而成，只能完成既定的逻辑控制、定时和计数等功能，即只能进行开关量的控制，一旦改变生产工艺，继电器控制系统就必须重新配线，因而适应性很差，且体积庞大，安装、维修均不方便。由于PLC应用了微电子技术和计算机技术，各种控制功能是通过软件来实现的，只要改变程序，就可适应生产工艺的改变，因此适应性强。PLC不仅能实现逻辑运算、定时和计数等功能，而且能进行算术运算，因而它既可进行开关量控制，又可进行模拟量控制，还能与计算机联网，实现分级控制。PLC 还具有自诊断功能，所以在用微电子技术改造传统产业的过程中，传统的继电器控制系统必将被 PLC 所取代。

2. PLC 与单片机控制系统的比较

单片机控制系统仅适用于较简单的自动化项目，硬件上主要受 CPU、内存容量及 I/O 接口的限制，软件上主要受限于与 CPU 类型有关的编程语言。现代 PLC 的核心就是单片微处理器。虽然用单片机做控制部件在成本方面具有优势，但是从单片机到工业控制装置之间毕竟有一个硬件开发和软件开发的过程。虽然 PLC 也有必不可少的软件开发过程，但两者所用的语言差别很大：单片机主要使用汇编语言开发软件，所用的语言复杂且易出错，开发周期长；而 PLC 使用专用的指令系统来编程，简便易学，现场就可以开发调试。与单片机相比较，PLC 的输入输出端更接近现场设备，不需添加太多的中间部件，可节省用户的时间和总的投资。一般来说，单片机或单片机系统的应用只是为某个特定的产品服务的，单片机控制系统的通用性、兼容性和扩展性差。

3. PLC 与计算机控制系统的比较

PLC 是专为工业控制所设计的，而微型计算机是为科学计算、数据处理等而设计的，尽管两者在技术上都采用了计算机技术，但由于使用对象和环境的不同，PLC 具有面向工业控制、抗干扰能力强、适应工程现场的温度和湿度等特点。此外，PLC 使用面向工业控制的专用语言而使编程及修改方便，并有较完善的监控功能。微机系统则不具备上述特点，其一般对运行环境要求苛刻，并且要使用高级语言编程，要求使用者有相当水平的计算机硬件和软件知识。而人们在应用 PLC 时，不必进行计算机方面的专门培训，就能进行操作及编程。

4. PLC 与传统的集散型控制系统的比较

PLC 是由继电器逻辑控制系统发展而来的，而传统的集散型控制系统 DCS 是由回路仪表控制系统发展起来的，它在模拟量处理、回路调节等方面有一定的优势。随着微电子技术、计算机技术和通信技术的发展，PLC 无论是在功能、速度还是在智能化模块及联网通信方面，都有很大的发展，并开始与小型计算机联成网络，构成以 PLC 为重要部件的分布式控制系统。随着网络通信功能的不断增强，PLC 与 PLC 及 PLC 与计算机的互联，可以形成大规模的控制系统。现在各类 DCS 也面临着高端 PLC 的威胁。随着 PLC 的技术不断发展，现代 PLC 基本上具备了 DCS 过去所独有的一些复杂控制功能，且 PLC 具有操作简单的优势，最重要的一点是 PLC 的价格和成本是 DCS 所无法比拟的。

4.3.4 PLC 的应用

目前，PLC 在国内外已广泛应用于钢铁、石油、化工、电力、建材、机械制造、汽车、交通运输、环保等行业领域。随着性能价格比的不断提高，其应用范围不断扩大。

1. 开关量的逻辑控制

开关量的逻辑控制是 PLC 最基本的应用，即用 PLC 取代传统的继电器控制，实现逻辑控制和顺序控制，如机床电气控制，家用电器自动装配线的控制，化工、造纸、轧钢自动生产线的控制，等等。

2. 过程控制

过程控制是指对温度、压力、流量等连续变化的模拟量的闭环控制。PLC 通过模拟量 I/O 模块，实现模拟量(analog)和数字量(digital)之间的 A/D 与 D/A 转换，并对模拟量实行闭环 PID(比例一积分一微分)控制。现代的 PLC 一般都有 PID 闭环控制功能，这一功能可以用 PID 功能指令或专用的 PID 模块来实现。其 PID 闭环控制功能已经广泛应用于塑料挤压成型机、加热炉、热处理炉、锅炉等设备，以及轻工、化工、机械、冶金、电力、建材等行业。

3. 运动控制

PLC 使用专用的指令或运动控制模块对直线运动或圆周运动进行控制，可实现单轴、双轴、三轴和多轴位置控制，使运动控制与顺序控制功能有机地结合在一起。PLC 的运动控制功能广泛地用于各种机械，如金属切削机床、金属成型机械、装配机械、机器人及电梯等。

4. 数据处理

现代的 PLC 具有数学运算(包括四则运算，矩阵运算，函数运算，字逻辑运算，求反、循环、移位和浮点数运算等)、数据传送、转换、排序和查表、位操作等功能，可以完成数据的采集、分析和处理。这些数据可以与存储在存储器中的参考值比较，也可以以通信方式传送到别的智能装置，或者将它们制表打印。

5. 通信联网

通信联网是指 PLC 与 PLC 及 PLC 与上位计算机或其他智能设备(如变频器、数控装置)之间的通信，利用 PLC 和计算机的 RS232 或 RS422 接口、PLC 的专用通信模块，用双绞线和同轴电缆或光缆将它们连成网络，实现信息交换，构成“集中管理、分散控制”的多级分布式控制系统，建立自动化网络。

4.3.5 PLC 构成的控制系统的类型

1. PLC 构成的单机系统

PLC 构成的单机系统的被控对象是单一的生产机器或生产流水线，其控制器是由单台 PLC 构成的，一般不需要与其他 PLC 或计算机进行通信，如图 4-2 所示。但是，设计者还要考虑将来是否有联网的需要，如果需要，应当选用具有通信功能的 PLC。

2. PLC 构成的集中控制系统

PLC 构成的集中控制系统的被控对象通常是数台机器或数条流水线，该系统的控制器由单台 PLC 构成，每个被控对象与 PLC 指定的 I/O 相连，如图 4-3 所示。由于采用一台 PLC 控制，因此各被控对象之间的数据、状态不需要另外的通信线路。但是，一旦 PLC 出现故障，整个系统将停止工作。对于大型的集中控制系统，通常采用冗余系统克服上述缺点。

3．PLC 构成的分布式控制系统

PLC 构成的分布式控制系统的被控对象通常比较多，分布在一个较大的区域内，相互之间距离比较远，而且被控对象之间经常交换数据和信息，如图 4-4 所示。该系统的控制器由若干个相互之间具有通信功能的 PLC 构成。系统的上位机可以采用 PLC，也可以采用工控机。PLC 作为一种控制设备，单独构成一个控制系统是有局限性的，主要是无法进行复杂运算，无法显示各种实时图形和保存大量历史数据，也不能显示汉字和打印汉字报表，没有良好的界面。这些不足，可以利用上位机来弥补。上位机可完成监测数据的存储、处理与输出，以图形或表格形式对现场情况进行动态模拟显示，分析限值或报警信息，驱动打印机实时打印各种图表。

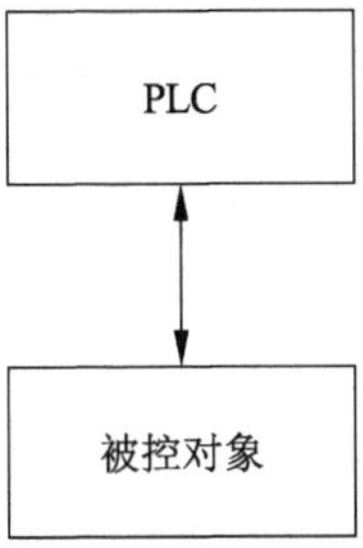

图 4-2　单机系统

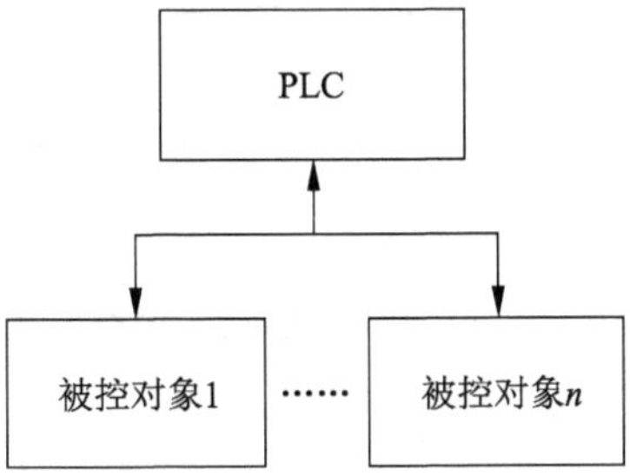

图 4-3　集中控制系统

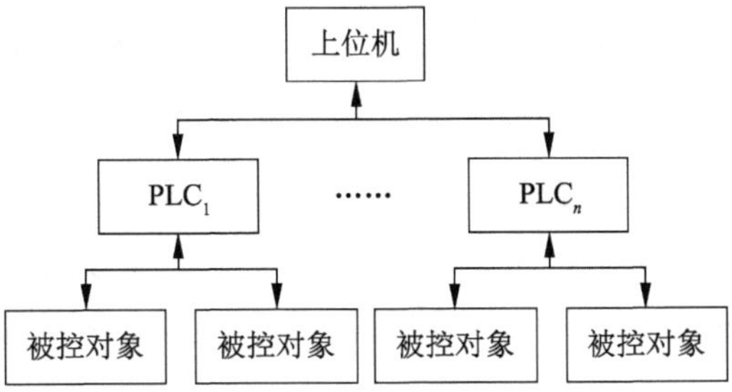

图 4-4　分布式控制系统

4.3.6　PLC 的构成

PLC 实质上是一台用于工业控制的专用计算机，它的构成与一般计算机相似，但为了便于接线、扩充功能、操作与维护，以及提高系统的抗干扰能力，其构成又与一般计算机有所区别。

1. PLC 的硬件

PLC 的基本组成包括中央处理模块(CPU)、存储器模块、输入/输出(I/O)模块、电源模块及外部设备(如编程器)，如图 4-5 所示。

主机内的各部分通过电源总线、控制总线、地址总线和数据总线连接。根据实际控制对象的需要配备一定的外部设备，可构成不同的 PLC 控制系统。常用的外部设备有编程器、打印机、EPROM 写入器等。PLC 还可以配置通信模块与上位机及其他的 PLC 进行通信，构成 PLC 的分布式控制系统。

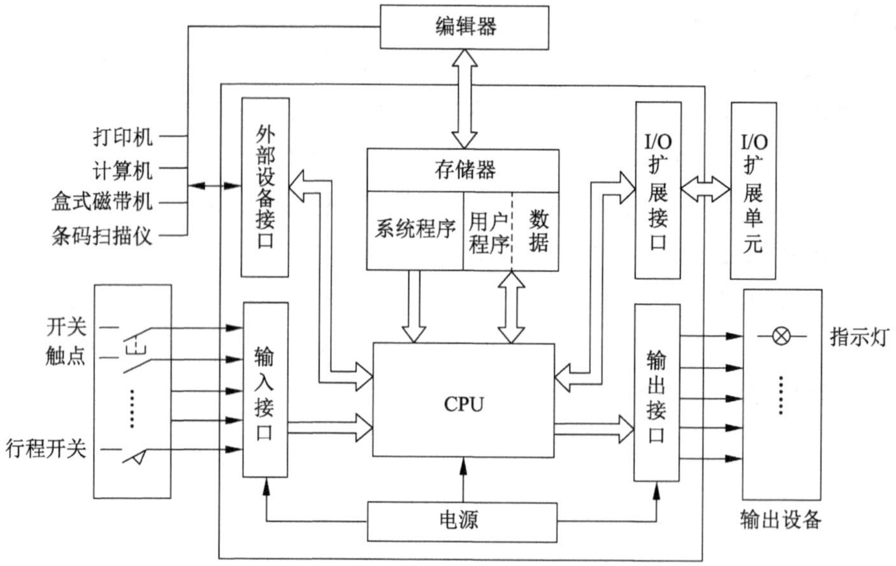

图 4-5 PLC 的基本组成

(1) 中央处理模块

中央处理模块(CPU)一般由控制器、运算器和寄存器组成，它们都集成在一个芯片内。CPU 通过数据总线、地址总线和控制总线与存储单元、输入/输出接口电路相连接。

PLC 中所采用的 CPU 随机型不同而异，通常有三种：通用微处理器(如 8086，80286，80386 等)、单片机和位片式微处理器。小型 PLC 大多采用 8 位、16 位微处理器或单片机作 CPU，其具有价格低、通用性好等优点。中型 PLC 大多采用 16 位、32 位微处理器或单片机(如 8086，96 系列单片机)作 CPU，其具有集成度高、运算速度快、可靠性高等优点。大型 PLC 大多采用高速位片式微处理器作 CPU，其具有灵活性强、速度快、效率高等优点。

与通用计算机一样，CPU 也是 PLC 的核心部件，它完成 PLC 所进行的逻辑运算、数值计算及信号变换等任务，并发出管理、协调 PLC 各部分工作的控制信号。CPU 主要作用如下：

① 接收从编程器输入的用户程序和数据，送入存储器存储。

② 用扫描方式接收输入设备的状态信号，并存入相应的数据区(输入映像寄存器)。

③ 监测和诊断电源、PLC 内部电路的工作状态和用户编程过程中的语法错误等。

④ 执行用户程序。从存储器逐条读取用户指令，完成各种数据的运算、传送和存储等任务。

⑤ 根据数据处理的结果，刷新有关标志位的状态和输出映像寄存器表的内容，再经输出部件实现输出控制、制表打印或数据通信等功能。

(2) 存储器模块

PLC 的存储器是存放程序及数据的地方，PLC 运行所需的程序分为系统程序和用户程序，存储器也分为系统存储器(EPROM)和用户存储器(RAM)两部分。

1）系统存储器

系统存储器用来存放 PLC 生产厂家编写的系统程序，并固化在只读存储器 ROM 内，用户不能更改。

2）用户存储器

用户存储器包括用户程序存储区和用户数据存储区两部分。用户程序存储区存放针对具体控制任务，用规定的 PLC 编程语言编写的控制程序。用户程序存储区的内容可以由用户任意修改或增删。用户程序存储区的容量一般代表 PLC 的标称容量，通常小型机小于 8 KB，中型机小于 64 KB，大型机在 64 KB 以上。用户数据存储区用于存放 PLC 在运行过程中所用到的和生成的各种工作数据。用户数据存储区包括输入数据映像区，输出数据映像区，存放定时器、计算器预置值和当前值的数据区及存放中间结果的缓冲区等。这些数据是不断变化的，但不需要长久保存，因此采用随机读写存储器 RAM 存储。由于随机读写存储器 RAM 是一种挥发性的器件，即当供电电源关掉后，其存储的内容会丢失，因此在实际使用中通常为其配备掉电保护电路。当正常电源关断后，由备用电池为它供电，保护其存储的内容不丢失。

(3) 输入输出(I/O)模块

输入输出(I/O)模块是 PLC 与工业控制现场各类信号连接的部分，起着在 PLC 与被控对象间传递输入输出信息的作用。由于实际生产过程中产生的输入信号多种多样，信号电平各不相同，而 PLC 所能处理的信号只能是标准电平，因此必须通过输入模块将这些信号转换成 CPU 能够接收和处理的标准电平信号。同样，外部执行元件如电磁阀、接触器、继电器等所需的控制信号电平也有差别，也必须通过输出模块将 CPU 输出的标准电平信号转换成这些执行元件所能接收的控制信号。

PLC I/O 模块的电路框图如图 4-6 所示。为了提高抗干扰能力，一般的 I/O 模块都有光电隔离装置。在数字量 I/O 模块中广泛采用由发光二极管和光电三极管组成的光电耦合器，在模拟量 I/O 模块中通常采用隔离放大器。

来自工业生产现场的输入信号经输入模块进入 PLC。这些信号可以是数字量、模拟量、直流信号、交流信号等，使用时要根据输入信号的类型选择合适的输入模块。

由 PLC 产生的输出控制信号经过输出模块驱动负载，如电动机的启停和正反转、阀门的开闭、设备的移动和升降等。和输入模块相同，与输出模块相接的负载所需的控制信号可以是数字量、模拟量、直流信号、交流信号等，因此，同样需要根据负载性质选择合适的输出模块。

PLC 具有多种 I/O 模块，常见的有数字量 I/O 模块和模拟量 I/O 模块，以及快速响应模块、高速计数模块、通信接口模块、温度控制模块、中断控制模块、PID 控制模块和位置控制模块等种类繁多、功能各异的专用 I/O 模块和智能 I/O 模块。I/O 模块的类型、品种与规格越多，PLC 系统的灵活性越好；I/O 模块的 I/O 容量越大，PLC 系统的适应性越强。

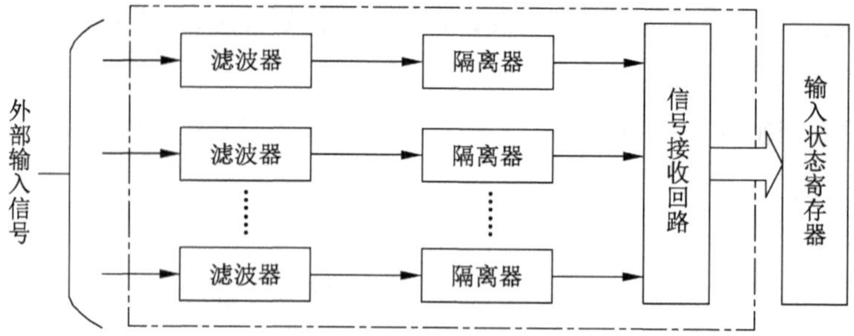

(a) 输入接口

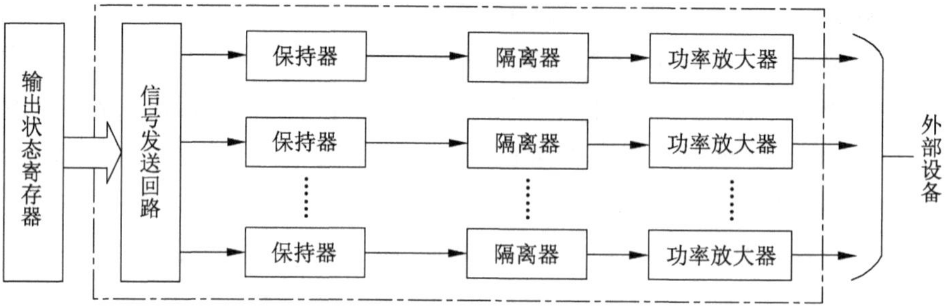

(b) 输出接口

图 4-6　输入输出接口电路结构框图

(4) 电源模块

PLC 的电源模块把交流电源转换成供 CPU、存储器等电子电路使用的直流电源，使 PLC 正常工作。PLC 的电源部件有很好的稳压措施，因此对外部电源的稳定性要求不高，一般允许外部电源电压的额定值在+(10%～15%)的范围内波动。有些 PLC 的电源模块还能向外提供 24 V(DC)稳压电源。为了防止在外部电源发生故障的情况下 PLC 内部程序和数据等重要信息丢失，PLC 用锂电池作停电时的后备电源。

(5) 外部设备

1) 编程器

PLC 的特点是它的程序是可以改变的，既可方便地加载程序，也可方便地修改程序。编程器是 PLC 不可缺少的设备。编程器除编程外，一般还具有一定的调试及监视功能，可以通过键盘调入及显示 PLC 的状态、内部器件及系统的参数，它经过 I/O 接口与 CPU 连接，完成人机对话操作。PLC 的编程器一般分为专用编程器和个人计算机(内装编程软件)两类。

专用编程器有手持式和台式两种。其中手持式编程器携带方便，适合工业控制现场应用。按照功能强弱，手持式编程器又可分为简易型和智能型两类，前者只能联机编程，后者既可联机编程又可脱机编程。脱机编程是指在编程时把程序存储在编程器内存储器中的一种编程方式。脱机编程的优点是在编程及修改程序时，可以不影响原有程序的执行，也可以在远离主机的异地编程后再到主机所在地下载程序。

编程软件安装在个人计算机上，可编辑、修改用户程序，实现计算机和 PLC 之间程序的相互传送，监控 PLC 的运行并在屏幕上显示其运行状况，还可将程序存储在磁盘上或打印出来等。

专用编程器只能对某一 PLC 生产厂家的产品编程，使用范围有限。如今 PLC 以每隔几年一代的速度不断更新换代，因此专用编程器的使用寿命有限，价格一般也比较高。现在的趋势是以个人计算机作为基础的编程系统，由 PLC 厂家向用户提供编程软件。工业用的个人计算机可以在较高的温度和湿度条件下运行，能够在类似于 PLC 运行条件的环境中长期可靠地工作。轻便的笔记本电脑配上 PLC 的编程软件，很适合在工业现场调试程序。世界上主要的 PLC 厂家都提供了供个人计算机使用的 PLC 编程、监控软件，不少厂家还推出了中文版的编程软件，对于不同型号和厂家的 PLC，只需要更换编程软件就可以了。

2）其他外部设备

PLC 还配有生产厂家提供的其他一些外部设备，如外部存储器、打印机和 EPROM 写入器等。

外部存储器是指磁带或磁盘，工作时可将用户程序或数据存储在盒式录音机的磁带上或磁盘驱动器的磁盘中，作为程序备份。当 PLC 内存中的程序被破坏或丢失时，可将外存中的程序重新装入。打印机用来打印带注释的梯形图程序或语句表程序，以及各种报表等。在系统的实时运行过程中，打印机用来提供运行过程中发生事件的硬记录，如记录 PLC 运行过程中故障报警的时间等，这对于事故分析和系统改进是非常有价值的。EPROM 写入器用于将用户程序写入 EPROM 中。同一 PLC 的各种不同应用场合的用户程序可分别写入不同的 EPROM 中，当系统的应用场合发生改变时，只需更换相应的 EPROM 芯片。

2. PLC 的软件

(1) 软件的分类

PLC 的软件包括系统软件和应用软件两大部分。

1）系统软件

系统软件是指系统的管理程序、用户指令的解释程序及一些供系统调用的专用标准程序块等。系统管理程序用以完成 PLC 运行相关的时间分配、存储空间分配管理和系统自检等工作。用户指令的解释程序用以完成用户指令变换为机器码的工作。系统软件在用户使用 PLC 之前就已装入机内，并永久保存，在各种控制工作中都不能更改。

2）应用软件

应用软件又称为用户软件、用户程序，是由用户根据控制要求，采用 PLC 专用的程序语言编制的应用程序。

(2) 应用软件常用的编程语言

目前 PLC 常用的编程语言有梯形图、指令表、顺序功能图、功能块图等。

1）梯形图

梯形图是一种以图形符号及图形符号在图中的相互关系表示控制关系的编程语言，是从继电器电路图演变过来的。图 4-7 所示为继电器控制电路图与 PLC 控制梯形图的比较，它们的控制功能相同，都能实现三相异步电动机的自锁正转控制。梯形图中所绘的图形符号与继电器电路图中的符号十分相似，相似的原因非常简单，一是梯形图是为熟悉继电器电路图的工程技术人员设计的，二是两种图所表达的逻辑含义是一样的。因此，绘制梯形图时，可将 PLC 中参与逻辑组合的元件看成和继电器一样，具有常开、常闭触点及线圈，且线圈的得电、失电将导致触点的相应动作；用母线代替电源线，用能量流概念代替继电器电路中的电流概念；使用与绘制继电器电路图类似的思路绘出梯形图。

梯形图与继电器控制电路图两者之间仍存在许多差异。

① PLC 采用梯形图编程是模拟继电器控制系统的表示方法，因而梯形图内各种元件也沿用了继电器的叫法，称为软继电器，例如 4-7 中的 X0、X1（输入继电器）、Y0（输出继电器）。梯形图中的软继电器不是物理继电器，每个软继电器为存储器中的一位，相应位为“1”，表示该继电器线圈得电。用软继电器就可以按继电器控制系统的形式来设计梯形图。

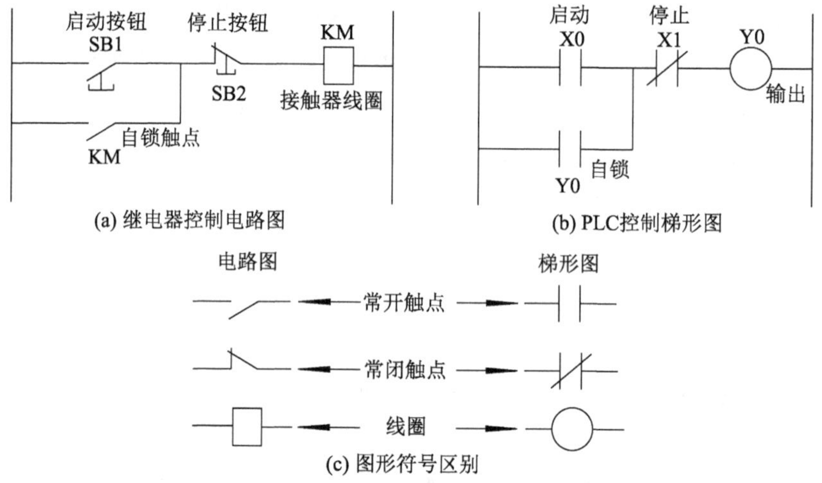

图 4-7 继电器控制电路图与 PLC 控制梯形图的比较

② 梯形图中流过的“电流”不是物理电流，而是“能量流”，它只能从左到右、自上而下流动。“能量流”不允许倒流。“能量流”流过，表示线圈接通。“能量流”流向的规定表示出 PLC 的扫描是按从左到右、自上而下的顺序进行的，而继电器控制系统中的电流是不受方向限制的，导线连接到哪里，电流就可流到哪里。

③ 梯形图中的常开、常闭触点不是现场物理开关的触点，它们对应输入映像寄存器、输出映像寄存器或数据寄存器中相应位的状态，而不是现场物理开关的触点状态。在 PLC 中，常开触点被认为是取位操作，常闭触点则理解为位取反操作。因此，在梯形图中同一元件的一对常开、常闭触点的切换没有时间的延迟，常开、常闭触点互为相反状态。

而继电器控制系统中大多数电器属于先断后合型电器。

④ 梯形图中的输出线圈不是物理线圈,不能用它直接驱动现场执行机构。输出线圈状态对应输出映像寄存器相应的状态而不是现场电磁开关的实际状态。

⑤ 编制程序时,PLC 内部继电器的触点原则上可无限次反复使用,因为存储单元中的位状态可取用任意次;继电器控制系统中的继电器触点数是有限的。但是 PLC 内部的线圈通常只引用一次,因此应慎重对待重复使用同一地址编号的线圈。

2) 指令表

指令表又称为语句表。语句表和汇编语言有点类似,由语句指令依一定的顺序排列而成。一条指令一般可分为两部分,一为助记符,二为操作数。有些指令只有助记符,称为无操作数指令。语句表和梯形图有严格的对应关系。对指令表运用不熟悉的人可先画出梯形图,再转换为语句表。程序编制完毕装入机内运行时,简易编程设备都不具备直接读取图形的功能,梯形图程序只有改写为指令表才有可能送入 PLC 运行。图 4-8 所示为梯形图对应的语句表。

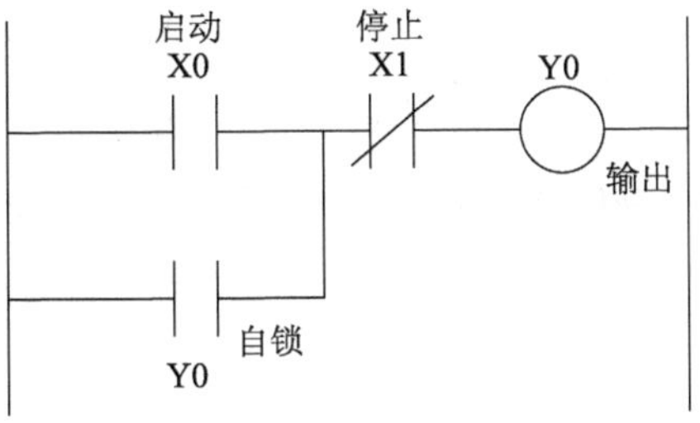

助记符	操作数
LD	X0
OR	Y0
ANI	X1
OUT	Y0

图 4-8　梯形图对应的语句表

3) 顺序功能图

顺序功能图常用来编制顺序控制类程序,它包含步、动作、转换三个要素。顺序功能图编程法将一个复杂的顺序控制过程分解为一些小的工作状态,对这些小的工作状态的功能分别处理后再将它们依顺序连接组合成整体的控制程序。顺序功能图体现了一种编程思想,在程序的编制中有很重要的意义。顺序功能图的示意图如图 4-9 所示。

4) 功能块图

功能块图是一种类似于数字逻辑门电路的编程语言,有数字电路基础的人很容易掌握。该编程语言用类似与门、或门的方框来表示逻辑运算关系,方框的左侧为逻辑运算的输入变量,右侧为逻辑运算的输出变量,输入、输出端的小圆圈表示“非”运算,方框被“导线”连接在一起,信号从左向右流动,如图 4-10 所示为功能块图的实例。只有个别微型 PLC 模块(如西门子公司的“LOGO!”逻辑模块)使用功能块图编程语言,除此之外,很少有人使用功能块图编程语言。

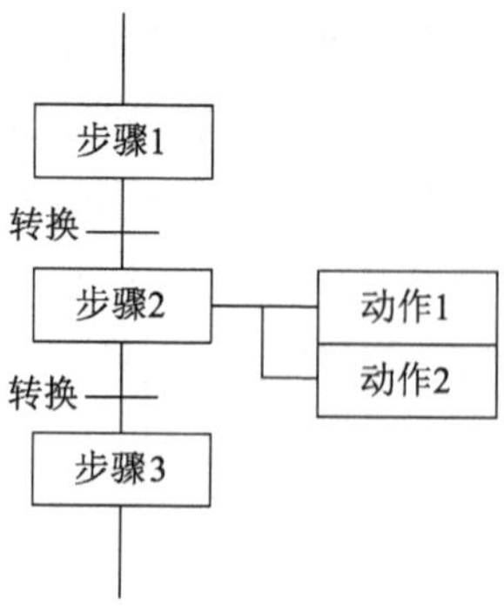

图 4-9 顺序功能图的示意图

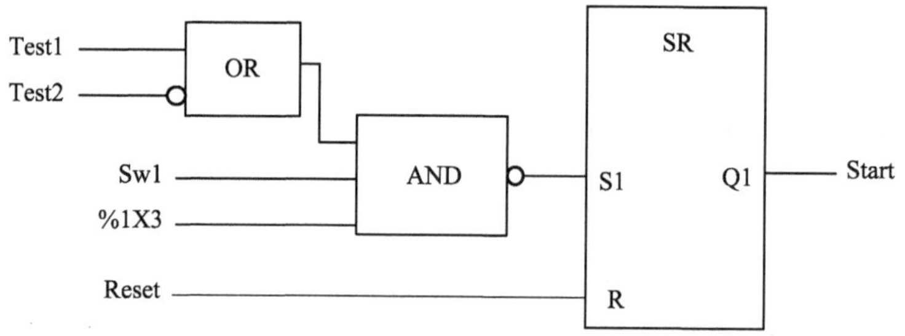

图 4-10 功能块图的实例

4.3.7 PLC 的分类

1. 按硬件的结构类型分类

PLC 是专门为工业生产设计的,为了便于在工业现场安装、扩展、接线,其结构与普通计算机有很大区别,通常有整体式、模块式和叠装式三种结构。

(1) 整体式 PLC

整体式又称为单元式或箱体式。整体式 PLC 的 CPU 模块、I/O 模块和电源装在一个箱体机壳内,结构非常紧凑,体积小、价格低,小型 PLC 一般采用整体式结构。整体式 PLC 提供多种不同 I/O 点数的基本单元和扩展单元供用户选用,基本单元内包括 CPU 模块、I/O 模块和电源,扩展单元内只有 I/O 模块和电源,基本单元和扩展单元之间用扁平电缆连接。各单元的输入点与输出点的比例一般是固定的(如 3∶2),有的 PLC 有全输入型和全输出型的扩展单元。整体式 PLC 一般配有许多专用的特殊功能单元,如模拟量 I/O 单元、位置控制单元、数据输入输出单元等,使 PLC 的功能得到扩展。OMRON 公司的 C20P,C40P,C60P;三菱公司的 F1 系列;东芝公司的 EX20/40 系列;A - B 公司的 SLC500;等等,都属于整体式 PLC。

(2) 模块式 PLC

模块式又称为积木式。大、中型 PLC 和部分小型 PLC 采用模块式结构。模块式 PLC 用搭积木的方式组成系统,由框架和模块组成。模块插在模块插座上,模块插座焊在框架中的总线连接板上。PLC 厂家备有不同槽数的框架供用户选用,如果一个框架容纳不下所选用的模块，可以增设一个或数个扩展框架，各框架之间用 I/O 扩展电缆相连。有的 PLC 没有框架，各种模块安装在基板上。用户可以选用不同档次的 CPU 模块、品种繁多的 I/O 模块和特殊功能模块，对硬件配置的选择余地较大，维修时更换模块也很方便，但缺点是硬件体积比较大。OMRON 公司的 C200H，C1000H，C2000H；A－B 公司的 PLC5 系列产品，MODICON984 系列产品；西门子公司的 S5－100U，S5－115U，S7－300，S7－400；等等，都属于模块式 PLC。图 4-11 所示为模块式 PLC 的示意图。

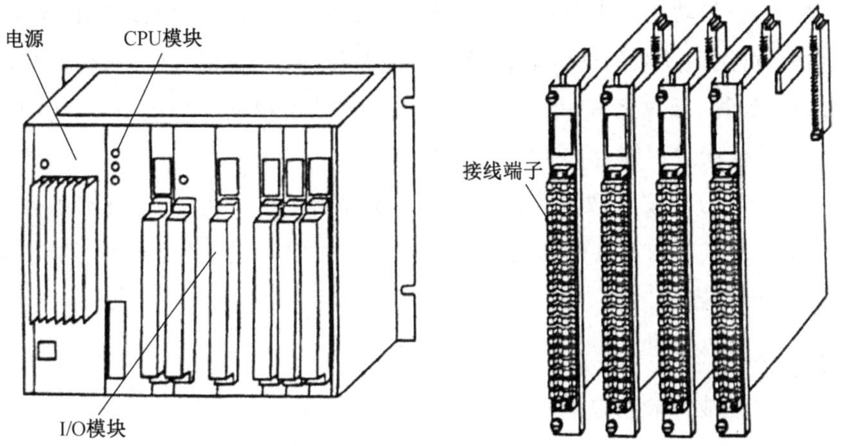

(a) 模块插入机箱时的情形　　(b) 模块插板

图 4-11　模块式 PLC

(3) 叠装式 PLC

叠装式结构是箱体式和模块式相结合的产物。把某一系列 PLC 工作单元的外观尺寸做成一致的，CPU、I/O 接口及电池可做成独立的，不使用模块式 PLC 中的母板，采用电缆连接各个单元，在控制设备中安装时可以一层层地叠装，这就是叠装式 PLC。西门子公司的 S7－200 型号 PLC 就属于叠装式 PLC，如图 4-12 所示。

整体式 PLC 一般用于规模较小，输入、输出点数固定，以后也少有扩展的场合；模块式 PLC 一般用于规模较大，输入、输出点数较多，输入、输出点数比例比较灵活的场合；叠装式 PLC 具有前两者的优点，从近年来的市场情况看，整体式及模块式有结合为叠装式的趋势。

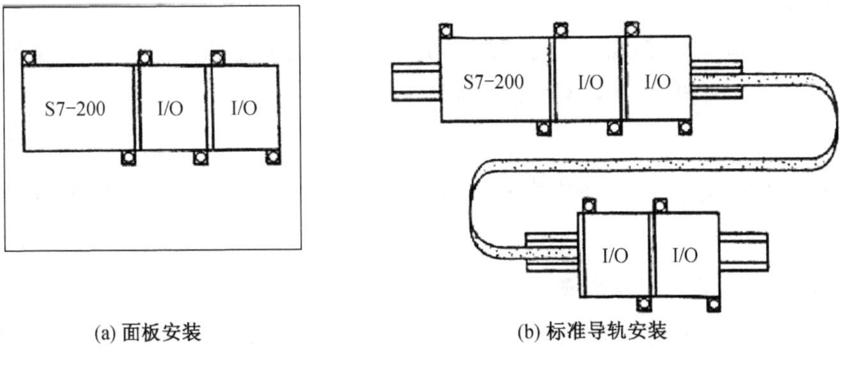

(a) 面板安装　　(b) 标准导轨安装

图 4-12　叠装式 PLC

2. 按应用规模和功能分类

为了适应不同工业生产过程的应用要求，不同型号的 PLC 处理输入输出信号数常设计成不同的。一般将一路信号叫作一个点，将输入点数和输出点数的总和称为机器的点数。按照点数的多少，可将 PLC 分为小型、中型、大型三种类型，小型 PLC 的 I/O 点数在 256 点以下，中型 PLC 的 I/O 点数在 256 到 2048 点之间，大型 PLC 的 I/O 点数在 2048 点以上。PLC 还可以按功能分为低档机、中档机及高档机。低档机以逻辑运算为主，具有计时、计数、移位等功能。中档机一般有整数及浮点运算、数制转换、PID 调节、中断控制及联网功能，可用于复杂的逻辑运算及闭环控制场合。高档机具有更强的数字处理能力，可进行矩阵运算、函数运算，可完成数据管理工作，有很强的通信能力，可以和其他计算机构成分布式生产过程综合控制管理系统。

PLC 按功能划分及按点数规模划分是有一定联系的。一般大型机都是高档机。机型和机器的结构形式及内部存储器的容量一般也有一定的联系，大型机一般都是模块式机，都有很大的内存容量。

4.3.8 PLC 的性能指标

PLC 的主要性能一般用以下六种指标表述。

1. 用户程序存储容量

用户程序存储容量是衡量 PLC 所能存储用户程序的一项指标，通常以字为单位表示。每 16 位相邻的二进制数为 1 个字，1024 个字为 1 K 字。对于一般的逻辑操作指令，每条指令占 1 个字；计时、计数、移位指令每条占 2 个字；数据操作指令每条占 2～4 个字。有些 PLC 是以编程的步数来表示用户程序存储容量的，一条指令包含若干步，一步占用一个地址单元，一个地址单元为两个字节。

2. I/O 总点数

I/O 总点数是 PLC 可接收输入信号和输出信号的数量。PLC 的输入和输出量有开关量和模拟量两种。对于开关量，I/O 总点数用最大 I/O 点数表示；对于模拟量，I/O 总点数用最大 I/O 通道数表示。

3. 扫描速度

扫描速度是指 PLC 扫描 1 K 字用户程序所需的时间，通常以 ms/K 字为单位表示。有些 PLC 也以 μs/步为单位来表示扫描速度。

4. 指令种类

指令种类是衡量 PLC 软件功能强弱的重要指标，PLC 具有的指令种类越多，说明其软件功能越强。

5. 内部寄存器的配置及容量

PLC 内部有许多寄存器用以存放变量状态、中间结果、定时/计数等数据，其数量的多少、容量的大小直接关系到用户编程时方便灵活与否。因此，内部寄存器的配置也是衡量 PLC 硬件功能的一个指标。

6．特殊功能

PLC 除基本功能外，还有很多特殊功能，例如自诊断功能、通信联网功能、监控功能、高速计数功能、远程 I/O 功能等。不同档次和种类的 PLC，其具有的特殊功能相差很大，特殊功能越多，PLC 系统配置、软件开发就越灵活、越方便，适应性越强。因此，特殊功能的强弱及种类的多少是衡量 PLC 技术水平高低的一个重要指标。

第5章

水泵基础

5.1 叶片式泵的定义与分类

叶片式泵也叫动力式泵，能够连续地给液体施加能量，如离心泵、混流泵、轴流泵（表 5-1）。

表 5-1 叶片式泵的分类

叶片式泵	离心泵	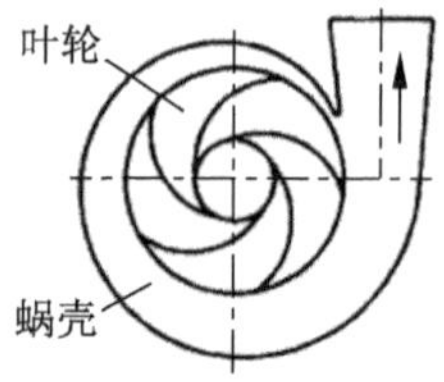 特点：最通用的泵 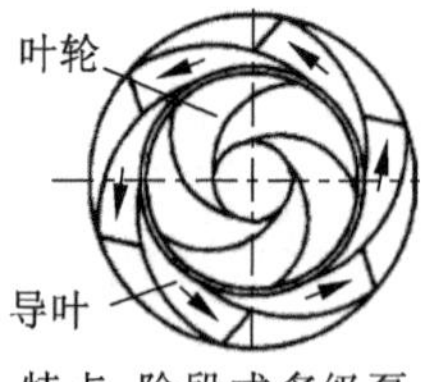 特点：阶段式多级泵 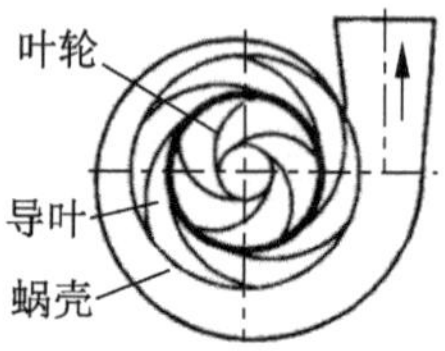 特点：比较大型的蜗壳泵，径向力小	单级（单吸、双吸、自吸、非自吸）；多级（节段式、蜗壳式、双筒式）
	混流泵	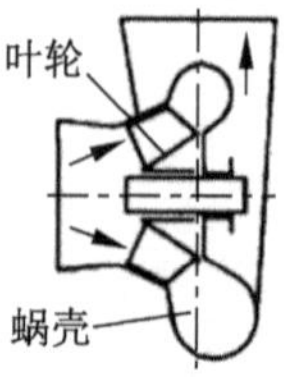 特点：中低扬程、大流量；结构简单 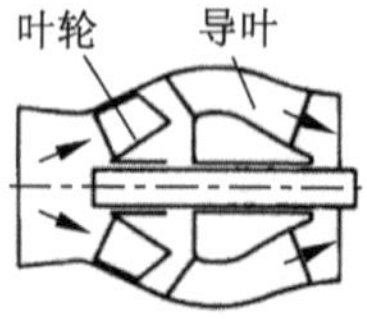 特点：扬程在 10～20 m 之间，径向尺寸小	蜗壳泵、导叶式（固定导叶、可调导叶）

续表

叶片式泵	轴流泵	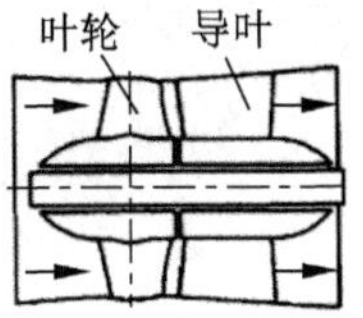 特点：低扬程、大流量	固定叶片、可调叶片

叶片泵的主要过流部件有吸水室、叶轮和压水室(包括导叶)。

吸水室位于叶轮前面，其作用是把液体引向叶轮，有直锥形、弯管形和螺旋形三种形式，如图 5-1 所示。

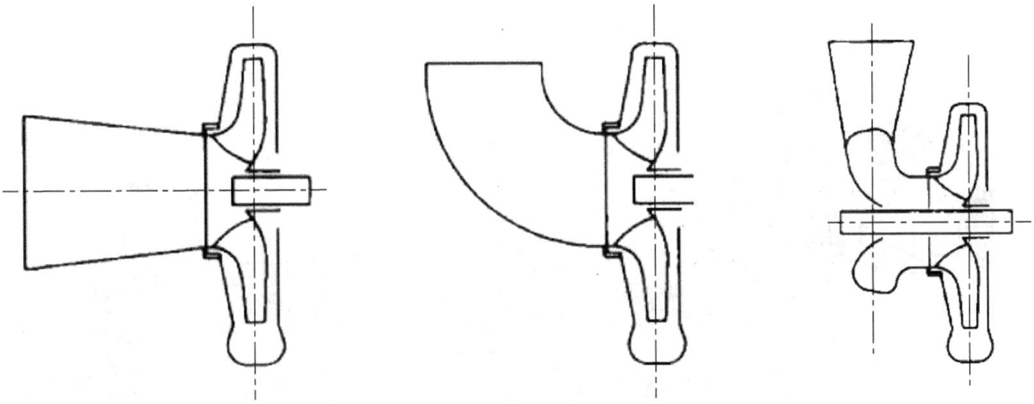

(a) 直锥形　　(b) 弯管形　　(c) 螺旋形

图 5-1　吸水室的形式

压水室位于叶轮外围，其作用是收集从叶轮流出的液体，并将其送入排出管。压水室主要有螺旋形(蜗壳)、径向导叶、空间导叶和轴流泵导叶等形式，如图 5-2 所示。

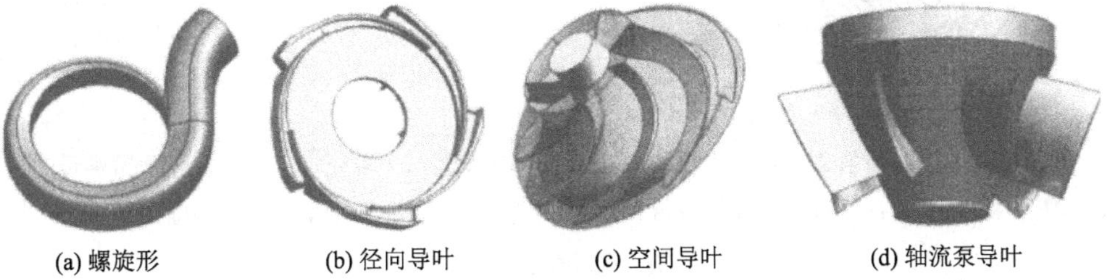

(a) 螺旋形　　(b) 径向导叶　　(c) 空间导叶　　(d) 轴流泵导叶

图 5-2　压水室的形式

叶轮是泵最重要的工作元件，是过流部件的核心。叶轮由盖板和中间的叶片组成。根据液体从叶轮流出的方向不同，叶轮分为离心式(径流式)、混流式(斜流式)和轴流式三种形式，如图 5-3 所示。

① 离心式(径流式)叶轮中，液体流出叶轮的方向垂直于轴线，即沿半径方向流出。

② 混流式(斜流式)叶轮中，液体流出叶轮的方向倾斜于轴线。

③ 轴流式叶轮中，液体流出叶轮的方向平行于轴线，即沿轴线方向流出。

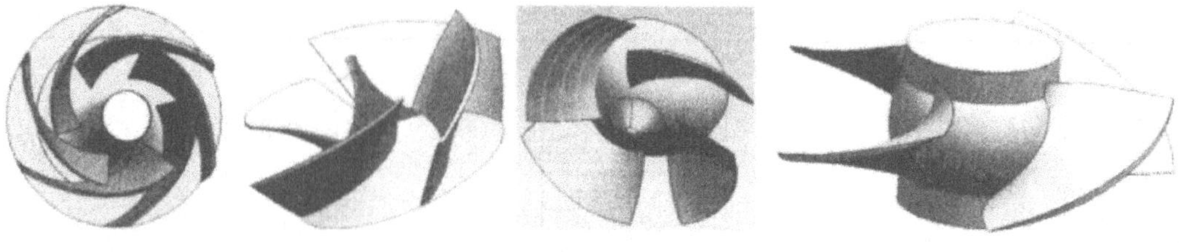

(a) 离心式　　(b) 混流式　　(c) 轴流式

图 5-3　叶轮的形式

5.1.1　离心泵

离心泵是叶片式泵的一种。由于这种泵主要是靠叶轮旋转时叶片拨动液体旋转使液体产生惯性离心力而工作的，所以叫作离心泵（图 5-4）。

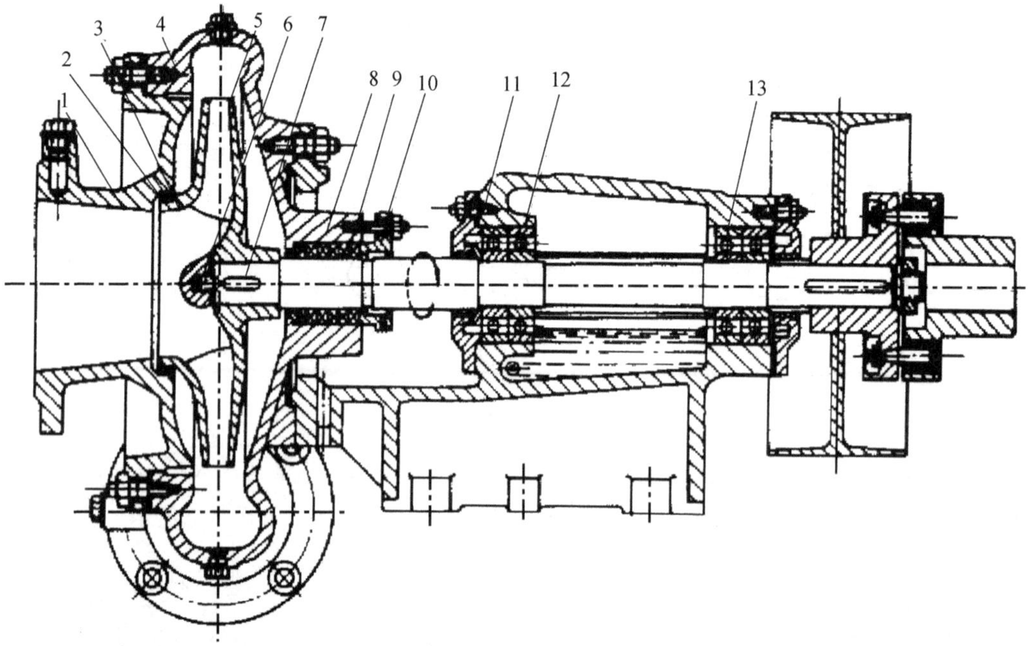

1—带吸入短管的泵盖；2—密封环；3—叶轮的环状突起；4—泵壳；5—叶轮；6—锁紧螺母；7—泵轴；8—填料套筒；9—填料；10—压紧套筒；11—支承架；12，13—轴承。

图 5-4　离心泵结构

离心泵在工作前，吸入管路和泵内首先要充满所输送的液体，离心泵开始工作后，当叶轮旋转时，充满叶轮的液体由许多弯曲的叶片带动旋转，在离心力的作用下，液体沿叶片间流道由叶轮中心甩向边缘，再通过螺旋形泵壳（简称蜗壳）流向排出管。随着液体的不断排出，在泵的叶轮中心形成真空，吸入池中的液体在大气压力的作用下通过吸入管源源不断地流入叶轮中心，再由叶轮甩出。因为叶轮是连续而均匀地旋转的，所以液体连续而均匀地被甩出和吸入。

叶轮的作用是把泵轴的机械能传递给液体，变成液体的压能和动能；蜗壳的作用则是收集从叶轮甩出的液体，并导向排出口的扩散管。扩散管的断面是逐渐增大的，使得液体的流速平缓下降，把部分动能转化为压能。在有些泵上，叶轮外缘装有导叶，其作用也是导流及能量转换。在吸入管上及排出口的扩散管后分别装有真空表和压力表，用以测量泵进口处的真空度及出口压力，从而了解泵的工作状况。

从上述工作原理可知，离心泵工作时，最怕泵内有气。这是因为气体的重度小，旋转时产生的离心力就很小，叶轮中不能形成必要的真空度，也就无法将重度较大的液体吸入泵中。因此，在开泵前必须使泵和吸入系统充满液体，工作中吸入系统也不能漏气，这是离心泵正常工作必须具备的条件。

5.1.2　轴流泵

轴流泵广泛应用于灌溉、给排水、内河航道疏浚、动力工程以及其他需要输送大量液体而扬程要求不高的领域，在核电工程、船舶推进领域也有应用。

轴流泵是叶片泵的一种，它的叶片单元为一系列翼型，围绕轮毂构成圆柱叶栅(图 5-5)。由于流过叶轮的流体微团的迹线理论上位于与转轴同心的圆柱面上，经过导叶消旋之后认为出流沿着轴向，所以这种泵称为轴流泵，也称为卡普兰(Kaplan)泵。轴流泵的流量较大，可达 60 m^3/s；单级扬程较低，通常为 1～25 m。因此，轴流泵的比转速较高，其常用范围在 500～1600 之间。

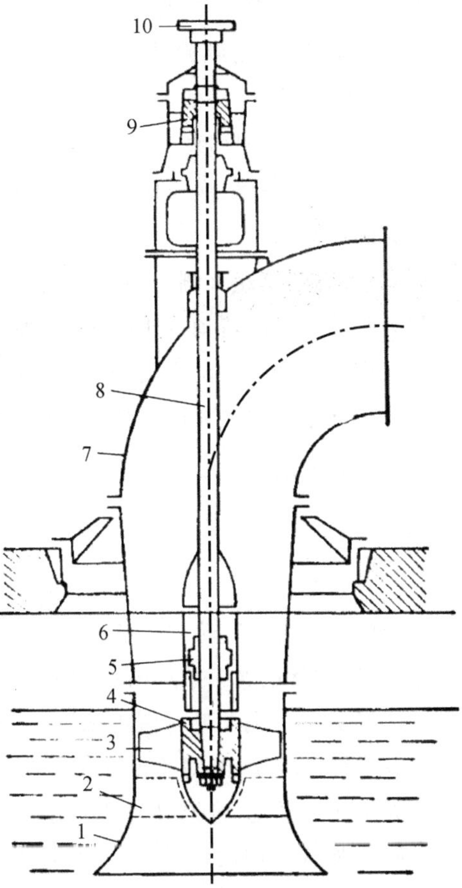

1—吸入喇叭管；2—进口导叶；3—叶轮；4—轮毂；5—轴承；6—出口导叶；7—出水弯管；8—轴；9—推力轴承；10—联轴器。

图 5-5　轴流泵结构

轴流泵的优点：

① 结构简单，在给定工作参数的条件下，横截面积(垂直于转轴的平面)和质量较其他类型的叶片泵小。

② 不管是在停机状态还是运行状态，都可以通过改变叶片安放角来改变流量。

③ 轴流泵通常是立式结构，其占地面积小，可以露天安装。

轴流泵的缺点：

① 自吸能力有限。

② 单级扬程低。

③ 效率曲线陡，高效区比较窄，如果没有叶轮叶片安放角的调节装置，当偏离设计工

况运行时经济性差。

1. 工作原理

液体在轴流泵叶轮内的流动，是一种复杂的空间运动。任何一种空间运动都可以认为是三个互相垂直的运动的合成。

(1) 圆柱层无关性假设

液体质点在以泵轴线为中心线的圆柱面上流动，且相邻各圆柱面上的液体质点的运动互不相关，即在叶轮的流域中，不存在径向分速度。显然，圆柱面即是流面。

圆柱面沿母线割开后，可以展开在平面上，圆柱面和各叶片相交，其截面(翼型剖面或翼型)在平面上构成一组轴流泵叶栅。

不难看出，这组叶栅具有如下特点：

① 可以展开在平面上，即属于平面叶栅。

② 平面上叶栅列线(叶栅中翼型各相应点的连线)为直线，即属于直列叶栅。

③ 叶栅中各翼型的间距相等，液体绕流每个翼型的作用均相同，分不出边界翼型，即属于无限叶栅。

综上所述，这组叶栅是无限平面直列叶栅。只要研究绕流叶栅中一个翼型的流动就能代表整个叶栅的流动。于是，研究轴流泵叶轮内的流动，就简化为研究对应几个圆柱流面的叶栅中翼型的流动。几个圆柱流面上的翼型组合起来，便得到轴流泵叶片。

叶轮叶栅的主要几何参数有：叶轮直径 D，翼型弦长 l，叶轮轮毂直径 d_h，叶片安放角 β_L，叶片数 Z，栅距 $t\left(t=\dfrac{2\pi R}{Z}\right)$，圆柱层流面半径 R，冲角(无穷远来流方向与弦间的夹角)$\Delta\alpha$。

(2) 速度三角形

液体在轴流泵叶轮中圆柱面上的流动是一种复合运动，$\boldsymbol{v}$，$\boldsymbol{w}$，$\boldsymbol{u}$ 三个速度均与圆柱流面相切，也就是速度三角形组成的平面与圆柱面相切。圆周速度 $\boldsymbol{u}$ 沿着旋转的圆周方向；相对速度 $\boldsymbol{w}$ 的方向与叶片翼型表面方向有关，如果假设叶片数无穷多，那么 $\boldsymbol{w}$ 的方向与叶片翼型表面相切；绝对速度 $\boldsymbol{v}$ 按平行四边形法则确定。

为了研究方便，将绝对速度 $\boldsymbol{v}$ 分解为两个互相垂直的分量 $\boldsymbol{v}_u$ 和 $\boldsymbol{v}_m$。

$\boldsymbol{v}_u$ 是圆周方向的分量，称为绝对速度的圆周分量，其值与泵的扬程有关。

$\boldsymbol{v}_m$ 是轴面上的分量，称为轴面速度，其值与泵的流量有关。

$\boldsymbol{v}_m$ 是 $\boldsymbol{v}$ 的分量，也必然与圆柱流面相切，同时又在轴面上，所以 $\boldsymbol{v}_m$ 的方向沿着轴面和圆柱面交线方向，即轴向，又称为轴向速度，并用 $\boldsymbol{v}_z$ 表示。

轴流泵进出口速度三角形如图 5-6 所示。

(a) 出口速度三角形　　(b) 进口速度三角形

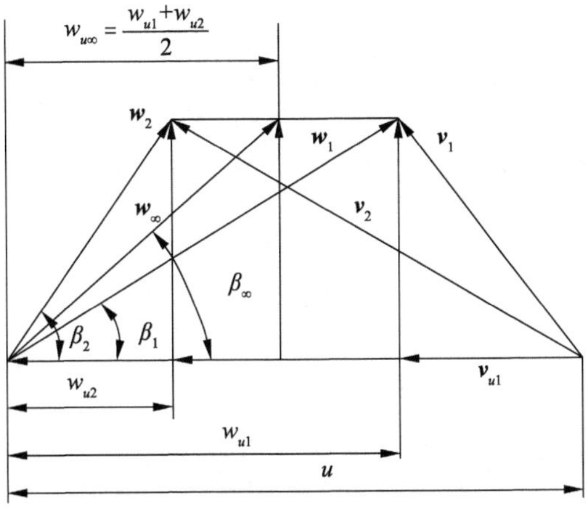

(c) 进出口速度三角形

图 5-6　轴流泵进出口速度三角形

1）进口速度三角形

圆周速度 $u_1=\frac{D_1\pi n}{60}$，进口前轴面速度 $v_{m0}=\frac{4Q}{\pi(D^2-d_h^2)\eta_v}$。

式中，D_1 为研究圆柱流面的直径；η_v 为容积效率，其值为 0.96～0.99。

圆周分速度 v_{u1} 由吸入条件决定，通常 $v_{u1}=0$。

2）出口速度三角形

通常 $u_2=u_1=u$，$v_{m2}=v_{m1}=v_m$，$v_{u2}=\frac{gH_t+uv_{u1}}{u}$。

式中，H_t 为理论扬程。

由于轴流式叶轮叶栅的进、出口圆周速度相等，可以把栅前和栅后的速度三角形重合在一起。栅前和栅后的相对速度的几何平均速度称为无穷远来流速度，或相对速度的平均值，用 w_∞ 表示。由速度三角形可知，

$$w_\infty=\sqrt{v_m^2+\left(\frac{w_{u2}+w_{u1}}{2}\right)^2}=\sqrt{v_m^2+\left(u-\frac{v_{u2}+v_{u1}}{2}\right)^2}$$

当 $v_{u1}=0$ 时，

$$w_\infty=\sqrt{v_m^2+\left(u-\frac{v_{u2}}{2}\right)^2}$$

w_∞ 的方向：$\tan\beta_\infty=\frac{v_m}{u-\frac{v_{u2}}{2}}$。

若考虑叶片的排挤，则轴面速度 v_m' 为

$$v_m'=\frac{v_m}{\psi},\psi=\frac{F-f}{F}=\frac{tl\sin\beta_L-f}{tl\sin\beta_L}$$

式中，ψ 为叶片排挤系数；f 为翼型面积，近似取 $f=\frac{2}{3}\delta_{\max}l$，其中 $\delta_{\max}$ 为翼型最大厚度。

因此，

$$\psi=1-\frac{2}{3}\left(\frac{\delta_{\max}}{t\sin\beta_{L}}\right)$$

考虑 $\delta_{\max}$ 和 β_L 的变化，不同直径处的 ψ 应对每个流面单独计算，ψ 的取值范围一般为 0.85～0.95，从外缘（即轮缘）到轮毂依次减小。

2. 几何参数的选择

(1) 叶轮直径 D

依据流量相似公式，设 $nD=K$，则

$$\frac{Q}{Q_M}=\frac{n}{n_M}\left(\frac{D}{D_M}\right)^3=\frac{n}{n_M}\frac{D}{D_M}\left(\frac{D}{D_M}\right)^2=\frac{K}{n_M D_M}\left(\frac{D}{D_M}\right)^2$$

式中，M 表示模型泵。

由上式得，$D=D_M\sqrt{\frac{n_M D_M Q}{KQ_M}}$。

通常模型泵的 $D_M=0.3$ m，$n_M=1450$ r/min，$Q_M=0.35\sim0.38$ m³/s，则可近似写成

$$D=10.5\sqrt{\frac{Q}{K}}$$

式中，$K=nD$，其值一般取 350～415。

由给定的 K 算出叶轮直径后，再选择合适的电机转速，调整叶轮直径。

(2) 轮毂比 $\bar{d}=\frac{d_h}{D}$

轮毂是用来固定叶片的，在结构和强度上应保证满足安装叶片和调节叶片的要求。从水力性能上讲，减小轮毂比，可以减少水力摩擦损失，增大过流面积，有利于抗汽蚀性能的改善。但是，过分地减小轮毂比，会增大叶片的扭曲度，当偏离设计工况时，会造成液体流动的紊乱，在叶轮出口形成二次回流，使泵的效率下降，高效区范围变窄。

(3) 叶栅稠密度 l/t

叶栅稠密度 l/t 是轴流泵叶轮的重要几何参数，它直接影响泵的效率，也是决定抗汽蚀性能的重要参数。减小 l/t，表示叶轮叶片总面积减小，叶片两面的压差增大，将使抗汽蚀性能变差。但同时，摩擦面积减小，可以提高效率。因为叶轮内的水力损失与 w_∞ 成正比，外缘上的 w_∞ 增大，过流量大，对泵的效率起到较大影响。另外，相对速度最大的外缘处，也是最容易发生汽蚀的部位。所以，对于轴流泵而言，重点是确定外缘的 l/t，在选取时应考虑以下三点：

① 从能量转换和抗汽蚀性能考虑，选择 l/t 应当考虑叶片数的多少。根据试验研究，推荐以下几组外缘处的 l/t 值，供设计时参考：

$$z=3,\frac{l}{t}=0.65\sim0.75;\ z=4,\frac{l}{t}=0.75\sim0.85;\ z=5,\frac{l}{t}=0.84\sim0.94$$

② 适当减小外缘侧的 l/t，增大轮毂侧的 l/t，以减小内外侧翼型的长度差，均衡叶片

出口扬程。

因为只有确保叶片出口 $v_u R$ 等于常数，才能消除径向流动，减少损失，提高效率。但是，通常轴流泵叶片根部很短，外缘长，相差大约 1.7 倍。一般文献推荐的轮毂叶栅稠密度和轮缘叶栅稠密度的关系是 $\left(\frac{l}{t}\right)_h=(1.20\sim1.25)\left(\frac{l}{t}\right)_0$。这样，叶片根部翼型本来就工作条件不佳，加之很短，实际上保证不了和外缘翼型相同程度的能量转换，造成叶片出口扬程 $v_u R$ 不均，从而引起径向流动。因此，推荐轮毂与轮缘之间各截面的 l/t 按直线规律变化，其值为 $\left(\frac{l}{t}\right)_h=(1.3\sim1.4)\left(\frac{l}{t}\right)_0$。

③ 修圆叶片进口外缘部分，以提高叶片的抗汽蚀性能。

叶片外缘进口部分修圆以后，流进叶轮的液体先与根部叶片接触，然后获得能量的液体的一部分向外缘流动，使外缘处正待流入叶片的液体旋转分量增加，压力增大，从而避免外缘气泡的过早发生，提高叶片的抗汽蚀性能。

(4) 叶片数和翼型厚度

1) 叶片数

叶片数通常按比转速选取，表 5-2 是模型使用的叶片数，供设计时参考。

表 5-2　叶片数 Z 与比转速 n_s 的关系

n_s	500	600	700	850	1000	1250	1500
Z	5	5	4	4	3	3	3

2) 翼型厚度

轮毂处的翼型厚度按强度条件确定，通常按下式粗略估算：

$$\delta_{max}=(0.012\sim0.015)D\sqrt{H}$$

式中，D 为叶轮直径，m；H 为泵扬程，m。

轮毂截面的厚度与弦长 l 有关，通常轮毂截面的相对厚度 $\bar{\delta}_h=\frac{\delta}{l}=10\%\sim15\%$。

轮缘截面的厚度按工艺条件确定，通常轮缘截面的相对厚度 $\bar{\delta}_0=\frac{\delta}{l}=2\%\sim5\%$。

5.1.3　混流泵

混流泵是介于离心泵与轴流泵之间的一种叶片式泵，其比转速通常为 $n_s=300\sim600$，水从叶轮中斜向流出，叶片对水流产生离心力和升力使水得到提升。其结构形式可分为蜗壳式与导叶式两种。从外形和结构上看，蜗壳式混流泵与单吸离心泵相似，导叶式混流泵与立式轴流泵相似，不同的仅是叶轮的形状和泵体的支承方式。混流泵主要用于农业灌排水、市政给排水、电厂供循环水、区域性调水等，近年来在核电、舰船喷水推进领域也见应用。

1. 转子安装拆卸方式

① 转子不可抽出式，见图 5-7a。

② 转子大抽出式——除部分出水管，泵整体抽出，见图 5-7b。

③ 导叶固定抽出式——导叶不拆，见图 5-7c。

④ 转子小抽出式——出水弯管上盖、导叶、叶轮可抽出，导叶外筒不拆，见图 5-7d。

2. 叶片的调节方式

① 固定叶片——不可调节。

② 半调节——停机、拆卸、调整叶片。

③ 全调节——泵运行时可调节。

④ 前导叶可调节。

叶片调节方式的比较见表 5-3。

表 5-3　叶片调节方式的比较

叶片调节方式	特点
固定叶片	结构简单、维修方便、造价低；装置扬程（水位）变化时，泵偏离最优点运行，效率低
半调节	结构较简单、维修较方便、造价较低；可在高效点附近运行，调节时需要停机，比较麻烦，适用于季节性调节
全调节	结构复杂、造价高；可在泵流量、扬程变化范围较大的场合使泵在高效率下运行，节约能源
前导叶可调节	结构较简单，调节范围比叶片调节小

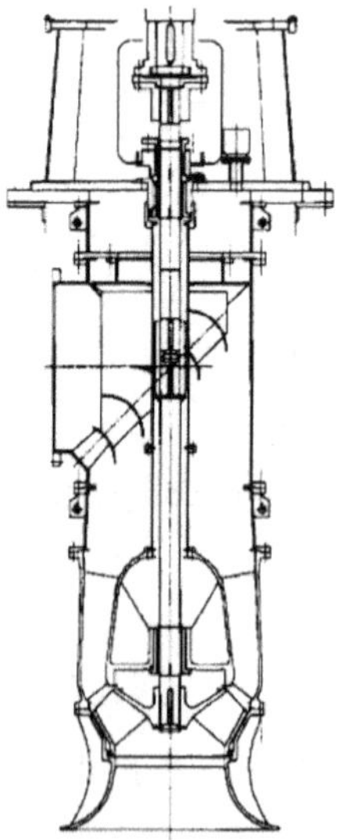

(a) 转子不可抽出式

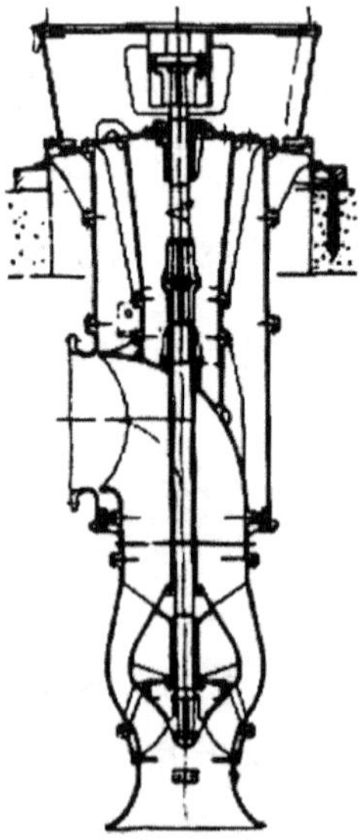

(b) 转子大抽出式

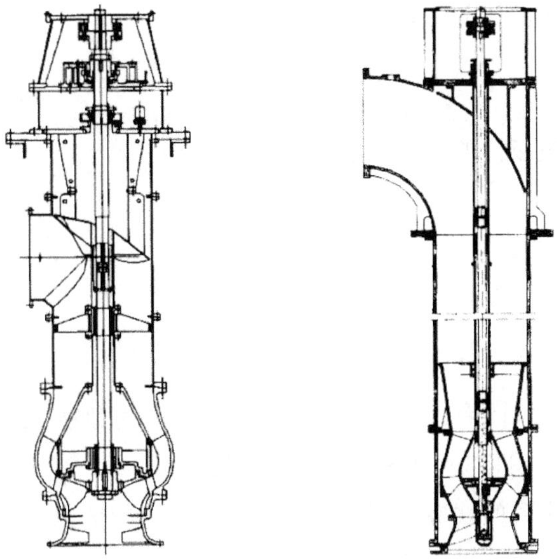

(c) 导叶固定抽出式　　　(d) 转子小抽出式

图 5-7　大型立式混流泵结构形式

5.2　泵的性能参数

5.2.1　流量

泵的流量有体积流量和质量流量之分。

体积流量：泵在单位时间内所抽送的液体体积，即从泵的出口截面所排出的液体体积。体积流量一般用 Q 表示，常用单位为 m^3/s，L/s，m^3/h。

质量流量：泵在单位时间内所抽送的液体质量。质量流量一般用 Q_m 表示，常用单位为 kg/s，t/h。

通常所说的泵的流量是指体积流量，仅在极少数情况下才用质量流量。它们之间的换算关系为

$$Q_m = \rho Q$$

式中，ρ 为液体的密度，kg/m^3，常温清水 $\rho = 1000\ kg/m^3$。

5.2.2　扬程

泵的扬程是指单位重量的液体流过泵后其能量的增值，即泵出口处单位重量液体的机械能减去泵进口处单位重量液体的机械能。扬程用 H 表示，单位是 $(N \cdot m)/N = m$，即抽送液体的液柱高度，习惯简称米。

$$H = E_d - E_s$$

单位重量液体的能量在水力学中称为水头，通常由三部分组成，即压力水头 $\dfrac{p}{\rho g}$、速度水头 $\dfrac{v^2}{2g}$ 和位置水头 z。

泵出口处单位重量液体的能量为

$$E_d=\frac{p_d}{\rho g}+\frac{v_d^2}{2g}+z_d$$

泵进口处单位重量液体的能量为

$$E_s=\frac{p_s}{\rho g}+\frac{v_s^2}{2g}+z_s$$

泵的扬程为

$$H=\frac{p_d-p_s}{\rho g}+\frac{v_d^2-v_s^2}{2g}+(z_d-z_s)$$

式中，p_d，p_s 分别为泵出口、进口处液体的静压力；v_d，v_s 分别为泵出口、进口处液体的速度；z_d，z_s 分别为泵出口、进口到任选测量基准面的距离。

泵的扬程表征泵本身的性能，只与泵进、出口处液体的能量有关，而与泵装置没有直接关系，但是应用能量方程，可将泵装置中液体的能量表示为泵的扬程。

5.2.3 转速

泵的转速是指泵转子在单位时间内的转数。泵的转速用 n 表示，其单位为 r/min 或 r/s；转速也可用转子回转角速度 ω 来表示，它的单位为 rad/s。

转速 n 与角速度 ω 的关系为

$$\omega=\frac{2\pi n}{60}$$

5.2.4 汽蚀余量

泵在工作时液体在叶轮的进口处因局部压力过低产生气体，汽化的气泡在液体质点的撞击运动下，对叶轮等金属表面产生剥蚀，从而破坏叶轮等金属，此时的真空压力叫汽化压力，汽蚀余量是指在泵吸入口处单位重量液体所具有的超过汽化压力的富余能量。关于汽蚀余量我们将在5.4节中详细介绍。

5.2.5 功率与效率

泵的功率通常是指泵的输入功率，即原动机传递给泵的功率，由于它是通过泵轴传递给泵的，故又叫轴功率，用 P 表示。

除输入功率外，还有输出功率。输出功率是指液体通过泵时由泵传递给它的有效功率，即单位时间内从泵中输送出去的液体在泵中获得的有效功率，也称为水功率，用 P_e 表示。

因为扬程是泵输出的单位重量液体从泵中获得的有效能量，所以扬程和质量流量及重力加速度的乘积，就是单位时间内从泵中输出的液体获得的有效功率，即

$$P_e=HQ_m g=\rho gQH\ (\mathrm{W})$$

或

$$P_e=\rho gQH/1000\ (\mathrm{kW})$$

式中，ρ 为液体的密度，kg/m^3；g 为重力加速度，m/s^2；Q 为泵的流量，m^3/s；H 为泵的扬程，m。

输入功率和输出功率是不相等的，因为泵内有功率损失，损失的大小常用泵的效率来

衡量。效率用 η 表示，泵的效率是泵的输出功率与输入功率之比，即

$$\eta=\frac{P_e}{P}$$

5.2.6　泵的基本方程式

泵把机械能变成液体的能量是在叶轮内进行的。叶轮带着液体旋转时把力矩传给液体，使液体的运动状态发生变化，完成能量的转换。

泵的基本方程式就是定量地表示液体流经叶轮前后运动状态的变化与叶轮传递给单位重量液体的能量（即理论扬程）之间的关系式，故称为能量方程，也即泵理论扬程的计算公式，又称欧拉方程。

根据动量矩定理，单位时间内通过叶轮进、出口的液体从叶轮中获得的能量等于叶轮通过叶片传递给液体的力矩。泵的基本方程如下：

$$H_t=\frac{\omega}{g}(v_{u2}R_2-v_{u1}R_1)$$

式中，v_{u2} 为叶轮出口绝对速度的圆周分量，m/s；v_{u1} 为叶轮进口绝对速度的圆周分量，m/s；R_2 为叶轮出口半径，m；R_1 为叶轮进口半径，m。

5.3　比转速

5.3.1　比转速的推导

泵的相似定律建立了几何相似的泵在相似工况下性能参数之间的关系，但用相似定律来判断泵是否几何相似和运动相似，既不直观，也不方便。因此，在相似定律的基础上，人们希望有一个判别数，它是一系列几何相似的泵性能之间的综合数据。如果各个泵的这个数据相等，则认为这些泵是几何相似和运动相似的，可以用相似定律来换算各泵性能之间的关系。这个判别数就是比转速，有时也称为比转数或比速。因为比转速是相似判别数，所以从比转速的大小也可以知道泵的一般几何形状。

根据相似准则，可得到单位流量 Q_{I} 和单位扬程 H_{I}，对几何相似的泵，在相似工况下工作，Q_{I} 和 H_{I} 为常数，故可以作为相似判据使用，但其中包括叶轮尺寸，用起来不甚方便，故将 Q_{I} 和 H_{I} 联立并消除尺寸因数，得

$$\frac{Q_{\mathrm{I}}^{1/2}}{H_{\mathrm{I}}^{3/4}}=\frac{\dfrac{\sqrt{Q}}{\sqrt{n}D^{3/2}}}{\dfrac{H^{3/4}}{n^{6/4}D^{6/4}}}=\frac{n\sqrt{Q}}{H^{3/4}}$$

则解得综合数据的性能参数，因为此公式是从相似定律推得的，所以它是泵的相似准则，称之为比转速，用 n_s 表示。为使泵的比转速与水轮机的比转速一致，将上式乘以常数 3.65，表示为

$$n_s=\frac{3.65n\sqrt{Q}}{H^{3/4}}$$

式中，n 为转速，r/min；H 为扬程，m，对多级泵取单级扬程；Q 为流量，m^3/s，对双吸泵取 $Q/2$。

另外，各国所用的比转速有的无常数，流量 Q、扬程 H 的单位也不相同，因而对同一相似泵算得的 n_s 的数值不同。在比较时，应换算为使用相同单位下的数值，其换算关系如表 5-4 所示。

表 5-4　各国比转速换算表

国别	中国与苏联	美国	英国	日本	德国
公式	$\frac{3.65n\sqrt{m^3/s}}{m^{3/4}}$	$\frac{n\sqrt{\text{U. Sgal/min}}}{(\text{ft})^{3/4}}$	$\frac{n\sqrt{\text{Imp. gal/min}}}{(\text{ft})^{3/4}}$	$\frac{n\sqrt{m^3/\text{min}}}{m^{3/4}}$	$\frac{n\sqrt{m^3/s}}{m^{3/4}}$
	1	14.16	12.89	2.12	1/3.65
换算系数	0.0706	1	0.91	0.15	0.26
	0.0776	1.1	1	0.165	0.28
	0.4709	6.68	6.079	1	1.72
	0.2740	3.88	3.53	0.58	1

注：各国比转速换算式为 $n_{s中}=\frac{n_{s美}}{14.16}=\frac{n_{s英}}{12.89}=\frac{n_{s日}}{2.12}=3.65n_{s德}$。

5.3.2　关于比转速的说明

① 同一台泵在不同的工况下具有不同的比转速值。作为相似准则的比转速，是指对应最高效率点工况下的比转速值。

② 比转速是根据相似理论推导而得的，可作为相似判据。几何相似的泵，在相似工况下，比转速相等。但是不能说比转速相等的泵就一定几何形状相似，因为构成泵几何形状的参数很多。例如，对 $n_s=500$ 的泵，可以做成轴流式的，也可以做成斜流式的；对 $n_s=400$ 的混流泵，可以做成导叶式的，也可以做成蜗壳式的。这样虽然比转速相同，但几何形状却不同，故谈不上工况相似。但对于同一种形式的泵而言，比转速相等时，要想使泵的性能好，就必须使其几何形状符合流动规律，这样泵的几何形状相差就不大，因此通常是几何相似的。

③ 比转速是有因次数，其量纲是 $(m/s^2)^{3/4}$，但不影响其作为相似判别的依据。在有些情况下，使用无因次的比转速，又称为形式数，其表达式为

$$K=\frac{2\pi n\sqrt{Q}}{60(gH)^{3/4}}$$

式中各参数的单位同比转速。比转速和形式数间的关系为

$$\frac{K}{n_s}=\frac{\frac{2\pi n\sqrt{Q}}{60(gH)^{3/4}}}{\frac{3.65n\sqrt{Q}}{H^{3/4}}}=\frac{2\pi}{60g^{3/4}\times 3.65}=0.0051759$$

即 $K=0.0051759n_s$。

④ 比转速与泵几何形状的关系。因为比转速是由泵性能参数组成的一个综合参数，是泵相似的准则，其与泵的几何形状密切相关，所以可按比转速对泵进行分类。另外，泵的特性曲线是泵内液体运动参数的外部表现形式，而泵内的运动与泵的几何形状有关，所以泵的特性曲线与泵的几何形状间也有密切的关系，见表 5-5。

表 5-5　各种不同比转速泵的典型特点

泵的类型	离心泵			混流泵	轴流泵
比转速	低比转速	中比转速	高比转速	$300<n_s<500$	$500<n_s<1500$
	$30<n_s<80$	$80<n_s<150$	$150<n_s<300$		
$\frac{D_2}{D_j}\approx$	3	2.3	1.8～1.4	1.2～1.1	1
扬程-流量曲线特点	关死点扬程为设计工况的 1.1～1.3 倍，扬程随着流量减少而增加，变化缓慢			关死点扬程为设计工况的 1.5～1.8 倍，扬程随流量减少而增加，变化较急	关死点扬程为设计工况的 2 倍左右，在小流量处出现马鞍形
功率-流量曲线特点	关死点功率较小，轴功率随流量增加而上升			流量变化时，轴功率变化较小	关死点功率最大，设计工况附近变化比较小，以后轴功率随流量增加而下降
效率-流量曲线特点	比较平坦			比轴流泵平坦	急速上升后又急速下降

a. 按比转速从小到大可分为离心泵、混流泵、轴流泵。

b. 低比转速泵因流量小、扬程高，故叶轮窄而长，常用圆柱形叶片，有时为了提高泵效率，也采用扭曲叶片；高比转速泵因流量大、扬程低，故叶轮宽而短，常用扭曲叶片。叶轮出口直径与进口直径的比值$\frac{D_2}{D_j}$随 n_s 增加而减小。

c. 低比转速泵的扬程曲线容易出现驼峰；高比转速的混流泵、轴流泵关死点扬程高，且曲线上有拐点。

d. 低比转速泵零流量时功率小，故采用关阀启动；高比转速泵零流量时功率大，故采用开阀启动。

5.4　泵汽蚀

5.4.1　泵内汽蚀的发生过程

泵在运转中，若其过流部件中的局部区域（通常是叶轮叶片进口稍后的某处）因某种原因，输送液体的绝对压力下降到当时温度下的汽化压力，液体就会发生汽化形成空泡，这些空泡形成和发展的状态称为汽化（也称为空化）。在流动的液体中，受升高压力的作用，空泡的增长会受到抑制而停止，进而破裂、消失。空泡破裂的剧烈过程大约在纳秒级的极短时间内发生，产生大量的激波。空泡破裂发生在固体壁面时，会对固体边界形成高速微射流。当压力冲击的强度大于材料机械强度的极限时，就会在固体边界上形成几微米大小的小坑，如果这种小坑不断堆积，累积成海绵状塑性变形并发生脱落，就称为汽蚀（也称为空蚀）。也就是说，汽蚀并不在汽化发生的位置发生，而是在汽化空泡溃灭的位置发生。

汽蚀会在以水轮机、水泵等为代表的水力机械内部发生。一方面，为了减小泵尺寸从而降低材料和加工成本，泵向小型化发展，这就要求泵的设计转速越来越高，从而导致泵的吸入性能变差。另一方面，随着经济的快速增长，泵市场多样的需求以及泵用户选型的不合理会使泵在非设计工况下运行，而转速过高和在非设计工况下运行正是泵容易发生汽化的两个因素。

5.4.2 泵内发生汽蚀的危害

1. 产生噪声和振动

由于泵汽化时空泡在高压区连续发生破裂并伴随着强烈水击，因而产生噪声和振动，可以听到像爆豆似的“噼噼啪啪”的响声，据此可以粗略地判断是否发生了汽化。这种情况下注入少量空气可以缓冲噪声、振动及对金属的破坏，这种方法在水轮机中已被广为采用，但在泵中很少使用。

2. 过流部件汽蚀

泵长时间在汽化条件下工作时，过流部件的某些地方会遭到汽化破坏，也就是汽蚀。这是因为汽化在金属表面发生时，使金属表面受到像利刃似的强烈冲击，金属会出现麻点以致穿孔，严重时金属颗粒松动并剥落而呈现蜂窝状。汽蚀除机械力作用外，还伴有电解、化学腐蚀等多种复杂的作用。

实践证明，发生汽蚀的部位正是空泡破裂之处。叶轮进口稍后处和压水室进口部位常可发现汽蚀痕迹，不过汽化发生于叶轮进口处，欲根治汽化，必须防止在叶轮进口处产生空泡。

3. 性能下降

泵发生汽化时叶轮和液体的能量交换受到干扰和破坏，在外特性上的表现是扬程-流量曲线、轴功率-流量曲线、效率-流量曲线下降，严重时会使泵中的液流中断，致使泵不能工作。但在泵发生汽化初期性能曲线并无明显变化，当性能曲线发生明显变化时，汽化已发展到了一定的程度。

不同比转速泵的性能曲线受汽化影响的形式不同。对于低比转速泵，由于叶轮流道窄而长，故一旦发生汽化，空泡易于充满整个流道，因而性能曲线呈急剧下降态势。随着比转速的增加，叶轮流道向宽而短的趋势变化，故空泡从初生发展到充满整个流道有一个过程，相应地泵性能曲线开始只是缓慢下降，到某一流量时才表现为急剧下降。

5.4.3　泵汽蚀基本方程式

一台泵在运转中发生汽蚀,但在完全相同的条件下,换另外一台泵可能不发生汽蚀,可见泵是否发生汽蚀与泵本身的抗汽蚀性能有关。另外,同一台泵在某一条件(如吸入高度为 6 m)下使用发生汽蚀,改变使用条件(吸入高度为 4 m)可能不发生汽蚀,可见泵是否发生汽蚀还与使用条件有关。因此,泵是否发生汽蚀是由泵本身和吸入装置共同决定的。研究泵汽蚀发生条件应从泵本身和吸入装置两方面来考虑。泵本身和吸入装置是既有联系又有区别的两部分。从结构上看,吸入装置是指吸入液面到泵进口(指泵进口法兰处)前的部分,泵进口之后一直到泵口为泵本身,因此泵进口法兰是两者联系的桥梁;从流动方面看,液体从吸入装置流入泵内,但液体在二者中的流动情况又不相同。下面就从既有联系又有区别的这两方面着手推导泵汽蚀发生条件的理论关系式。因为二者有区别,所以引出泵汽蚀余量(也叫作净正吸头)和装置汽蚀余量两个参数。所谓联系,就是指泵汽蚀余量和装置汽蚀余量的关系,即汽蚀基本方程式。

泵是增加液体压力的机器,液体从叶轮进口到出口压力逐渐增加。但是由于叶片进口绕流的影响,泵内的最低压力点通常发生在叶片进口稍后的背面,如图 5-8 中的 K 点。若 K 点的压力 p_K 低于饱和蒸汽压力 p_{va},则泵内发生汽蚀,故 $p_K = p_{va}$ 是泵发生汽蚀的界限,即

① $p_K < p_{va}$,泵发生汽蚀;

② $p_K > p_{va}$,泵无汽蚀;

③ $p_K = p_{va}$,汽蚀临界状态。

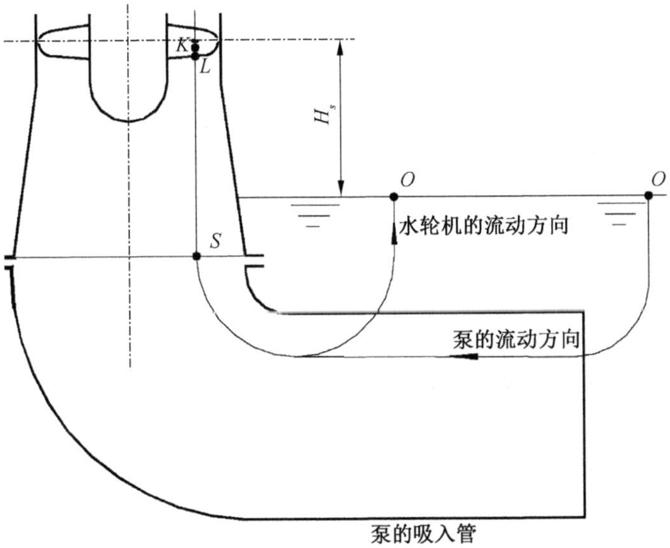

图 5-8　泵吸入装置

现以图 5-8 所示的吸入装置为例推导汽蚀基本方程式。定义泵进口法兰处的点为 S,叶轮叶片进口处与 K 点在同一条流线上的点为 L,假设吸入液面为 $O-O$,取其高程

$z_O=0$,速度 $v_O=0$,列 O 和 S 两点的伯努利方程,有

$$z_O+\frac{p_O}{\rho g}+\frac{v_O^2}{2g}=\frac{p_O}{\rho g}=z_S+\frac{p_S}{\rho g}+\frac{v_S^2}{2g}+\Delta h_{O-S} \tag{5-1}$$

同时,对泵进口 S 点和叶片稍前 L 点列绝对运动伯努利方程,有

$$z_S+\frac{p_S}{\rho g}+\frac{v_S^2}{2g}=z_L+\frac{p_L}{\rho g}+\frac{v_L^2}{2g}+\Delta h_{S-L} \tag{5-2}$$

由式(5-2)可得

$$\frac{p_L}{\rho g}=z_S+\frac{p_S}{\rho g}+\frac{v_S^2}{2g}-\frac{v_L^2}{2g}-z_L-\Delta h_{S-L} \tag{5-3}$$

将式(5-1)代入式(5-3),得

$$\frac{p_L}{\rho g}=\frac{p_O}{\rho g}-\frac{v_L^2}{2g}-z_L-\Delta h_{S-L}-\Delta h_{O-S} \tag{5-4}$$

列 L 点到 K 点的相对运动伯努利方程,有

$$z_L+\frac{p_L}{\rho g}+\frac{w_L^2-u_L^2}{2g}=z_K+\frac{p_K}{\rho g}+\frac{w_K^2-u_K^2}{2g}+\Delta h_{L-K} \tag{5-5}$$

由式(5-5)可得

$$\frac{p_K}{\rho g}=\frac{p_L}{\rho g}+\frac{w_L^2-w_K^2}{2g}-\frac{u_L^2-u_K^2}{2g}+(z_L-z_K)-\Delta h_{L-K} \tag{5-6}$$

式(5-6)中,由于 L 点和 K 点在圆周方向上距离很近,所以有 $u_L^2\approx u_K^2$,$\Delta h_{L-K}\approx 0$,并将式(5-4)代入,可得

$$\frac{p_K}{\rho g}=\frac{p_O}{\rho g}-\frac{v_L^2}{2g}-\Delta h_{O-S}-\Delta h_{S-L}+\frac{w_L^2-w_K^2}{2g}-z_K \tag{5-7}$$

将式(5-7)改写为

$$\frac{p_K}{\rho g}=\frac{p_O}{\rho g}-z_K-\left(\frac{v_L^2}{2g}+\Delta h_{O-L}\right)-\frac{w_L^2}{2g}\left(\frac{w_K^2}{w_L^2}-1\right)$$

$$=\frac{p_O}{\rho g}-z_K-\lambda_1\frac{v_L^2}{2g}-\lambda_2\frac{w_L^2}{2g}$$

或

$$=\frac{p_O}{\rho g}-z_K-\Delta h_{O-L}-\left(\frac{v_L^2}{2g}+\lambda_2\frac{w_L^2}{2g}\right) \tag{5-8}$$

式中,λ_1,λ_2 为叶片进口绕流压降系数。

将式(5-8)中最低压力 K 点处压力减去饱和汽化压力,H_s 为基准面到下游自由水面 $O-O$ 的高度差,即吸出高度,则用 H_s 取代 z_K 可得

$$\frac{p_O-p_{va}}{\rho g}-H_s-\left(\lambda_1\frac{v_L^2}{2g}+\lambda_2\frac{w_L^2}{2g}\right)=\frac{p_K-p_{va}}{\rho g}$$

或

$$\frac{p_O-p_{va}}{\rho g}-H_s-\Delta h_{O-L}-\left(\frac{v_L^2}{2g}+\lambda_2\frac{w_L^2}{2g}\right)=\frac{p_K-p_{va}}{\rho g} \tag{5-9}$$

设 K 点的液体开始发生汽蚀,即 $p_K=p_{va}$,则式(5-9)变为

$$\frac{p_O - p_{va}}{\rho g} - H_s = \lambda_1 \frac{v_L^2}{2g} + \lambda_2 \frac{w_L^2}{2g}$$

或

$$\frac{p_O - p_{va}}{\rho g} - H_s - \Delta h_{O-L} = \frac{v_L^2}{2g} + \lambda_2 \frac{w_L^2}{2g} \tag{5-10}$$

式(5-10)中，左边项$\frac{p_O - p_{va}}{\rho g} - H_s - \Delta h_{O-L}$由吸入装置决定，是单位重量液体在泵进口处能量超过汽化压力水头的剩余能量，称为装置汽蚀余量，也称为有效汽蚀余量，用NPSHA(net positive suction head available)表示，指泵进口液体具有的总水头减去汽化压力水头所净剩的值。所谓"有效"即装置提供给泵有效利用，"净"是指去掉了汽化压力水头，说明该值应永为正值，若是负值，液体在泵进口的压力就小于汽化压力了，这样液体在泵进口法兰处就汽化了。

$$\text{NPSHA} = \frac{p_O - p_{va}}{\rho g} - H_s - \Delta h_{O-L} \tag{5-11}$$

NPSHA 的大小与装置参数(p_O，H_s，p_{va}，Δh_{O-L}，ρ)有关，与泵本身无关。因为吸入损失Δh_{O-K}与流量的平方成正比，所以 NPSHA 随流量的增加而减小，故 NPSHA - Q 的关系曲线是下降的曲线。

式(5-10)的右边项$\lambda_1 \frac{v_L^2}{2g} + \lambda_2 \frac{w_L^2}{2g}$是由泵内的流动速度决定的，用 NPSHR(net positive suction head required)表示，表征泵进口部分的压力降，也就是为了保证泵不发生汽蚀，要求在泵进口处单位重量液体具有的超过汽化压力水头的富余能量，即要求装置提供的最小汽蚀余量，也即必需汽蚀余量，也称为泵汽蚀余量，其物理意义是装置必须提供这么大的汽蚀余量，方能满足泵压力降的需要，保证泵不发生汽蚀，有

$$\text{NPSHR} = \lambda_1 \frac{v_L^2}{2g} + \lambda_2 \frac{w_L^2}{2g} \tag{5-12}$$

NPSHR 与装置参数无关，只与泵进口运动参数绝对速度 v_L 和相对速度 w_L 有关。运动参数在一定转速和流量下与几何形状有关，也就是说 NPSHR 是由泵本身(吸入室和叶轮进口的几何参数)决定的。对既定的泵，不论何种液体，在一定流量和转速下流过泵进口，因速度大小相同，故均有相同的压力降，NPSHR 值相同，所以 NPSHR 与液体性质无关。NPSHR 越小，说明压力降越小，要求装置提供的装置汽蚀余量越小，因而泵的抗汽蚀性能越好。

因泵进口运动参数绝对速度 v_L 和相对速度 w_L 随流量的增加而增大，故 NPSHR - Q 的关系曲线是上升的曲线。

由式(5-10)、式(5-11)和式(5-12)得到

$$\text{NPSHA} - \text{NPSHR} = \frac{p_K - p_{va}}{\rho g} \tag{5-13}$$

式(5-13)为泵汽蚀发生条件的物理表达式，又称泵汽蚀基本方程式，它描述了装置汽

蚀余量和泵汽蚀余量之间的关系。

由泵汽蚀基本方程式可知：

① NPSHA＝NPSHR，对应 $p_K = p_{va}$，汽蚀临界状态；

② NPSHA＜NPSHR，对应 $p_K < p_{va}$，泵发生汽蚀；

③ NPSHA＞NPSHR，对应 $p_K > p_{va}$，泵无汽蚀。

在实际工程应用中，由于很难精确确定 L 点，通常用叶轮进口处的平均绝对速度 v_1 和相对速度 w_1 分别代替式(5-12)中的 v_L 和 w_L，并分别加上速度不均匀系数 K_1 和 λ_3 进行修正，即式(5-12)可改写为

$$\mathrm{NPSHR} = K_1\lambda_1 \frac{v_1^2}{2g} + \lambda_2\lambda_3 \frac{w_1^2}{2g} \tag{5-14}$$

定义式(5-14)中 $K_1\lambda_1 = K_2$，$\lambda_2\lambda_3 = \lambda$，则式(5-14)可改写为

$$\mathrm{NPSHR} = K_2 \frac{v_1^2}{2g} + \lambda \frac{w_1^2}{2g} \tag{5-15}$$

式中，$K_2 = 1.0 \sim 1.2$，$\lambda = 0.15 \sim 0.40$。

综上，泵汽蚀基本方程式可改写为

$$\left(\frac{p_O - p_{va}}{\rho g} - H_s - \Delta h_{O-L}\right) - \left(\frac{p_K - p_{va}}{\rho g}\right) = K_2 \frac{v_1^2}{2g} + \lambda \frac{w_1^2}{2g} \tag{5-16}$$

5.4.4 汽蚀余量计算方法

汽蚀余量对于泵的设计、试验和使用均是十分重要的汽蚀基本参数。设计泵时，应考虑用户对汽蚀性能的要求，如用户给定了具体的使用条件，则所设计泵的汽蚀余量 NPSHR 必须小于使用条件确定的装置汽蚀余量 NPSHA。汽蚀试验是目前确定 NPSHR 的唯一可靠方法。另外，考虑一个汽蚀安全余量 K（通常 $K = 0.3$ m），得到许用汽蚀余量，作为用户确定几何安装高度的依据。

1. 基本公式

泵汽蚀基本方程式即式(5-16)，式中 λ 值为叶片进口压降系数，其与叶片进口前、后的速度比值有关，即与泵进口处的几何形状（叶片数、冲角、叶片厚度及其分布等）有关。对进口几何相似的泵，在相似工况下，因速度比值相同，故 λ 值为一常数。λ 值越小，泵的抗汽蚀性能越好。λ 值通常为 0.15～0.40。设计流量下的 λ 值最小，随着实际流量与设计流量偏离度的增大，因冲角的增大，脱流严重，λ 值增大，尤其是大于设计流量时，λ 值增幅很大。

泵设计完成后，按式(5-15)可估算设计泵的 NPSHR 值，暂且不考虑叶片的排挤。

2. 汽蚀相似定律

由于 NPSHR 表示一台既定泵的汽蚀性能，在此基础上可以找出一系列几何相似的泵在相似工况下汽蚀性能之间的关系，这种关系称为汽蚀相似定律。汽蚀相似定律用来解决相似泵之间汽蚀余量 NPSHR 的换算关系问题。

对于几何相似的泵，在相似工况下工作的模型泵（用下标 M 表示）和实型泵对应点的

速度比值相等，λ 值相同，根据公式

$$\mathrm{NPSHR}=K_2\frac{v_1^2}{2g}+\lambda\frac{w_1^2}{2g}$$

存在

$$\frac{(\mathrm{NPSHR})_{\mathrm{M}}}{\mathrm{NPSHR}}=\frac{\left(K_2\frac{v_1^2}{2g}+\lambda\frac{w_1^2}{2g}\right)_{\mathrm{M}}}{\left(K_2\frac{v_1^2}{2g}+\lambda\frac{w_1^2}{2g}\right)}=\frac{u_{\mathrm{M}}^2}{u^2}=\frac{(nD_2)_{\mathrm{M}}^2}{(nD_2)^2}$$

即汽蚀相似定律的表达式为

$$\frac{(\mathrm{NPSHR})_{\mathrm{M}}}{\mathrm{NPSHR}}=\frac{n_{\mathrm{M}}^2D_{2\mathrm{M}}^2}{n^2D_2^2} \tag{5-17}$$

式(5-17)指几何相似的泵，在相似工况下，模型泵和实型泵汽蚀余量之比等于模型泵和实型泵转速与尺寸乘积的平方比。

实践证明，相似定律只有在泵的转速和尺寸相差不大时才较为准确，当转速和尺寸相差比较大时，用相似定律换算所得的汽蚀余量与实际值相比误差较大。

5.4.5　汽蚀比转速

与比转速类似，可以推出泵汽蚀相似准则数——汽蚀比转速 C。对几何相似的泵，在相似工况下，一方面由汽蚀相似定律式(5-17)得到

$$\frac{\mathrm{NPSHR}}{(nD_2)^2}=常数$$

另一方面由泵相似定律得到

$$\frac{Q}{nD_2^3}=常数$$

将上述两式加以适当变化，去掉几何参数 D_2，得

$$\frac{5.62n\sqrt{Q}}{(\mathrm{NPSHR})^{3/4}}=常数$$

令上式中常数为 C，并称 C 为汽蚀比转速(也称吸入比转速)，则

$$C=\frac{5.62n\sqrt{Q}}{(\mathrm{NPSHR})^{3/4}} \tag{5-18}$$

对于双吸泵，

$$C=\frac{5.62n\sqrt{Q/2}}{(\mathrm{NPSHR})^{3/4}} \tag{5-19}$$

式中，n 为转速，r/min；Q 为流量，$\mathrm{m^3/s}$。

汽蚀比转速 C 可作为汽蚀相似准则数，并标志汽蚀性能的好坏。C 值越大，相应的 NPSHR 值越小，泵的抗汽蚀性能越好。不同的流量，对应不同的 C 值，所以 C 值和 n_s 值一样，通常指最高效率点工况下的值。C 值的大致范围如下：

① 对于抗汽蚀性能要求高的泵，$C=1000\sim1600$；

② 对于兼顾效率和抗汽蚀性能的泵，$C=800\sim1000$；

③ 对于对抗汽蚀性能不作要求，主要考虑提高效率的泵，$C=600\sim800$。

国外常用汽蚀比转速 S 和托马汽蚀系数 σ_{TH} 作为泵汽蚀相似准则数来表示汽蚀性能。

1. 汽蚀比转速 S

汽蚀比转速 S 和汽蚀比转速 C 只差一个常数，两者物理意义相同，S 的表达式为

$$S=\frac{n\sqrt{Q}}{(\mathrm{NPSHR})^{3/4}} \tag{5-20}$$

对于 S 值，不同国家采用不同的单位，得出的 S 值也各不相同，C 值与不同量纲的 S 值的换算关系见表 5-6，也即

$$C=\frac{S_{日}}{1.38}=\frac{S_{美}}{9.21}=\frac{S_{英}}{8.4}$$

表 5-6　C 值与不同量纲的 S 值的换算关系

	$C=\frac{5.62n\sqrt{Q}}{(\mathrm{NPSHR})^{3/4}}$	$S=\frac{n\sqrt{Q}}{(\mathrm{NPSHR})^{3/4}}$		
	中国	日本	英国	美国
Q	m^3/s	m^3/min	Imp. gal/min	U. Sgal/min
n	r/min	r/min	r/min	r/min
NPSHR	m	m	ft	ft
换算关系	1	1.38	8.4	9.21

2. 托马汽蚀系数 σ_{TH}

对于汽蚀相似定律 $\frac{\mathrm{NPSHR}}{D_2^2n^2}=$ 常数，因 $D_2^2n^2\propto u^2\propto 2gH$，故 $\frac{\mathrm{NPSHR}}{H}=$ 常数，用 σ_{TH} 表示该常数，并称 σ_{TH} 为托马汽蚀系数，即

$$\sigma_{TH}=\frac{\mathrm{NPSHR}}{H} \tag{5-21}$$

5.4.6　提高泵抗汽蚀性能的措施

泵发生汽蚀的临界条件是 NPSHA=NPSHR，因此，若要求泵不发生汽蚀，则应增大装置汽蚀余量（与泵应用有关），或者减小泵汽蚀余量（与泵设计有关），现分别加以讨论。

1. 考虑抗汽蚀性能的泵的设计要点

减小 $\mathrm{NPSHR}=K_2\frac{v_1^2}{2g}+\lambda\frac{w_1^2}{2g}$，必须通过减小参数 v_1，w_1，λ 来实现。

(1) 叶轮进口直径 D_j

增大叶轮进口直径 D_j 能增大进口过流面积，减小 v_1，从而减小 NPSHR，改善泵的抗

汽蚀性能。但 D_j 取得过大，会导致液流在进口处扩散严重，破坏流动的平滑性和稳定性，形成漩涡区并使水力效率下降，同时口环泄漏量增加，容积效率也下降。因此，D_j 的选取要兼顾效率和抗汽蚀性能。

(2) 叶轮叶片进口宽度 b_1

增大叶轮叶片进口宽度 b_1 能增大进口过流面积，减小 v_1 和 w_1（由进口速度三角形可知），从而减小 NPSHR，但 b_1 增至很大时会增大轴向尺寸和降低效率。

(3) 叶轮盖板进口部分曲率半径

叶轮进口部分的液流受流道转弯离心力的影响，靠前盖板的液体压力小、速度大，造成叶轮进口的速度分布不均匀。适当增大盖板的曲率半径，有利于减小前盖板处的 v_1 和提高速度分布的均匀性，减小进口部分的压力降，从而使 NPSHR 减小，提高泵的抗汽蚀性能。

(4) 叶片进口边的位置和叶片进口部分形状

叶片进口边应当向吸入口延伸，这样可使液体提早接受叶片作用，且能增大叶片表面积和减小背面的压差。

叶片进口边倾斜，其上各点的半径不同，因而周围速度不同，w_1 也就各不相同。当然，前盖板处的半径最大，w_1 也最大，这样就可以把汽蚀控制在前盖板附近的局部，从而推迟汽蚀对泵性能的影响。

(5) 叶片进口角

叶片进口角 β_1 通常都大于相对液流角 β_1'，即 $\beta_1 > \beta_1'$，其正冲角正常为 $\Delta\beta = \beta_1 - \beta_1'$，其值范围为 $\Delta\beta = 3° \sim 10°$，个别情况可到 15°。采用正冲角能提高抗汽蚀性能，且对效率的影响不大。其原因如下：

① 当叶片进口角 β_1 增大时，会减小叶片的弯曲度，同时减小叶片进口的排挤，增大进口过流面积，从而减小 v_1 和 w_1。

② 采用正冲角，在设计流量下，液体在叶片进口背面产生脱流，因背面是流道的低压侧，该脱流引起的漩涡不易向高压侧扩散，因而漩涡是稳定的，对汽蚀的影响较小。反之，负冲角时液体在叶片工作面产生漩涡，该漩涡易于向低压侧扩散，对汽蚀影响较大。

③ 因泵流量增加，相对液流角 β_1' 增大，采用正冲角可以避免泵在大流量下运转时出现负冲角。

(6) 叶片进口厚度

叶片进口厚度越薄，越接近流线型，泵的抗汽蚀性能越好。

(7) 平衡孔

叶轮上的平衡孔，对叶轮进口主液流起破坏和干扰作用，平衡孔的面积应不小于密封间隙面积的5倍，以减小泄漏流速，从而减小对主液流的影响，提高泵的抗汽蚀性能。

2. 防止汽蚀的措施

欲防止发生汽蚀必须提高 NPSHA，使 NPSHA > NPSHR，根据

$$\text{NPSHA}=\frac{p_O-p_{va}}{\rho g}-H_s-\Delta h_{O-L}$$

可得提高 NPSHA 的措施如下：

① 减小几何吸入高度 H_s(或增大几何倒灌高度)。

② 减小吸入液流的水力损失 Δh_{O-L}。

③ 泵在大流量下运转时 NPSHR 增大，NPSHA 减小，所以应考虑 NPSHA 有足够的余量，否则应防止泵在大流量下长期运转。有时因泵的扬程选得过高，导致泵在大流量下运转，易于发生汽蚀，这点在选泵时应加以注意。

④ 同样的转速和流量下，双吸泵不易发生汽蚀。

⑤ 泵发生汽蚀时，应把流量调小或降速运行。

⑥ 使用抗汽蚀的材料。

5.5 水泵性能的调节

5.5.1 泵的性能曲线

泵内运动参数之间存在着一定的联系。由叶轮内液体的速度三角形可知，既定的泵在一定转速 n 下，H(扬程)随着 Q(流量)的增加而减小。因此，运动参数的外部表示形式——性能参数，其间也必然存在着相应的联系。用曲线的形式表示的泵性能参数之间的关系，称为泵的性能曲线(也叫特性曲线)。

泵的性能曲线通常包括三条：在泵的转速 n 为常量时作出的扬程与流量的关系曲线 $H=f_1(Q)$，轴功率与流量的关系曲线 $P=f_2(Q)$，以及效率与流量的关系曲线 $\eta=f_3(Q)$。泵的特性曲线用横坐标表示流量 Q，纵坐标分别表示扬程 H、轴功率 P、效率 η。此外，泵的特性曲线还可包括汽蚀余量 NPSHR 与流量 Q 的关系曲线，如图 5-9 所示。

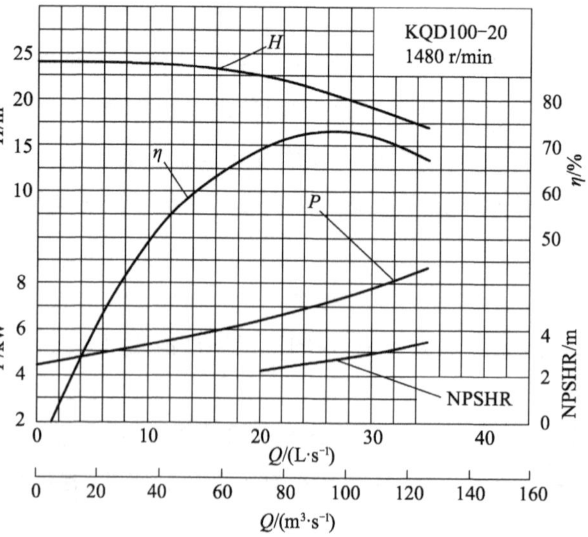

图 5-9　泵的性能曲线

1. 扬程-流量曲线

(1) 假定叶片数无穷多，作 $H_{t\infty}$-Q_t 曲线

为简化起见，设 $v_{u1}=0$，由出口速度三角形(图 5-10)得

$$v_{u2}=u_2-v_{m2}\cot\beta_2=u_2-\frac{Q_t}{A_2}\cot\beta_2$$

式中，A_2 为叶轮出口有效过流面积。

又 $A_2=2\pi R_2 b_2 \psi_2$，将其代入泵的基本方程式

$$H_t=\frac{\omega}{g}(v_{u2}R_2-v_{u1}R_1)$$

得
$$H_{t\infty}=\frac{u_2}{g}\left(u_2-\frac{Q_t}{A_2}\cot\beta_2\right)=C-DQ_t$$

式中，$C=\frac{u_2^2}{g}$，$D=\frac{u_2}{gA_2}\cot\beta_2$。

对既定的泵，在一定转速 n 下，u_2，A_2，β_2 是固定不变的。所以 $H_{t\infty}$ 和 Q_t 是一次方程的关系。通常 $\beta_2<90°$，$\cot\beta_2$ 为正值，故 $H_{t\infty}$ 随 Q_t 的增大而减小。

当 $Q_t=0$ 时，$H_{t\infty}=\frac{u_2^2}{g}$；当 $H_{t\infty}=0$ 时，因$\frac{u_2}{g}\neq 0$，故 $Q_t=\frac{u_2A_2}{\cot\beta_2}$。

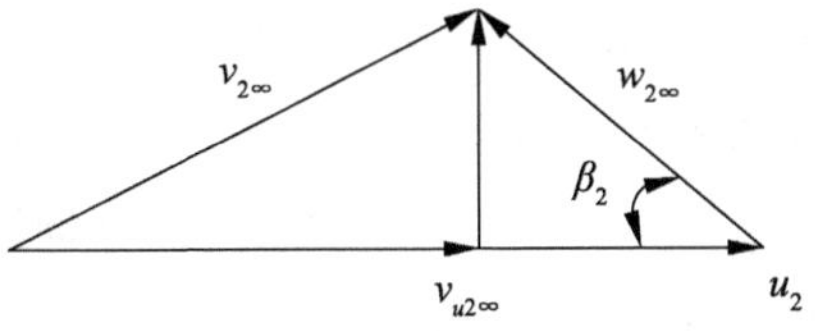

图 5-10　出口速度三角形

(2) 考虑有限叶片数的影响，作 H_t-Q_t 曲线

因 $H_t=\frac{u_2}{g}\left(\sigma u_2-\frac{Q_t}{A_2}\cot\beta_2\right)$，故 H_t-Q_t 的关系曲线是一条直线。

当 $Q_t=0$ 时，$H_t=\frac{\sigma u_2^2}{g}$；当 $H_t=0$ 时，$Q_t=\frac{\sigma u_2 A_2}{\cot\beta_2}$。图 5-11 为泵特性曲线的分析。

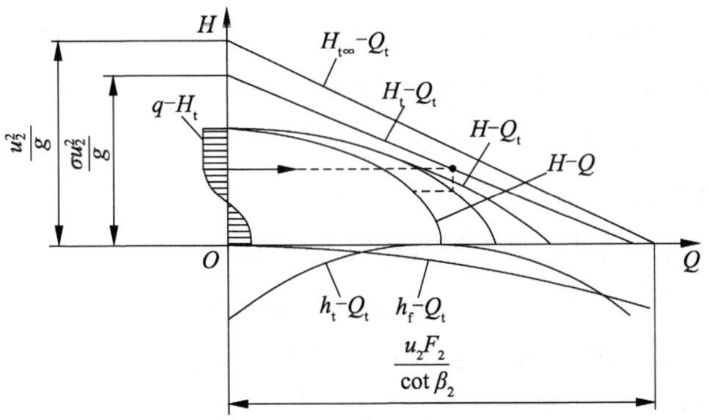

图 5-11　泵特性曲线的分析

(3) 考虑泵内的损失,作 $H-Q_t$ 曲线

泵的实际扬程等于泵的理论扬程减去泵内的水力损失。泵内的水力损失为从进口到出口全部过流部件内的水力损失,其中主要是叶轮和压水室内的水力损失,可以分为以下三种:

① 从进口到出口流道内的水力摩擦损失。

② 叶轮、导叶或蜗壳内流动的扩散、收缩和弯曲损失。

③ 叶轮、导叶或蜗壳内的冲击损失。

其中,①和②两项产生的水力损失与流量的平方成正比;第③项水力损失与泵运行流量有关,当泵内液体流动情况与过流部件的几何形状相适应时基本不会产生冲击损失,但当泵的实际流量偏离设计流量时,泵内液体流动情况与过流部件的几何形状就不相适应了,此时就会产生冲击损失。泵的实际流量偏离设计流量越远,冲击损失越大,冲击损失的大小跟泵实际流量与设计流量差值的平方成正比。

(4) 考虑容积损失,作 $H-Q$ 曲线

叶片泵的 $H-Q_t$ 曲线与 $H-Q$ 曲线之间只差泵的泄漏量 q,容积损失在单级泵中主要是叶轮口环处的泄漏,该泄漏量 q 的大小与叶轮理论扬程成正比。$q-H_t$ 曲线可由试验的方法得到。

泵的扬程-流量特性曲线的形状是多样的,大致可分为三类:

① 单调下降的曲线。在这种特性曲线中,$Q=0$ 时扬程最大,随着流量的增加,扬程逐渐下降,每一个扬程对应一个流量,这是一种稳定的扬程曲线。

② 平坦的特性曲线。这种特性曲线,流量变化较大而扬程变化较小。

③ 驼峰特性曲线。这种特性曲线不是单调下降的,特性曲线的中部隆起,在某一扬程范围内,一个扬程可对应两个或三个流量,这是一种不稳定的特性曲线。

2. 轴功率-流量曲线

对应 H_t-Q_t 曲线,可求出输入水力功率 $P_f=\rho g Q_t H_t$,并画出 P_f-Q_t 曲线。轴功率 $P=P_f+P_m$,机械损失功率 P_m 可认为与理论流量无关,故为一常数值。在 P_f-Q_t 曲线的纵坐标上加一 P_m,即可得 $P-Q_t$ 曲线。再根据泄漏量 $q-H_t$ 曲线,在 $P-Q_t$ 曲线的横坐标中减去对应 H_t 下的 q 值,即得 $P-Q$ 曲线,就是轴功率-流量的关系曲线。

泵的轴功率-流量特性曲线的形状是多样的,大致可分为四类:

① 单调上升的特性曲线。随着流量的增大,轴功率增大。

② 平坦的特性曲线。当流量变化时,轴功率的变化不大。

③ 单调下降的特性曲线。随着流量的增大,轴功率减小。

④ 功率有一最大值曲线。随着流量的增大,轴功率开始增大,当流量增大至某一值时,轴功率达到最大值,然后随着流量的增大,轴功率开始减小。

3. 效率-流量曲线

由 $H-Q$ 曲线和 $P-Q$ 曲线,即可求得各对应流量 Q 下的效率值为

$$\eta=\frac{P_e}{P}=\frac{\rho gQH}{P}$$

画出各流量下的 $\eta-Q$ 曲线，即为效率-流量的关系曲线。

泵的效率-流量特性曲线大致可分为两类：

① 陡峭的特性曲线。效率随流量的变化大，效率曲线陡峭。

② 平坦的特性曲线。效率随流量的变化小，效率曲线平坦。

泵特性曲线的差别表征了液体在泵内不同运动状态的外部表现形式的差异，而运动状态是由泵的转速和过流部件的几何形状决定的。因此，调整泵的几何参数就能改变泵特性曲线的形状。

不同类型的泵，其特性曲线也会不同。离心泵的特性曲线如图 5-9 所示。

轴流泵的特性曲线的表示方式和离心泵相同，横坐标表示流量 Q，纵坐标表示扬程 H、轴功率 P、效率 η 等，但 $H-Q$ 曲线和 $P-Q$ 曲线的趋势与离心泵截然不同，如图 5-12 所示。从图中可以看出，在扬程曲线上，当流量由较高效率点（较佳工况点）A 开始减小时，其扬程逐渐增大，当流量减小到 Q_2 时，扬程增大到拐点 B，当流量继续减小时扬程也随之减小，直至第二个拐点 C，自 C 点开始随着流量的减小扬程迅速增大，当流量为零时，扬程可达较佳工况扬程的 2 倍左右。流量为零时的工况通常称为关死点工况，此时泵的扬程较高，功率较大，相应的扬程称为关死点扬程，功率称为关死点功率。

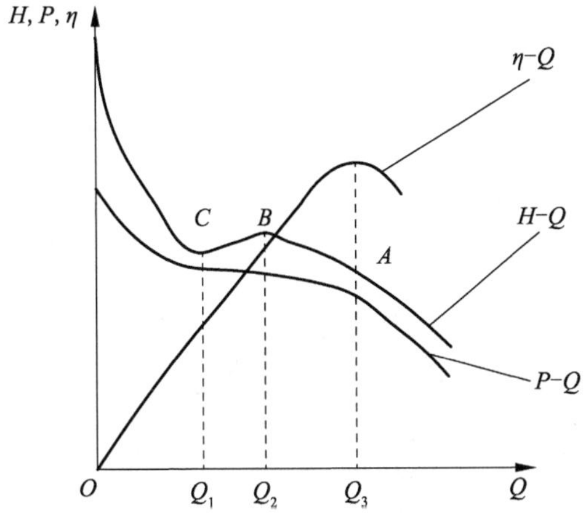

图 5-12　轴流泵特性曲线

轴流泵的特性曲线具有这样的形状，是因为当流量减小时，液流的相对速度与圆周方向间的夹角减小，而叶片安放角不变，致使叶栅翼型的冲角增大。流量越小则冲角越大，当冲角增大到一定程度时，翼型表面将产生脱流。所以当流量从较佳流量减小时，翼型的冲角增大而使升力系数增大，故扬程升高。在流量减小到小于 Q_2 时，因冲角过大，翼型产生脱流，升力系数下降，扬程降低。在流量减小到小于 Q_1 时，扬程不是降低而是又升高，这是叶轮中液体产生二次回流所致。当流量减小到小于 Q_1 时，叶轮各计算流面产生的扬程各不相等，引起液体的二次回流（图 5-13），由叶轮流出的液体，一部分重新回到叶轮中再次接受能量。二次回流是依靠撞击来传递能量的，因此水力损失很大，在扬程增加的同时也极大地消耗了泵的功率，致使效率急剧降低。所以在轴流泵的效率曲线上，当流量减小时效率下降较快，高效率工作区域狭窄。鉴于轴流泵特性曲线的特点，关闭出口阀门启动时，轴流泵往往难以启动，且电动机有超载的危险，所以在启动轴流泵时，出水管路阀门必须全开，以减小启动功率。

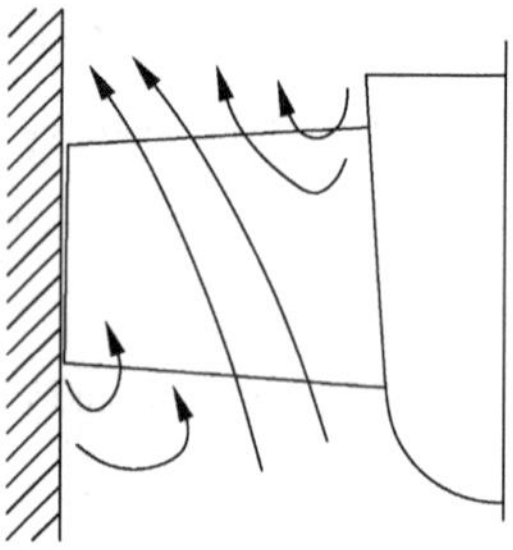

图 5-13　轴流泵叶轮内的二次回流示意图

混流泵的效率是随着流量的增大先上升后下降的，扬程和轴功率均是随着流量的增大逐渐减小的，如图 5-14 所示。这主要是因为随着流量的增大，混流泵内流体速度也是线性增大的，因此流体与混流泵叶片相互作用时间变短导致扬程呈减小趋势。

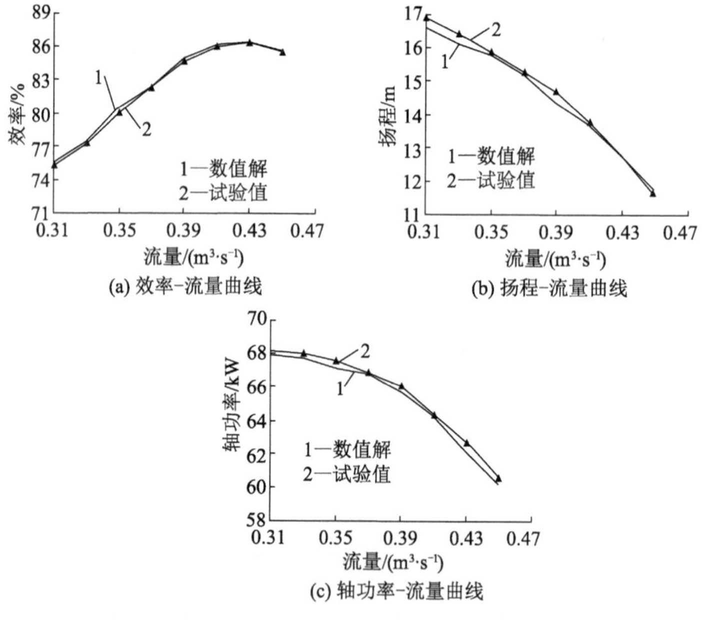

图 5-14　混流泵效率-流量、扬程-流量、功率-流量数值解与试验值曲线对比

5.5.2　泵装置扬程特性曲线

水泵的运行工况点不仅取决于水泵本身所具有的特性，还取决于进、出水池水位与进、出水管路的管路系统特性。因此，工况点是由水泵和管路系统特性共同决定的。

1. 管路特性曲线

水泵的管路系统包括管路及其附件。由水力学知，由于水的黏性及固体边壁对水流的影响，水流在通过管路时要消耗能量，这一能量损失称为管路水力损失，用水柱高表示时，又叫管路水头损失。管路水头损失包括管路沿程水头损失与局部水头损失。

$$\sum h=\sum h_f+\sum h_j=\sum\lambda\ \frac{l}{d}\frac{v^2}{2g}+\sum\zeta\ \frac{v^2}{2g}$$

式中，$\sum h$ 为管路水头损失，m；$\sum h_f$ 为管路沿程水头损失，m；$\sum h_j$ 为管路局部水头损失，m；λ 为沿程阻力损失系数；ζ 为局部阻力损失系数；d 为管路直径，m；l 为管路长度，m；v 为管路中水流的平均流速，m/s。

对于圆管，$v=\dfrac{4Q}{\pi d^2}$，则上式可写成

$$\sum h=\left(\sum\frac{\lambda l}{12.1d^5}+\sum\frac{\zeta}{12.1d^4}\right)Q^2=(\sum S_f+\sum S_j)Q^2=SQ^2$$

式中，$\sum S_f$ 为管路沿程阻力系数，s^2/m^5，当管材、管长和管径确定后，$\sum S_f$ 值为一常数；$\sum S_j$ 为管路局部阻力系数，s^2/m^5，当管径和局部水头损失类型确定后，$\sum S_j$ 值为一常数；S 为管路沿程和局部阻力系数之和，s^2/m^5。

2. 装置扬程特性曲线

装置扬程 H_Z 与水泵工作的外界条件及装置本身有关，单位重量的液体通过装置时所获得的能量 H_Z 为

$$H_Z=H_0+\frac{p_2-p_1}{\rho g}+\frac{v_2^2-v_1^2}{2g}+\sum h$$

式中，H_Z 为水泵装置扬程，m；H_0 为水泵运行时位能的增加量，即净扬程，m，$H_0=Z_2-Z_1$；$\dfrac{p_2-p_1}{\rho g}$为水泵运行时压头的增加量，m；$\dfrac{v_2^2-v_1^2}{2g}$为进、出水池的流速水头差，m；$\sum h$ 为管路水头损失，m。

上式由动态和静态两部分构成，即

$$H_Z=H_{dy}+H_{st}$$

动态部分与流量的平方成正比，可表示为

$$H_{dy}=\frac{v_2^2-v_1^2}{2g}+\sum h=f(Q^2)$$

静态部分是常量，独立于流量，即

$$H_{st}=\frac{p_2-p_1}{\rho g}+H_0$$

若进、出水池的流速水头差忽略不计，以及当进水池和出水池都敞开时，即 p_2 和 p_1 都等于大气压力，则 $H_{st}=H_0$，装置扬程公式可简化为

$$H_Z=H_0+\sum h=H_0+SQ^2$$

3. 泵装置效率

泵站装置效率是指泵站输出功率与输入功率之比的百分数，其计算公式为

$$\eta_{sy}=\frac{P_2}{P_1}\times 100\%=\frac{\rho gQH}{1000P_1}\times 100\%$$

式中，η_{sy} 为装置效率，%；P_2 为某一时段泵站的输出功率，kW；P_1 为同一时段泵站的输入功率，kW；ρ 为同一时段水的密度，kg/m^3；Q 为同一时段泵站的平均提水流量，m^3/s；H 为同一时段泵站的平均装置扬程，m。

泵站装置效率应根据水泵的类型、平均装置扬程和水源的含沙量按以下规定取值：

① 装置扬程在 3 m 以上的大、中型轴流泵站与混流泵站的装置效率不宜低于 65%；装置扬程低于 3 m 的泵站的装置效率不宜低于 55%。

② 离心泵站抽清水时，其装置效率不宜低于 60%；抽浑水(含沙水流)时，其装置效率不宜低于 55%。

另外，泵的装置效率也可以按下面的公式计算得到：

电动机输出功率 $P_T=P_{电}\eta_{电}$

泵的轴功率 $P=P_T\eta_{传}$

泵输出有效功率 $P_e=P\eta_{泵}$

泵站有效功率 $P_{站}=P_e\eta_{装}$

泵站效率 $\eta_{泵站}=\frac{P_{站}}{P_{电}}=\frac{P_e\eta_{装}}{P_{电}}=\frac{P\eta_{泵}\eta_{装}}{P_{电}}=\frac{P_T\eta_{传}\eta_{装}\eta_{泵}}{P_{电}}=\frac{P_{电}\eta_{电}\eta_{传}\eta_{装}\eta_{泵}}{P_{电}}$，则

$$\eta_{泵站}=\eta_{电}\eta_{传}\eta_{装}\eta_{泵}$$

式中，$P_{电}$ 为电动机输入功率；$\eta_{电}$ 为电动机效率；$\eta_{传}$ 为传动系统效率；$\eta_{泵}$ 为泵的效率；$\eta_{装}$ 为泵装置的效率。

$$\eta_{装}=\frac{H_{st}}{H_{st}+\sum h}$$

5.5.3 泵工况点的确定

水泵的特性曲线与装置扬程特性曲线的交点称为水泵的工作状况点，简称工况点或工作点。将水泵的特性曲线和装置扬程特性曲线绘制在同一个坐标系内，两条曲线相交于 A 点，A 点即为水泵运行的工况点，如图 5-15 所示。

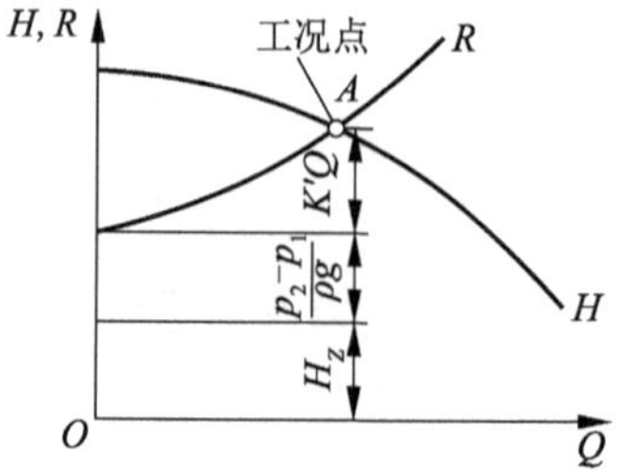

图 5-15 泵的工况点

5.5.4　泵运转工况的调节

水泵的流量是由水泵的工况点决定的，而水泵的工况点由水泵的特性曲线和装置扬程特性曲线的交点决定。如果水泵在运行中工况点不在高效区，或水泵的流量、扬程不能满足需要，可采用改变装置扬程特性曲线，或者改变水泵的特性曲线，或者同时改变水泵和装置的特性曲线的方式进行调节。

1. 装置扬程特性的调节

(1) 节流调节

对于出水管路安装闸阀的水泵装置来说，把闸阀关小时，在管路中增加了局部阻力，管路特性曲线会变陡，水泵工况点就沿着水泵的特性曲线向左上方移动。闸阀关得越小，增加的阻力越大，流量就变得越小。这种通过关小闸阀来改变水泵工况点的方法，称为节流调节或变阀调节，如图 5-16 所示。

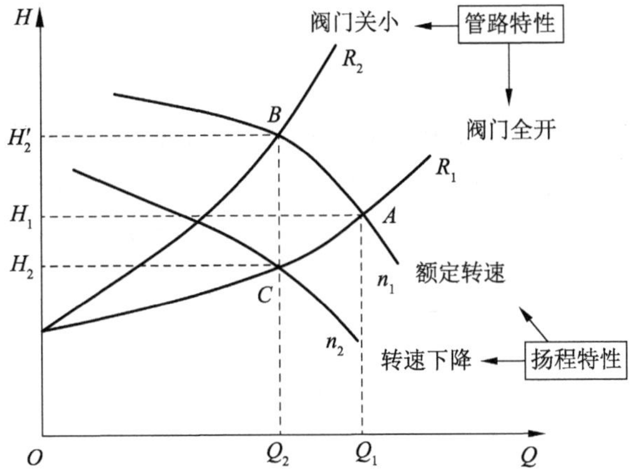

图 5-16　泵的节流调节

(2) 水位调节

当进水池或出水池的水位发生变化时，所需要提升的高度也将发生变化，因此，装置扬程特性曲线在坐标系内的位置会上下移动，与水泵的特性曲线形成不同交点，进而改变水泵的工况，如图 5-17 所示。

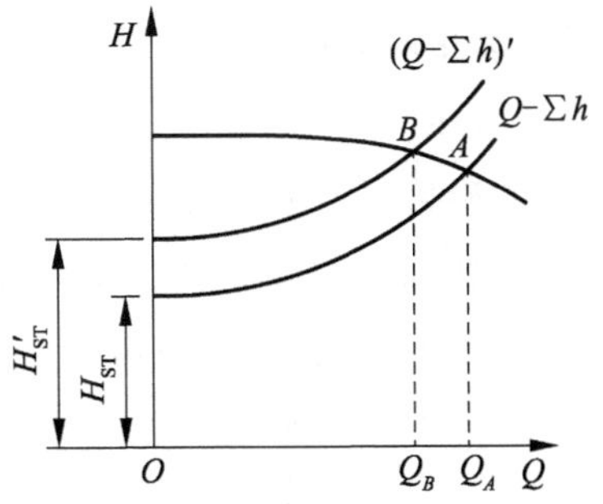

图 5-17　水位变化时水泵工况的改变

2. 泵特性的调节

(1) 变速调节

改变水泵的转速，可以使水泵的特性发生变化，从而使水泵的工况点发生变化，这种方法称为变速调节。

1) 根据用户需求确定转速

如图 5-18 所示，采用图解法求转速值时，必须在转速 n_2 的 $(H-Q)_2$ 曲线上找出与 $A_1(Q_1,H_1)$ 点工况相似的 $A_2(Q_2,H_2)$ 点。下面采用“相似工况抛物线法”求 A_2 点。

应用比例定律可得

$$\frac{H_1}{H_2}=\left(\frac{Q_1}{Q_2}\right)^2$$

令 $\frac{H_1}{Q_1^2}=\frac{H_2}{Q_2^2}=k$，则有

$$H=kQ^2$$

式中，k 为常数。

上式表示通过坐标原点的抛物线簇方程，它由比例定律推求得到，所以在抛物线上各点具有相似工况，此抛物线称为相似工况抛物线。如果水泵变速前后的转速相差不大，则相似工况点对应效率可以认为相等。因此，相似工况抛物线又称为等效率曲线。

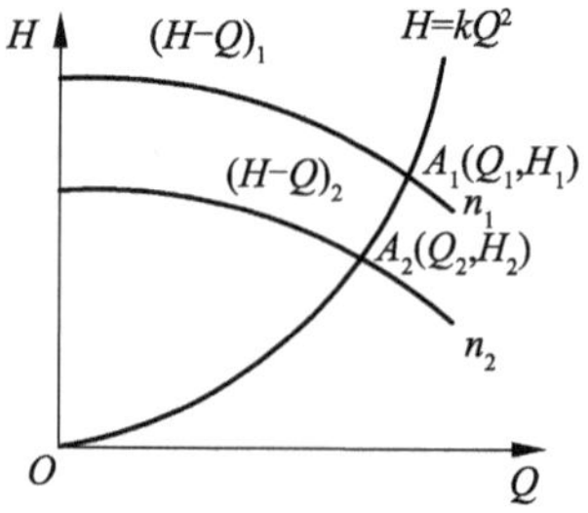

图 5-18　根据用户需求确定水泵转速

将 A_1 点的坐标 (Q_1,H_1) 代入 $\frac{H_1^2}{Q_1^2}=\frac{H_2^2}{Q_2^2}=k$，可求得 k 值，再按照抛物线簇方程写出与 A_2 点工况相似的管路特性曲线 $H=kQ^2$。它和转速为 n_2 的 $(H-Q)_2$ 曲线相交于 A_2 点，此点就是所要求的与 A_1 点工况相似的点。

2) 根据水泵最高效率点确定转速

如图 5-19 所示，水泵工作时的静扬程为 H_{st}，水泵运行时的工况点 A_1 不在最高效率点，为了使水泵在最高效率点运行，可通过改变水泵的转速来满足要求。

通过水泵最高效率点 $A(Q_A,H_A)$ 的相似工况抛物线方程为

$$H=\frac{H_A}{Q_A^2}Q^2$$

上式所表示的曲线与装置扬程特性曲线 H_Z-Q 的交点为 $B(Q_B,H_B)$，A 点与 B 点

的工况相似。因此，水泵的转速 n_2 为

$$n_2=\frac{n_1}{Q_A}Q_B$$

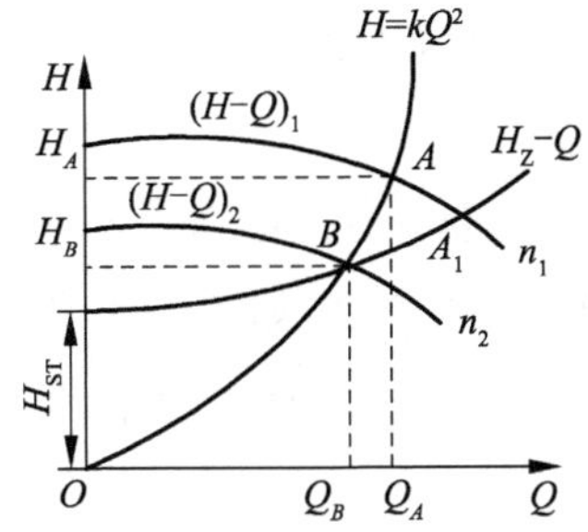

图 5-19　最高效率运行时确定转速

(2)变径调节

叶轮经过车削以后，水泵的性能将按照一定的规律发生变化，从而使水泵的工况点发生改变。车削叶轮改变水泵工况点的方法，称为变径调节。

1) 车削定律

在一定车削量范围内，叶轮车削前、后，Q，H，P 与叶轮直径之间的关系为

$$\frac{Q'}{Q}=\frac{D_2'}{D_2}$$

$$\frac{H'}{H}=\left(\frac{D_2'}{D_2}\right)^2$$

$$\frac{P'}{P}=\left(\frac{D_2'}{D_2}\right)^3$$

式中，D_2 为叶轮未车削时的直径；Q'，H'，P'分别为相应于叶轮车削后，叶轮直径为 D_2'时的流量、扬程、轴功率。

以上公式称为水泵的车削定律。车削定律是在车削前、后叶轮出口过水断面面积不变、速度三角形相似等假设下推导的。在一定的车削范围内，车削前、后水泵的效率可视为不变。

通过上述公式可以得到

$$\frac{H'}{(Q')^2}=\frac{H}{Q^2}=k$$

则

$$H'=k(Q')^2$$

上式称为车削抛物线方程，它的形式与相似工况抛物线方程相似。

2) 车削定律的应用

车削定律应用时，一般可能遇到两类问题。一类是用户需要的流量、扬程不在叶轮直径为 D_2 的 $H-Q$ 曲线上，如采用车削叶轮的方法进行工况调节，与变速调节的计算方法类似，可以利用车削抛物线和车削定律通过图解法或数解法计算出车削后的叶轮直径

D_2。另一类是用户需要的流量、扬程不在水泵的最高效率点,可根据净扬程和水泵最高效率点,利用车削抛物线和车削定律通过图解法或数解法计算出车削后的叶轮直径 D_2。

(3) 变角调节

改变叶片的安装角度可以使水泵的性能发生变化,从而达到改变水泵工况点的目的。

1) 轴流泵叶片变角后的性能曲线

轴流泵在转速不变的情况下,随着叶片安装角度的增大,$H-Q$,$P-Q$ 曲线向右上方移动,$\eta-Q$ 曲线以几乎不变的数值向右移动,如图 5-20 所示。为便于用户使用,将 $P-Q$,$\eta-Q$ 曲线用数值相等的等功率曲线和等效率曲线加绘在 $H-Q$ 曲线上,称为轴流泵的通用性能曲线,如图 5-21 所示。

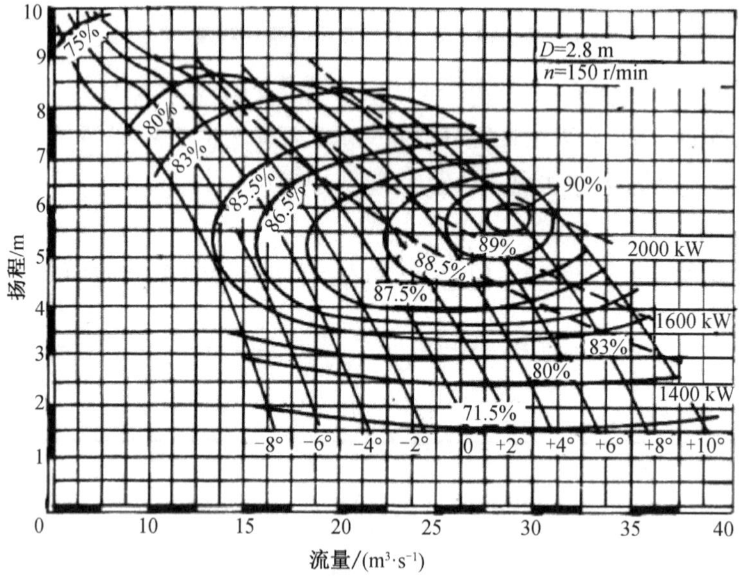

图 5-20 轴流泵变角性能曲线

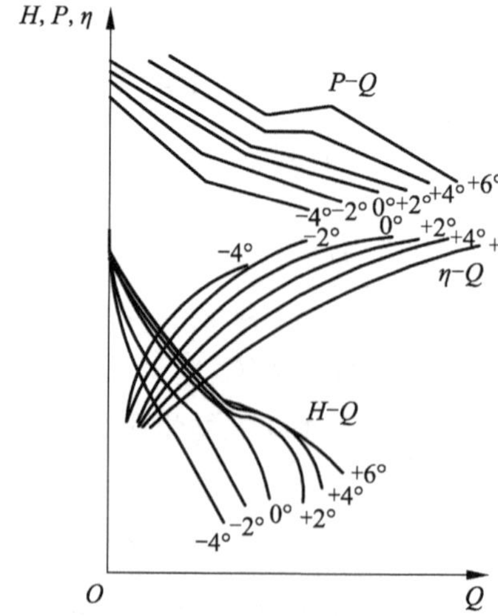

图 5-21 轴流泵的通用性能曲线

2）轴流泵的变角运行

中、小型轴流泵绝大多数为半调节式，一般需在停机、拆卸叶轮之后才能改变叶片的安装角度。而泵站运行时的扬程具有一定的随机性，频繁停机改变叶片的安装角度有许多不便。为了使泵站全年或多年运行效率最高，耗能最少，同时满足排水或灌溉流量的要求，可将叶片安装角调到最优状态，从而实现经济合理的运行。有些泵站排水和灌溉时的扬程不同，这时可根据扬程的变化情况，采用不同的叶片安装角。如排、灌两用的泵站在汛期排水时，进水侧水位较高，往往水泵运行时的扬程较低，这时可根据扬程将叶片安装角调大，这样不但能使泵站多抽水，而且能使电动机满负荷运行，提高电动机的效率和功率因数；在灌溉时，进水侧水位较低，往往水泵的扬程较高，这时可将叶片安装角调小，在水泵较高效率的情况下，适当减少出水量，防止电动机出现过载。

第6章

电机基础

6.1 电机的用途和类型

电机是完成机械能与电能相互转换的机械，是电力系统与自动控制系统中非常重要的电气设备，在现代社会各行业和部门中占据着越来越重要的地位。对电力工业本身来说，电机是发电厂和变电站的主要设备。首先，火电厂利用汽轮发电机（水电厂利用水轮发电机）将机械能转换为电能，然后电能经各级变电站通过变压器改变电压等级，再传输和分配。此外，发电厂的多种辅助设备，如给水泵、鼓风机、调速器、传送带等，也都需要电机驱动。在制造工业中，各类工作母机，尤其是数控机床，都需由一台或多台不同容量和形式的电机来拖动和控制。各种专用机械也都需要电机来驱动。在工农业生产、国防、文教、科技领域以及人们的日常生活中，电机的应用越来越广泛。电机发展到今天，早已成为提高社会生产效率和科技水平，以及提高人们生活质量的主要载体之一。

电机的种类很多，分类的方法也很多（表 6-1）。如按运动方式分，静止的有变压器，运动的有直线电机和旋转电机，大多数电机为旋转电机；按功能分，可分为发电机和电动机，但从原理上讲，同一电机既可作为发电机运行，也可作为电动机运行，这称为电机的可逆性；按产生或者消耗的是什么形式的电能分，可分为直流电机和交流电机，而交流电机按其运行速度和电源频率之间的关系又分为异步电机和同步电机两大类，直流电机按励磁方式的不同又分为他励和自励两种。此外，还有进行信号的传递和转换，在控制系统中作为执行、检测和解算元件的微特电机，这类电机交、直流均有，统称为控制电机。

表 6-1　电机的分类

- 电机
  - 直流电机
    - 直流发电机
    - 直流电动机
  - 交流电机
    - 异步电机（感应电机）
      - 异步（感应）发电机
      - 异步（感应）电动机
    - 同步电机
      - 同步发电机
      - 同步电动机
  - 控制电机

旋转电机中的交流电动机主要分为两大类：异步电动机和同步电动机。

异步电动机又称感应电动机，与其他各种电动机相比，其具有结构简单、价格低廉、运行可靠、维护方便、坚固耐用、效率高等一系列优点，因此在工农业生产和日常生活中获得了最广泛的应用。它的缺点是运行中必须从电网中吸收无功功率以建立磁场，这使得电网的功率因数降低，对电网而言是一个沉重的负担；与直流电动机相比，其启动和调速性能较差。随着电力电子技术的发展、交流调速系统的不断完善和电网供电质量的提高，异步电动机的应用范围将进一步扩大。

随着工业的迅速发展，一些生产机械的功率越来越大，如空气压缩机、大型鼓风机、电动发电机组等，它们的功率达数百千瓦到数万千瓦。同时，这些生产机械本身没有调节速度的要求。如果采用同步电动机去拖动这些生产机械，可能更为合适。这是因为，大功率同步电动机与同容量的异步电动机相比较，功率因数高。在运行时，它不仅不使电网的功率因数降低，相反地，还能够改善电网的功率因数，这点是异步电动机做不到的。另外，对大功率低转速的电动机而言，同步电动机的体积比异步电动机要小些。

同步电动机一般都做成凸极式的，在结构上和凸极同步发电机类似。为了能够自启动，在转子磁极的极靴上安装有启动绕组。

随着半导体整流技术的发展，同步电动机可以不用直流励磁机励磁，而用交流电经可控硅整流后励磁。有些同步电动机还采用旋转半导体整流励磁，这样就把转子上的滑环电刷装置去掉了，这对有些要求防爆的用户来说是很安全的。

同步电动机不带机械负载运行时，可以作为同步补偿机使用，以改善电网的功率因数，调整电网的电压。

6.2　异步电动机

6.2.1　异步电动机的基本结构

异步电动机主要由固定不动的定子和旋转的转子两部分组成，定、转子之间有一个非常小的空气间隙（称为气隙）将转子和定子隔离开，根据电动机的容量不同，气隙一般在 0.4～4 mm 的范围内。为减小电动机的励磁电流，提高功率因数，异步电动机的气隙比其他旋转电机都小，一般为 0.2～2 mm。三相异步电动机的基本构造如图 6-1 所示。

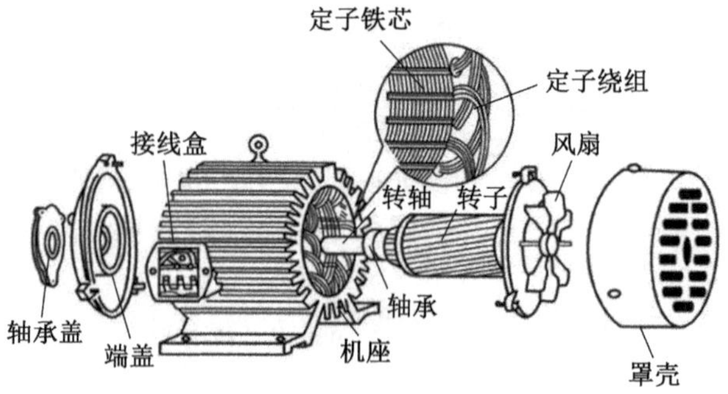

图 6-1　三相异步电动机的基本构造

电动机定子由支撑空心定子铁芯的钢制机座、定子铁芯和定子绕组线圈组成。定子铁芯是电机磁路的一部分，由涂有绝缘漆的 0.5 mm 硅钢片叠压而成。在定子铁芯内圆周上均匀地冲制有若干个形状相同的槽，槽内安放定子三相对称绕组。大、中容量的高压电动机的定子绕组常连接成星形，只引出三根线，而中、小容量的低压电动机常把三相绕组的六个出线头都引到接线盒中，可以根据需要连接成星形或三角形。定子绕组是电动机的电路部分，其作用是感应电动势，流过电流，实现机电能量转换。整个定子铁芯装在机座内，机座是用来固定和支撑定子铁芯的。一个三相异步电动机的定子构造如图 6-2 所示。

电动机转子由转子铁芯、转子绕组和转轴组成。转子铁芯也是磁路的一部分，由 0.5 mm 厚表面冲槽的硅钢片叠成一圆柱体。铁芯与转轴必须可靠地固定，以便传递机械功率。转子铁芯的外表面有槽，用于安放转子绕组。按转子绕组的不同形式，转子可分成笼型和绕线型（图 6-3）两种。转子铁芯、气隙和定子铁芯构成了一台电动机的完整磁路。

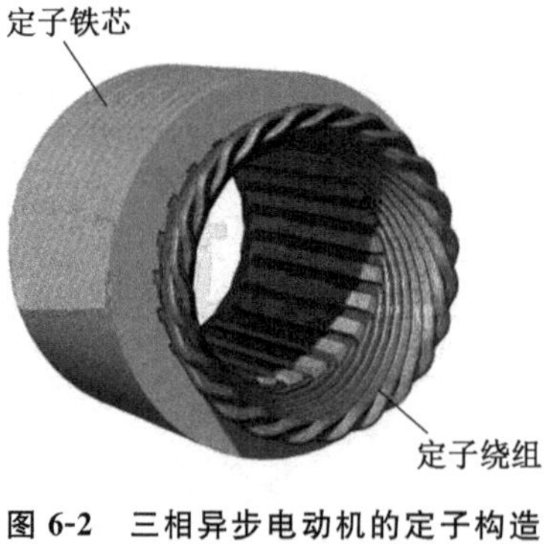

图 6-2　三相异步电动机的定子构造

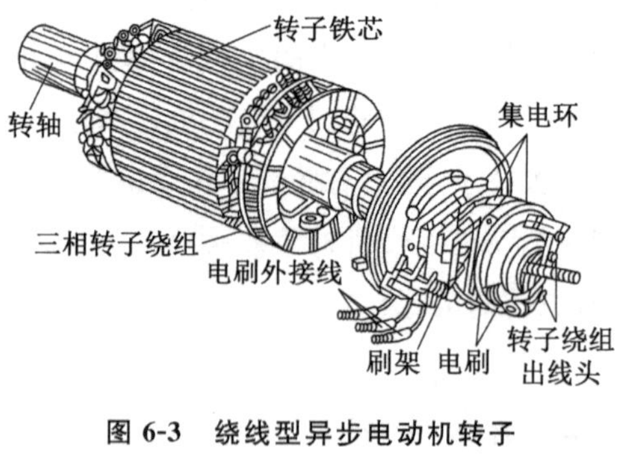

图 6-3　绕线型异步电动机转子

笼型和绕线型两类异步电动机的定子结构相同，而转子结构有差别。笼型转子是在转子铁芯槽里插入铜条，再将全部铜条两端焊在两个铜端环上，以构成闭合回路。除去转子铁芯，剩下的铜条和两边的端环，其形状像个笼，故称之为笼型电动机。为了节省铜材，中小容量的笼型电动机是在转子铁芯的槽中浇注铝液铸成笼形导体，以代替铜制笼体。

绕线型转子同电动机的定子一样，都是在铁芯的槽中嵌入三相绕组，三相绕组一般接成星形，将三个出线端分别接到转轴上的三个滑环上，再通过电刷引出电流。绕线型转子的特点是在启动和调速时，可以通过滑环电刷在转子回路中接入附加电阻（图 6-4），以改善电动机的启动性能，调节其转速。通常人们就是根据具有三个滑环的结构特点来辨认绕线型异步电动机的。

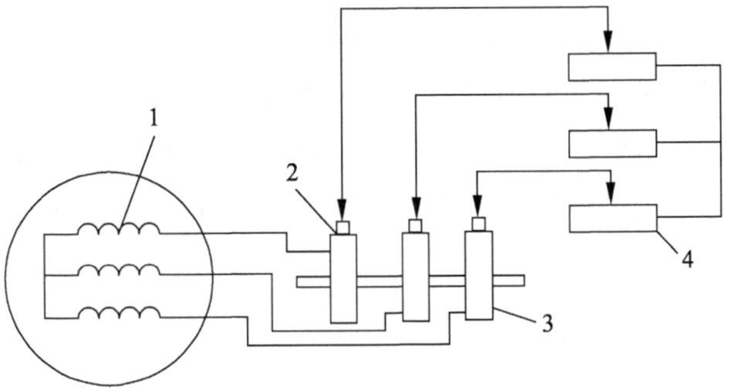

1—转子绕组；2—电刷；3—滑环；4—变阻器。

图 6-4　绕线型异步电动机转子示意图

虽然笼型异步电动机同绕线型异步电动机在转子构造上有所不同，但它们的工作原理是一样的。笼型异步电动机转子结构简单，价格低廉，工作可靠。在实际应用中，如果对电动机的启动和调速没有特殊的要求，一般采用笼型异步电动机。只在要求启动电流小，启动转矩大，或需平滑调速的场合使用绕线型异步电动机。

6.2.2　异步电动机的基本参数

表 6-2 所示是一台三相异步电动机的铭牌信息，在铭牌上标记着电动机正常运行的条件和有关技术数据。它是正确选择、使用和检修电动机的依据。

表 6-2　三相异步电动机的铭牌

三相异步电动机					
型号	Y90L－4	额定电压	380 V	接法	Y
额定功率	1.5 kW	额定电流	3.7 A	工作方式	连续
额定转速	1400 r/min	功率因数	0.79	温升	75 ℃
额定频率	50 Hz	绝缘等级	B	出厂：××××年××月	

1．型号

型号由四部分组成。以 Y90L－4 为例，Y 表示笼型异步电动机（YR 表示绕线型异步电动机）；90 表示机座中心高为 90 mm；L 表示长机座（S 表示短机座，M 表示中机座）；短横线后面的数字 4 表示极数。

2．额定值

① 额定功率：指额定运行状态下由轴端输出的机械功率，单位为 kW。

② 额定电流：指额定运行状态下电动机输入的线电流，单位为 A。

③ 额定电压：指额定运行状态下加在定子绕组上的线电压，单位为 V。

④ 额定转速：指额定运行状态下的转速，单位为 r/min。

⑤ 额定频率：我国电网频率为 50 Hz，故国内使用的异步电动机额定频率为 50 Hz。

三相异步电动机的额定功率为

$$P_N=\sqrt{3}U_N I_N \eta_N \cos\varphi_N$$

式中，$\cos\varphi_N$，η_N 分别为额定运行时的功率因数和效率。

此外，铭牌上标出三相定子绕组的接法（Y 或△）、绝缘等级、工作方式、防护等级等。绕线型异步电动机铭牌上还标明转子绕组的接法、转子电压和额定运行时转子线电流等数据。

6.2.3 异步电动机的启动

1. *启动的特点*

异步电动机由静止状态过渡到稳定运行状态的过程称为异步电动机的启动。启动是异步电动机应用中重要的物理过程之一。

当异步电动机直接投入电网启动时，其特点是启动电流大（4～7 倍额定电流），而启动转矩并不大。原因如下：当异步电动机启动时，由于电动机转子处于静止状态，旋转磁场与转子绕组之间的相对速度最快，转子绕组的感应电动势是最高的，因而产生的感应电流也是最大的，电动机定子绕组的电流也非常大。同时，启动时的磁通较正常工作时小，故启动转矩不大。

对异步电动机启动性能的要求，主要有以下两点：

① 启动电流要小，以减小对电网的冲击。

在额定电压下异步电动机直接启动时，虽然启动电流较大，但一般启动过程时间很短，短时间通过大的电流，从发热角度来看，电动机本身是可以承受的。但是，对于启动频繁的异步电动机，过大的启动电流会使电动机内部过热，导致电动机的温升过高，绝缘寿命缩短。另外，直接启动的异步电动机需要供电变压器提供较大的启动电流，这样会使供电变压器输出电压下降，对供电电网产生影响。如果变压器额定容量相对不够大，电动机较大的启动电流会使变压器输出电压短时间下降幅度较大，超过了正常规定值，会影响到由同一台变压器供电的其他负载，使其他运行中的异步电动机过载甚至堵转。所以，当供电变压器额定容量相对电动机额定功率不足够大时，三相异步电动机不允许在额定电压下直接启动，需要采取措施，减小启动电流。

② 启动转矩足够大，以加速启动过程，缩短启动时间。

电动机采用直接启动时，一方面较大的启动电流引起电压下降，另一方面电动机启动转矩也不大，这对于轻载或空载情况下的启动一般没什么影响，但当负载较重时，电动机可能就启动不了。一般要求启动转矩 $T_{st}>(1.1\sim1.2)T_2$，其中 T_2 为额定转矩，T_{st} 越大于 T_2，启动过程所需要的时间越短。因此，直接启动一般只有小容量的笼型电动机使用。

如果电网容量很大,也可允许容量较大的笼型电动机直接启动。

异步电动机在启动时,电网对异步电动机的要求与负载对它的要求往往是矛盾的。电网从减小它所承受的冲击电流出发,要求异步电动机启动电流尽可能小,但太小的启动电流所产生的启动转矩又不足以启动负载;而负载要求启动转矩尽可能大,以缩短启动时间,但大的启动转矩伴随着大的启动电流又会对电网的电压有影响。下面讨论适用于不同电机容量、负载性质的启动方法。

(1) 直接启动

直接启动适用于小容量电动机带轻载的情况,启动时,用闸刀开关和交流接触器将电动机直接接到具有额定电压的电源上。直接启动的优点是操作简单,无需很多的附属设备;主要缺点是启动电流较大。笼型异步电动机必须满足以下条件才能直接启动:

① 若是照明和动力共用同一电网,电动机启动时引起的电网压降不应超过额定电压的5%。

② 动力线路若是用专用变压器供电,对于频繁启动的电动机,其容量不应超过变压器容量的20%;不经常启动的电动机,其容量不应大于变压器容量的30%。

如不满足上述规定,则必须采用降压启动等措施以减小启动电流。在一般情况下,20 kW以下的异步电动机允许直接启动。随着电网容量的不断增加,直接启动方法的应用日益扩大,因为电网容量越大,电动机启动电流占电网额定电流的百分比就越小。

(2) 降压启动

降压启动的目的是限制启动电流。启动时,通过启动设备使加到电动机上的电压小于额定电压,待电动机转速上升到一定数值时,再使电动机承受额定电压,保证电动机在额定电压下稳定工作。

降压启动适用于容量大于或等于20 kW并带轻载的情况。这种方法是用降低异步电动机端电压的方法来减小启动电流的。由于异步电动机的启动转矩与端电压的平方成正比,所以采用此方法时,启动转矩同时减小。该方法只适用于对启动转矩要求不高的场合,即空载或轻载的场合。

常见的降压启动方式有三种:定子串联电阻或电抗启动、星形-三角形换接启动和自耦降压启动。

1) 定子串联电阻或电抗启动

在定子绕组中串联电抗或电阻都能降低启动电流,但串联电阻启动能耗较大,只适用于小容量电机,如图6-5所示。一般都采用定子串联电抗降压启动。在采用电抗降压启动时,如图6-6所示,由于电机的启动转矩与绕组端电压的平方成正比,所以启动转矩比启动电流下降得更多。因此,在选择电抗使启动电流满足要求时,还必须校核启动转矩是否满足要求。

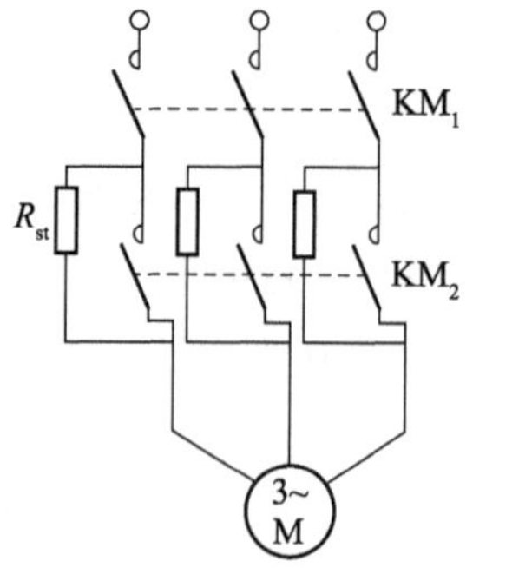

图 6-5　定子串联电阻降压启动

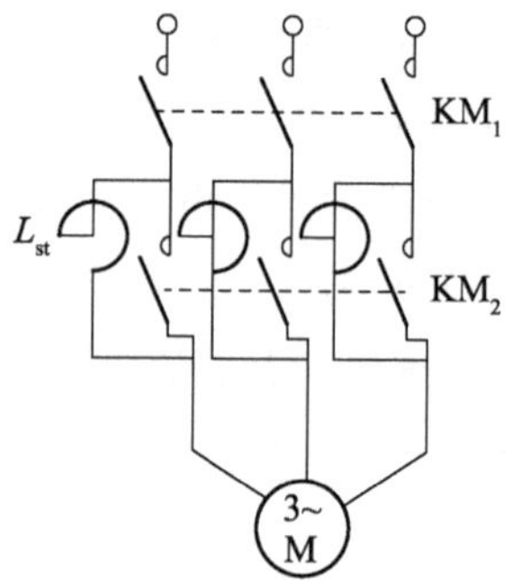

图 6-6　定子串联电抗降压启动

2）星形-三角形换接启动

星形-三角形启动法适用于正常运行时定子绕组三角形连接（△连接）且三相绕组首尾六个端子全部引出来的电动机。启动时，将正常运行时三角形连接的定子绕组改接为星形连接（Y 连接），启动结束后再换为三角形连接。这种方法只适用于中小型笼型异步电动机。

设电机启动时每相绕组的等效阻抗为 Z。

当定子绕组为星形连接（图 6-7）时，即降压启动时，

$$I_{l\mathrm{Y}}=\frac{U_l}{|Z|\sqrt{3}}$$

当定子绕组为三角形连接时，即直接启动时，

$$I_{l\triangle}=\sqrt{3}\frac{U_l}{|Z|}$$

所以有

$$\frac{I_{l\mathrm{Y}}}{I_{l\triangle}}=\frac{1}{3}$$

即定子绕组星形连接时，由电源提供的启动电流仅为定子绕组三角形连接时的 1/3。

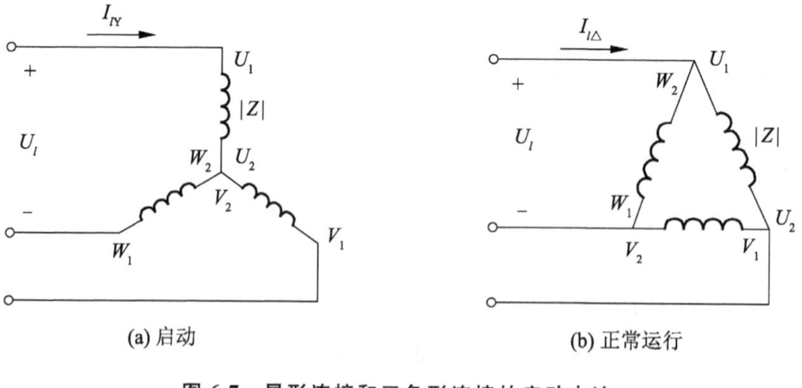

图 6-7　星形连接和三角形连接的启动电流

Y-△换接启动优点是启动电流小、启动设备简单、价格便宜、操作方便，缺点是启动转矩小。它仅适用于小功率电动机空载或轻载启动。为了便于采用 Y-△换接启动，国

产 Y 系列 4 kW 以上电动机定子绕组都采用三角形连接。

3）自耦降压启动

对于容量较大的或正常运行时连成星形而不能采用 Y-△换接启动的笼型异步电动机可采用自耦降压启动，如图 6-8 所示。

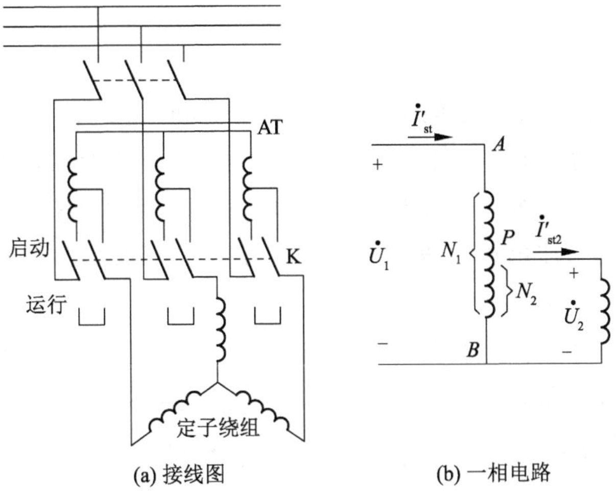

图 6-8　自耦降压启动

启动操作过程如下：

首先合上电源刀闸开关，再将自耦变压器的控制手柄 K 拉到“启动”位置进行降压启动，最后待电动机接近额定转速时把手柄推向“运行”位置，使自耦变压器脱离电源，而电动机直接接入电源，继续启动，但此时冲击电流已较小。

设电源的相电压为 U_1，自耦变压器的变比为 K，经过自耦变压器降压后，加在电动机上的电压 U_2 为$\frac{U_1}{K}$。此时电动机的启动电流 I'_{st2} 便与电压以相同比例减小，是原来在额定电压下直接启动时的电流 I_{stN} 的$\frac{1}{K}$，即 $I'_{st2}=\frac{I_{stN}}{K}$。又由于电动机接在自耦变压器的二次绕组，自耦变压器的一次绕组接在三相电源侧，故电源所供给的启动电流为

$$I'_{st}=I'_{st2}\frac{1}{K}=\frac{1}{K^2}I_{stN}$$

由此可见，上述笼型异步电动机降压启动时，电网电流是直接启动电流的$\frac{1}{K^2}$，由于加到电动机上的电压减小到原电压的$\frac{1}{K}$，所以同直接启动相比，启动转矩也同样减小到$\frac{1}{K^2}$。

因此，利用自耦降压启动的笼型异步电动机，在减小启动电流的同时也减小了启动转矩，所以一般只适用于空载或轻载启动，对于如起重机、锻压机等重载启动的生产机械就不适用了。这时需要使用绕线型异步电动机等能重载启动的电动机。

通常把自耦变压器、接触器、保护设备等装在一起，组成一个自耦降压启动控制柜。

为了便于调节启动电流和启动转矩，自耦变压器备有抽头来选择对应的启动电压，通常自耦变压器的抽头有73%，64%，55%或80%，60%，40%等规格。

以上介绍了几种笼型异步电动机的降压启动方式。在确定启动方法时，应根据电网允许的最大启动电流、负载对启动转矩的要求，以及启动设备的复杂程度、价格等条件综合考虑。

(3) 采用启动性能改善的笼型异步电动机

笼型异步电动机降压启动虽能减小启动电流，但同时也使启动转矩减小，所以其启动性能不够理想。有些生产机械要求电动机具有较大的启动转矩和较小的启动电流，普通笼型异步电动机不能满足要求。为改善启动性能，适应大启动转矩和小启动电流的要求，可以采用特殊的笼型异步电动机，即高转差率电动机、起重冶金笼型异步电动机、深槽及双笼电动机等。

(4) 绕线型异步电动机转子串联电阻启动

对于大中型电动机带重载启动的工作情况，可采用绕线型异步电动机。由于大型电动机容量大，启动电流对电网的冲击较大；又因带重载，负载要求电动机提供较大的启动转矩。

绕线型异步电动机的特点是可以在转子绕组电路中串入附加电阻。如果在绕线型异步电动机转子回路中串入适当的启动电阻 R_{st}，如图 6-9 所示，则 I_2 减小，定子电流 I_1 也随着减小。同时，由图 6-9 可见，当转子回路的阻值增大时，电动机的启动转矩变大，从而改变了电动机的启动性能。启动后，随着转速的上升逐渐减小启动电阻，最后将启动电阻全部短路，启动过程结束。因此，在异步电动机转子回路接入适当的电阻，不仅可以使启动电流减小，而且可以使启动转矩增大，使电动机具有良好的启动性能。绕线型异步电动机适合于大功率重载启动的情况，也适用于功率不大，但要求频繁启动、制动和反转的负载。

从图 6-9 也可以看出，虽然在转子回路串入电阻后获得了比较大的启动转矩，但电动机的机械特性也变“软”了，所以当电动机启动到接近额定转速后，就可以将串在转子绕组中的电阻短路，使电动机恢复到原来的机械特性。

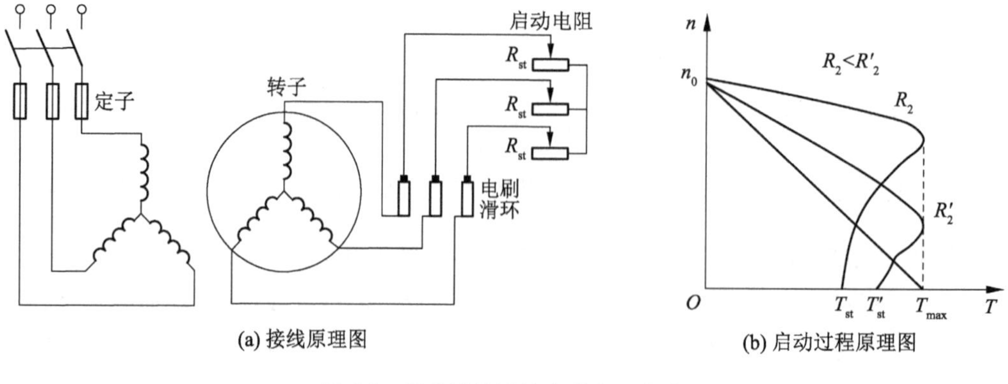

(a) 接线原理图　(b) 启动过程原理图

图 6-9　绕线型转子的串联电阻启动

转子回路串联电阻启动，若启动时串联电阻的级数少，在逐级切除电阻时也会产生较大的冲击电流和转矩，导致电动机启动不平稳；若启动级数多，则线路复杂，变阻器的体积较大，占地面积也大，同时增加了设备投资和维修工作量。

应当指出的是，随着电力电子技术和控制技术的发展，各种针对笼型异步电动机发展起来的电子型降压启动器、变频调速器等装置得到推广和使用，使得结构复杂、价格昂贵、维护困难的绕线型异步电动机的使用变得越来越少。

6.3　同步电动机

6.3.1　同步电动机的基本结构

同步电动机也是由定子和转子组成的，其定子和异步电动机的定子结构基本相同，都是由定子铁芯、三相对称的绕组及固定铁芯用的机座和端盖等部件组成。空间上三相对称绕组通入时间上对称的三相电流就会产生一个空间旋转磁场，旋转磁场的同步转速 n_0 为

$$n_0=\frac{60f}{p_{\mathrm{m}}}(\mathrm{r/min})$$

式中，f 为定子电源频率；p_{m} 为电动机极对数。

同步电动机的转子按其磁极形状可分为隐极式和凸极式两种结构形式。凸极式转子有明显的磁极，气隙不均匀，造成直轴磁阻小，与之垂直的交轴磁阻大，因此两轴的电感不等。

同步电动机的转子由磁极铁芯和励磁绕组等组成。磁极铁芯由钢板冲片叠压而成，磁极上套有励磁绕组。励磁绕组两出线端接到两个集电环上，再通过与集电环相接触的静止电刷向外引出。励磁绕组由直流励磁电源供电，其正确连接应使相邻磁极的极性呈 N 和 S 交替排列。另外，励磁绕组也可由交流励磁机经过随转子一起旋转的整流器供电，组成无刷励磁系统。这些都是针对一般大、中型同步电动机而言的。小容量同步电动机转子常用永久磁铁励磁，其磁场可视为恒定。

凸极转子的磁极极靴上一般装有阻尼绕组。同步电动机在恒频下运行时，阻尼绕组主要用于启动和抑制重载时容易发生的振荡。当同步电动机在转速闭环下变频调速运行时，由变频器供电的同步电动机无须用阻尼绕组进行启动，此时，阻尼绕组主要用于抑制变频器引起的谐波和负序分量。此外，阻尼绕组还能减小同步电动机的暂态电抗，加速换相过程，加快动态响应。

6.3.2　同步电动机的启动

同步电动机通电刚刚启动时，由于机械惯性，转子尚未旋转，而转子绕组加入直流励磁以后，在气隙中产生静止的转子主极磁场。当在定子绕组中通入三相交流电流以后，在气隙中则产生一以速度 n_1 旋转的旋转磁场。由于启动时定、转子磁场之间存在相对运

动，转子的机械惯性使得转子上的平均转矩为零，所以同步电动机启动时并不产生同步启动转矩。在图 6-10a 所表示的这一瞬间，定、转子磁场之间的相互作用倾向于使转子逆时针方向旋转，但由于惯性的影响，转子上受到作用力以后并没有马上转动，在转子还来不及转动以前，定子磁场已转过 180°而得到图 6-10b，此时定、转子磁场之间的相互作用倾向于使转子顺时针方向旋转。因此，转子上所受到的平均转矩为零，所以无启动绕组的同步电动机是不能自行启动的。

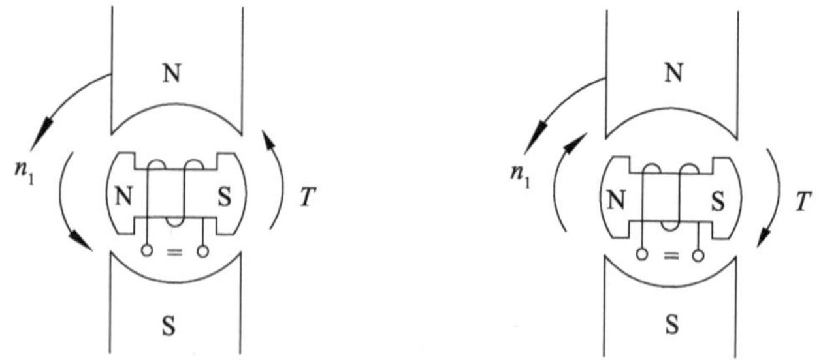

(a) 转子倾向于逆时针方向旋转　(b) 转子倾向于顺时针方向旋转

图 6-10　启动时同步电动机的电磁转矩

同步电动机的异步启动方法是目前采用得最为广泛的一种启动方法。在磁极表面上装设有类似异步电动机笼型导条的短路绕组(阻尼绕组)，称为启动绕组。在启动时，电压施加于定子绕组，在气隙中产生旋转磁场，与异步电动机工作原理一样，这个旋转磁场将在转子上的启动绕组中感应出电流，电流和旋转磁场相互作用将产生异步电磁转矩，所以同步电动机按照异步电动机工作原理转动起来。待速度上升到接近同步转速时，再给予直流励磁，产生转子磁场，此时转子磁场和定子磁场间的转速已非常接近，依靠这两个磁场间的相互吸引力，自动将转子拉入同步。所以同步电动机的启动过程可以分为两个阶段：

① 首先按异步电动机工作方式启动，使转子转速接近同步转速。

② 加直流励磁，将转子拉入同步。由于磁阻转矩的影响，凸极式转子很容易被拉入同步，甚至在未加励磁的情况下，有时转子也能被拉入同步。因此，为了改善启动性能，同步电动机绝大多数采用凸极式结构。当同步电动机按异步电动机工作方式启动时，励磁绕组绝对不能开路，因为励磁绕组的匝数一般较多，旋转磁场切割励磁绕组可能会在其中感应出一危险的高电压，从而有使励磁绕组绝缘击穿或引起人身安全事故等危险。启动时，励磁绕组要短路，为避免励磁绕组中短路电流过大并产生单轴转矩而影响启动，启动时必须在励磁绕组回路串入阻值为其本身阻值 5～10 倍的外加电阻再短路。

6.3.3　同步电动机的应用

同步电动机具有良好的恒速持性，并且功率因数可以调节，所以在工业上得到广泛的应用。在交流电网上主要的负载是异步电动机和变压器，这些负载都要从电网中吸收感性无功功率，这样一来，就加大了对电网供给感性无功功率的需求。如果使运行在电网上的同步电动机工作在过励状态，由于同步电动机需要从电网中吸收容性无功功率，那么就可缓解上述负载对电网供给感性无功功率的需求。换句话说，把这些过励的同步电动机看成除了要拖动生产机械，还要发出感性无功功率的发电机，这样一来，就使得电网的功率因数得以改善。

6.4　直流电动机

6.4.1　有刷直流电动机

1. 工作原理

有刷直流电动机（brushed DC motor）具有结构简单、易于控制、成本低等特点，在一些功能简单的应用场合，或者说在能够满足必要的性能、低成本和足够的可靠性的前提下，有刷直流电动机往往是一个很好的选择。例如，便宜的电子玩具、各种风扇和汽车的电动座椅等。基本的有刷直流电动机在电源和电动机之间只需要两根电缆，这样就可以节省配线和连接器所需的空间，并降低电缆和连接器的成本。此外，还可以使用 MOSFET/IGBT 开关对有刷直流电动机进行控制，在给电动机提供足够好的性能的同时，整个电动机控制系统也比较经济。

有刷直流电动机转速快、扭矩小，在某些应用中可能无法满足要求。这种情况就需要做一些改进来降低转速，并增大扭矩。直流减速电动机就是这样一种电动机，其实物如图 6-11 所示。

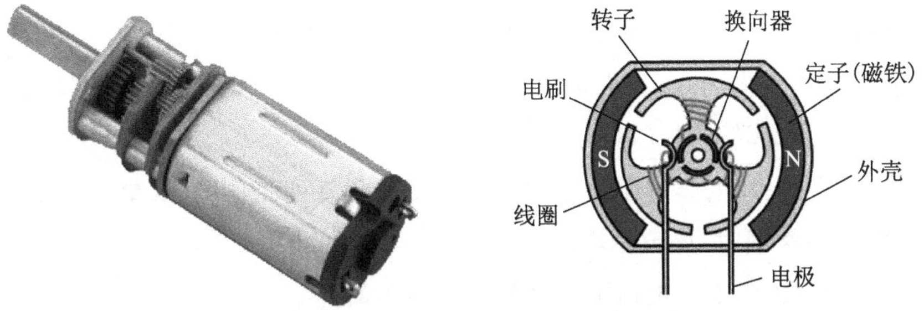

图 6-11　有刷直流减速电动机

有刷直流电动机的电枢上绕有大量的线圈，产生强大的磁场与外部磁场相互作用，从而产生旋转运动。磁极方向的跳转是通过移动固定位置的接触点来完成的，该接触点在电动机转子上与电触点相对连接。这种固定触点通常由石墨制成，与铜或其他金属相比，石墨熔点极高，在大电流短路或断路/启动过程中石墨不会熔断或者与旋转触点焊接到一起，并且这个触点通常是弹簧承载的，所以能够获得持续的接触压力，保证向线圈供应电力。下面将通过其中一组线圈和一对磁极来分析其工作原理，如图 6-12 所示。

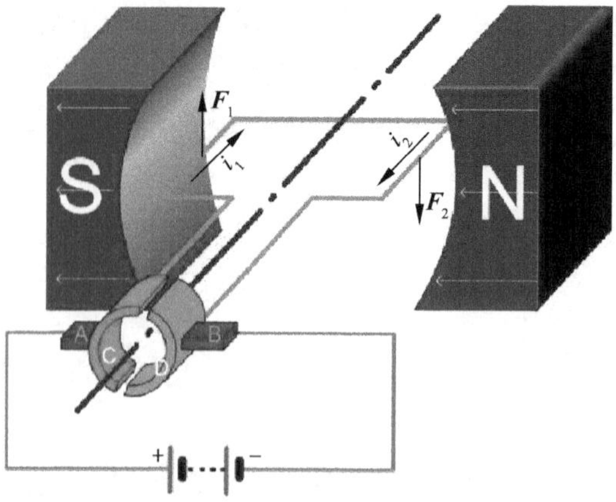

图 6-12　有刷直流电动机工作原理

图中C和D两片半圆周的铜片构成换向器，靠在换向器两侧的两个弹性铜片A和B是电刷，电源通过电刷向导线框供电，线框中就有电流通过，在线框两侧放一对磁极N和S就形成磁场，磁力线由N到S。线框通有电流时，两侧导线就会受到磁场的作用力，方向依左手定则判断，左侧和右侧线框部分分别会受到力 $\boldsymbol{F}_1$ 和 $\boldsymbol{F}_2$ 的作用，这两个力的方向相反，使得线框发生转动，当线框转过90°时，换向器改变了线框电流的方向，产生的安培力方向不变，于是导线框会连续旋转下去，这就是有刷直流电动机的工作原理。

2. 重要参数

有刷直流电动机重要参数如下：

① 空载转速：正常工作电压下电动机不带任何负载的转速[单位为 r/min(转/分)]。空载转速由于没有反向力矩，所以输出功率和堵转情况不一样，该参数只是提供一个电动机在规定电压下最大转速的参考。

② 空载电流：正常工作电压下电动机不带任何负载的工作电流[单位为 mA(毫安)]。越好的电动机，在空载时，该值越小。

③ 负载转速：正常工作电压下电动机带负载的转速。

④ 负载力矩：正常工作电压下电动机带负载的力矩[单位为 N·m(牛·米)]。

⑤ 负载电流：电动机拖动负载时实际检测到的定子电流数值。

⑥ 堵转力矩：电动机受反向外力作用停止转动时的力矩。若电动机堵转现象经常出现，则会损坏电动机，或烧坏驱动芯片。所以在选电动机时，这是除转速外必须要考虑的参数。堵转时间一长，电动机温度上升得很快，这个值也会下降得很厉害。

⑦ 堵转电流：电动机受反向外力作用停止转动时的电流。此电流非常大，时间稍长就可能会烧毁电动机，所以在实际使用时应尽量避免出现堵转现象。

⑧ 减速比：没有减速齿轮时转速与有减速齿轮时转速之比。

⑨ 功率：一般指的是电动机的额定功率[单位为 W(瓦)]，即在额定电压下能够长期正常运转的最大功率，也是电动机在制造厂所规定的额定情况下运行时其输出端的机械功率。

6.4.2　无刷直流电动机

1. 工作原理

无刷直流电动机(brushless DC motor)由电动机主体和驱动器组成，是一种典型的机电一体化产品。无刷电动机是指无电刷和换向器(或集电环)的电动机，又称无换向器电动机。这是模型中除有刷电动机外用得最多的一种电动机。无刷直流电动机不使用机械的电刷装置，而采用方波自控式永磁同步电动机，与有刷直流电动机相比，它将转子和定子交换，即无刷直流电动机中使用电枢绕组作为定子，使用钕铁硼的永磁材料作为转子，以霍尔传感器取代碳刷换向器，性能上相较一般的传统直流电动机有很大优势。它具有高效率、低能耗、低噪声、超长寿命、高可靠性、可伺服控制、无级变频调速等优点，缺点则是比有刷的贵、不好维护。它被广泛应用于航模、高速车模和船模。

不过，单个的无刷电动机不是一套完整的动力系统，无刷电动机必须通过无刷控制器才能实现连续不断的运转。普通的碳刷电动机旋转的是绕组，而无刷电动机不论是外转子结构还是内转子结构旋转的都是磁铁。

无刷电动机的定子是产生旋转磁场的部分，能够支撑转子进行旋转，主要由硅钢片、漆包线、轴承、支撑件构成；而转子则是粘贴了钕铁硼磁铁，在定子旋转磁场的作用下进行旋转的部件，主要由转轴、磁铁、支持件构成(图 6-13)。除此之外，定子与转子组成的磁极对数会影响电动机的转速与扭矩。

在磁极中同名相吸，异名相斥，即 N 极与 S 极相互吸引，N 极与 N 极、S 极与 S 极相互排斥。下面来看一个直流模型，如图 6-14 所示。

如图 6-14a 所示，当两边的线圈通上电后，由右手螺旋定则可知两个线圈中将会产生方向向右的磁场，而中间的转子会尽量使自己内部的磁感线方向与外磁感线方向保持一致，以形成一个最短闭合磁力线回路，N 极与 S 极相互吸引，这样内转子就会按顺时针方向旋转了。当转子旋转到如图 6-14b 所示的水平位置时，转子将不会受到作用力，但是由于惯性的作用转子将会继续旋转。当转子旋转至水平位置时，交换两个线圈中的电流方向，这时转子就会继续沿顺时针方向转动。当转子再次旋转至水平位置时，再次交换两个线圈中的电流方向，这样转子就可以一直旋转了。

图 6-13　无刷直流电动机

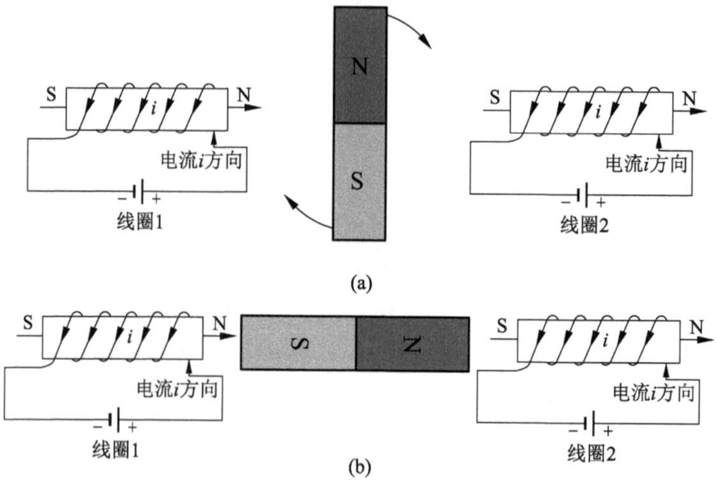

图 6-14 无刷直流电动机直流简化模型

有了上面的基础，就可以看下面的“三相星形连接的二二导通方式”。

在 A 端接电源正极，B 端接电源负极，则可以在线圈 A 和 B 中产生如图 6-15 所示的磁场，因为磁场强度是矢量，所以由磁场 $\boldsymbol{B}_{\mathrm{B}}$ 和 $\boldsymbol{B}_{\mathrm{A}}$ 可以得到合成磁场 $\boldsymbol{B}$。此时转子就会保持在图中方向。

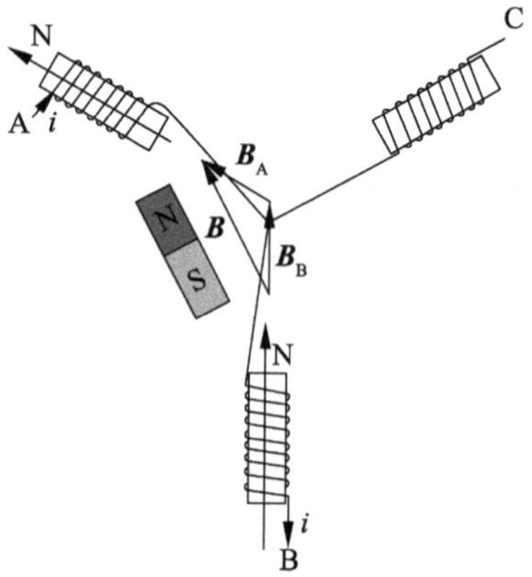

图 6-15 三相星形连接的二二导通方式原理

要想转子转动就需要接入不同的电压，其工作原理如下(图 6-16)：

① 在 A 端接入正电压，B 端接入负电压，C 端悬空，转子将会旋转至图中Ⅰ的位置。

② 在①的基础上，C 端接入正电压，B 端接入负电压，A 端悬空，转子将会从Ⅰ的位置旋转至图中Ⅱ的位置。

③ 在②的基础上，C 端接入正电压，A 端接入负电压，B 端悬空，转子将会从Ⅱ的位置旋转至图中Ⅲ的位置。

④ 在③的基础上，B 端接入正电压，A 端接入负电压，C 端悬空，转子将会从Ⅲ的位置旋转至图中Ⅳ的位置。

⑤ 在④的基础上，B 端接入正电压，C 端接入负电压，A 端悬空，转子将会从Ⅳ的位置

旋转至图中Ⅴ的位置。

⑥ 在⑤的基础上，A 端接入正电压，C 端接入负电压，B 端悬空，转子将会从Ⅴ的位置旋转至图中Ⅵ的位置。

当转子旋转到位置Ⅵ时，再重复①的供电状态，转子将会从Ⅵ的位置旋转到Ⅰ的位置。经过上面的 6 个过程后转子正好转了一圈。

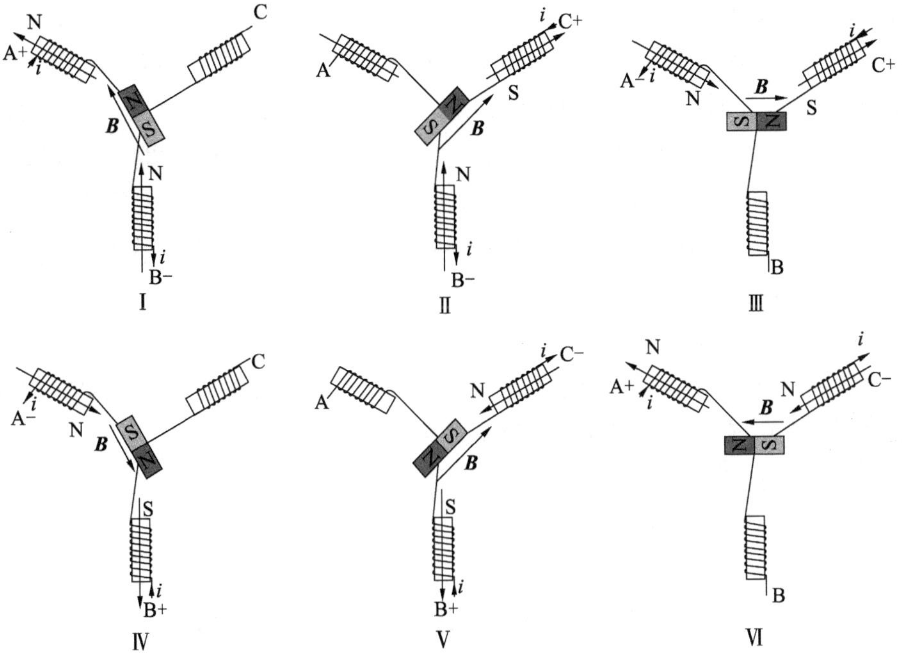

图 6-16　无刷直流电动机工作原理

2. 重要参数

无刷直流电动机重要参数如下：

(1) 额定电压

额定电压也就是无刷直流电动机适合的工作电压，其实无刷直流电动机适合的工作电压范围非常广，额定电压是指定了负载条件的电压。例如，2212－850KV 电动机指定了 1045 螺旋桨负载，其额定工作电压就是 11 V。如果减小负载，如带 7040 螺旋桨，那这个电动机完全可以工作在 22 V 电压下。但是这个工作电压也不是无限上升的，主要受制于电子控制器支持的最高频率。所以说，额定电压是由工作环境决定的。

(2) KV 值

有刷直流电动机是根据额定工作电压来标注额定转速的，无刷直流电动机引入了 KV 值的概念，让用户可以直观地了解无刷直流电动机在具体的工作电压下的具体转速。实际转速＝KV 值×工作电压，这就是说 KV 的物理意义即在 1 V 工作电压下每分钟的转速。无刷直流电动机的转速与电压呈正比关系，电动机的转速会随着电压上升而线性上升。例如，2212－850KV 电动机在 10 V 电压下的转速就是 850×10＝8500 r/min。

KV 值与匝数是呈反比关系的，例如 2212－850 KV 电动机，匝数是 30 T(15 圈)，那在 28 T 的情况下 KV 值是 850 KV×30 T/28 T≈910 KV。

(3) 转矩与转速

转矩(力矩、扭矩)：电动机中转子产生的可以用来带动机械负载的驱动力矩，可以理解为电动机的力量。

转速：电动机每分钟的转速。

转矩和转速在同一个电动机内永远是此消彼长的关系，基本可以认为转矩和转速的乘积是一个定数，即同一个电动机的转速越高，其转矩必定越低，反之亦然。不可能要求一个电动机的转速高，转矩也高，这个规律通用于所有电动机。例如，2212－850KV 电动机，在 11 V 的情况下可以带动 1045 桨，如果将电压升高 1 倍，其转速也提高 1 倍，若此时负载仍然是 1045 桨，那该电动机将很快因为电流和温度的急剧上升而烧毁。

(4) 最大电流和最大功率

最大电流：电动机能够承受并安全工作的极限电流。

最大功率：每个电动机都有自己的力量上限，最大功率就是这个上限，如果实际功率超过了这个最大功率，就会导致电动机高温烧毁。

(5) 槽极结构(N：槽数；P：极数)

铁芯极数(槽数)：定子硅钢片的槽数量。

磁钢极数(极数)：转子上磁钢的数量。

模型常见的内转子无刷电动机结构有 3N2P(有感电动机常用)、12N4P(大部分内转子电动机)。模型常见的外转子无刷电动机结构有 9N6P，9N12P，12N8P，12N10P，12N14P，18N16P，24N20P。

模型用内转子无刷电动机极数不高的原因：目前内转子电动机多用于减速，所以要求的转速都比较高。电动机转速＝实际转速×电动机极对数，电子控制器支持的最高电动机转速往往都是一个定数，所以如果电动机极对数太高，支持的最高电动机转速就会下降，所以目前的内转子电动机极数都在 4 以内。

第7章

叶片泵的运行维护

7.1 叶片泵的运行特点

叶片泵的形式和种类很多，对应每种特殊泵型的运行特性都有特殊的要求，表7-1只是简单介绍叶片泵的基本运行特点。

表7-1 叶片泵的基本运行特点

运行特性	叶片泵
开泵	(1) 除自吸式离心泵外，其他形式的离心泵不能自吸，开泵前必须灌泵 (2) 开泵(离心泵)前必须关闭排出阀，轴流泵需排出阀全开
运转	(1) 可短时关闭排出阀运转 (2) 管路堵塞时泵不致损坏
流量调节	(1) 调节排出阀 (2) 调节泵转速(常用变频) (3) 个别情况可采用旁路调节
工作压力调节	(1) 工作压力随流量而变化，流量增大，工作压力减低 (2) 调节泵转速，工作压力也随之变化
介质黏度对泵工作的影响	(1) 适合输送低黏度介质 (2) 输送黏性介质时效率迅速降低甚至不能工作
吸入系统漏气对泵工作的影响	少量漏气即能使泵工作中断
停泵	停泵前必须先关闭排出阀

7.2 故障分析与处理

叶片泵运行中的故障分为腐蚀和磨损、机械故障、性能故障和轴封故障四类。这四类故障往往相互影响，难以分开，如叶轮的腐蚀和磨损会引起性能故障和机械故障，轴封的损坏也会引起性能故障和机械故障。

① 腐蚀和磨损:腐蚀的主要原因是选材不当,发生腐蚀故障时应从介质和材料两方面入手解决。

磨损常发生在输送浆液时,主要原因是介质中含有固体颗粒。对输送浆液的泵,除泵的过流部件应采用耐磨材料外,轴封还应采用清洁液体清洗以免杂质侵入,并应在泵内设置冲洗设施以免流道堵塞。此外,对于易损件,在磨损量达到一定值时应予以更换。

② 机械故障:振动和噪声是主要的机械故障。振动的主要原因是轴承损坏,或出现汽蚀和装配不良,如泵与原动机不同轴、基础刚度不够或基础下沉、配管蹩劲等。

③ 性能故障:性能故障主要指流量、扬程不足,泵汽蚀和驱动机超载等意外事故。

④ 轴封故障:轴封故障主要指密封处出现泄漏。填料密封泄漏的主要原因是填料选用不当、轴套磨损。机械密封泄漏的主要原因是端面损坏、辅助密封圈被划伤或折皱。

叶片泵的主要故障及处理方法见表 7-2。

表 7-2 叶片泵的主要故障及处理方法

故障现象	原因	处理方法
轴承发热	(1) 润滑油过多	(1) 减油
	(2) 润滑油过少	(2) 加油
	(3) 润滑油变质	(3) 排出旧油并清洗油池再加新油
	(4) 机组不同心	(4) 检测并调整泵和原动机的对中
	(5) 振动	(5) 检查转子的平衡度或在较小流量下运转
泵输不出液体	(1) 吸入管路或泵内留有空气	(1) 注满液体,排出空气
	(2) 进口或出口侧管道阀门关闭	(2) 开启阀门
	(3) 使用扬程高于泵的最高扬程	(3) 更换扬程高的泵
	(4) 泵吸入管漏气	(4) 杜绝进口侧的泄漏
	(5) 叶轮旋转方向错误	(5) 纠正电机转向
	(6) 吸入高度太高	(6) 降低泵安装高度,增加进口处压力
	(7) 吸入管径过小或杂物堵塞	(7) 加大吸入管径,清除堵塞物
	(8) 转速不符	(8) 使电机转速符合要求
流量、扬程不足	(1) 叶轮损坏	(1) 更换新叶轮
	(2) 密封环磨损过多	(2) 更换密封件
	(3) 转速不足	(3) 按要求增大转速
	(4) 进口或出口阀未充分打开	(4) 充分开启进口或出口阀
	(5) 吸入管路中漏入空气	(5) 把泄漏处封死
	(6) 管道中有堵塞	(6) 清除堵塞物
	(7) 介质密度与泵要求不符	(7) 重新核算或更换合适功率的电机
	(8) 装置扬程与泵扬程不符	(8) 设法降低泵的安装高度
密封泄漏严重	(1) 密封件选材不当	(1) 根据介质选配适当的密封件
	(2) 摩擦副严重磨损	(2) 更换磨损部件,并调整弹簧压力
	(3) 动静环吻合不均	(3) 重新调整密封组合件
	(4) 摩擦副过大,静环破裂	(4) 整泵拆卸换静环,使之与轴垂直误差小于 0.1,按要求装密封组合件
	(5) O 形圈损坏	(5) 更换 O 形圈

续表

故障现象	原因	处理方法
振动噪声过大	(1) 泵轴和电动机轴的中心线不对中	(1) 校正对中
	(2) 轴弯曲	(2) 更换新轴
	(3) 轴承磨损	(3) 更换轴承
	(4) 泵产生汽蚀	(4) 调节工况
	(5) 转动部分与固定部分有磨损	(5) 检修泵或改善使用情况
	(6) 转动部分失去平衡	(6) 检查原因,设法消除
	(7) 管路或泵内有杂物堵塞	(7) 检查排污
	(8) 关小了进口阀	(8) 打开进口阀,调节出口阀
电动机过载	(1) 泵和原动机不对中	(1) 调整泵和原动机的对中性
	(2) 介质相对密度较大	(2) 改变操作工艺
	(3) 转动部分发生摩擦	(3) 修复摩擦部分
	(4) 装置阻力较低,运行点偏向大流量处	(4) 检查吸入和排出管路压力,并予以调整

参考文献

[1] 郑兰霞，连萌. 机械设计基础[M]. 北京：中国水利水电出版社，2013.

[2] 卜炎. 实用轴承技术手册[M]. 北京：机械工业出版社，2004.

[3] 谢泉，顾军慧. 润滑油品研究与应用指南[M]. 北京：中国石化出版社，2007.

[4] 刘森. 机械加工常用测量技术手册[M]. 北京：金盾出版社，2013.

[5] 顾蓓. 测量技术典型案例实训教程[M]. 合肥：合肥工业大学出版社，2016.

[6] 常玲，郭莉莉，马丽娜. 电工技术基础[M]. 北京：清华大学出版社，2014.

[7] 刘家春，杨鹏志，刘军号，等. 水泵运行原理与泵站管理[M]. 北京：中国水利水电出版社，2009.

[8] 王辑祥，王庆华，梁志坚. 电气接线原理及运行[M]. 2 版. 北京：中国电力出版社，2012.

[9] 周佩德. 现代计算机基础[M]. 南京：东南大学出版社，1997.

[10] 王丹. 计算机基础教程[M]. 3 版. 北京：清华大学出版社，2016.

[11] 樊世英. 大中型水力发电机组的安全稳定运行分析[J]. 中国电机工程学报，2012，32(9)：140 - 148.